Hybride Metropolen

Herausgegeben von
Olaf Kühne, Tübingen, Deutschland
Antje Schönwald, Saarbrücken, Deutschland
Florian Weber, Tübingen, Deutschland

Die Metropolisierung der Welt hat in den vergangenen Jahrzehnten rasant zugenommen. Doch zugleich sind diese Metropolen immer weniger eindeutig fassbar geworden: Sie bilden weder städtebaulich noch sozial eine einheitlich fassbare Ganzheit, vielmehr zerfallen sie in unterschiedliche Quartiere, gebildet von Personen mit ungleicher Ausstattung an symbolischem Kapital und unterschiedlichster kultureller wie ethnischer Selbst- und Fremdzuschreibung, sie bilden Suburbien, die sich in die jeweiligen Umländer erstrecken, gliedern sich in unterschiedliche Subzentren oder entwickeln sich jenseits bekannter Zentralisierungstendenzen. Als ihr wesentliches Merkmal lässt sich also ihre Hybridität beschreiben. Mit der Reihe „Hybride Metropolen" im Verlag Springer VS sollten die Aspekte der unterschiedlichen Entwicklungspfade von der jeweils von spezifischen Hybriditäten geprägten Metropolen dargestellt werden. Auf diese Weise entsteht ein Überblick über die unterschiedlichen Metropolisierungs- und räumlichen Hybridisierungsprozesse in verschiedenen Teilen der Welt.

Weitere Bände in dieser Reihe http://www.springer.com/series/11749

Susanne Kost · Christina Kölking
(Hrsg.)

Transitorische Stadtlandschaften

Welche Landwirtschaft braucht die Stadt?

 Springer VS

Herausgeberinnen
Dr. Susanne Kost
Universität Hamburg
Hamburg, Deutschland

Christina Kölking
Universität Stuttgart
Stuttgart, Deutschland

ISSN 2509-3789
Hybride Metropolen
ISBN 978-3-658-13725-0
DOI 10.1007/978-3-658-13726-7

ISSN 2509-3797　(electronic)

ISBN 978-3-658-13726-7　(eBook)

Die Deutsche Nationalbibliothek verzeichnet diese Publikation in der Deutschen Nationalbibliografie; detaillierte bibliografische Daten sind im Internet über http://dnb.d-nb.de abrufbar.

Springer VS

Lektorat: Cori Antonia Mackrodt

Gedruckt auf säurefreiem und chlorfrei gebleichtem Papier

Springer VS ist Teil von Springer Nature
Die eingetragene Gesellschaft ist Springer Fachmedien Wiesbaden GmbH
Die Anschrift der Gesellschaft ist: Abraham-Lincoln-Str. 46, 65189 Wiesbaden, Germany

Inhaltsverzeichnis

Über die Autoren

Grit Bürgow ist promovierte Landschaftsarchitektin und als Projektkoordinatorin am Fachgebiet Städtebau und Siedlungswesen der TU Berlin tätig. Seit Gründung des Büronetzwerkes aquatectura im Jahr 2002 arbeitet sie international zu Themen wassersensibler Stadt- und Landschaftsgestaltung, urbaner Landwirtschaft sowie multifunktionaler Infrastrukturentwicklung. Sie initiierte das BMBF-Projekt ROOF WATER-FARM und entwickelte es gemeinsam mit Partnern aus Forschung und Praxis.

Vivien Franck ist studierte Biologin (B.Sc.) und Stadtökologin (M.Sc.). Sie arbeitet bei kubus, der Kooperations- und Beratungsstelle für Umweltfragen der TU Berlin, und setzt sich dabei mit Themen der urbanen Landwirtschaft und nachhaltigen Stadtentwicklung auseinander. Innerhalb des ROOF WATER-FARM Projekts forscht sie zu möglichen Betreibermodellen sowie zur Klimawirksamkeit dezentraler Regenwasserbewirtschaftungsanlagen.

Maria Gerster-Bentaya (Ph.D.) ist wissenschaftliche Mitarbeiterin am Fachgebiet Ländliche Soziologie der Universität Hohenheim. In ihrer Forschung befasst sie sich mit methodischen Fragen der Einbindung von Akteuren in Lern- und Veränderungsprozesse in interkulturellen Kontexten und Curriculum-Entwicklung. Ihr inhaltlicher Schwerpunkt liegt in der Ernährungssicherung/Ernährungssystemen mit Fokus auf Gender, lebenslanges Lernen, und städtische Landwirtschaft.

Jürgen Höfler studierte Raumplanung an der TU Wien und Urban Design an der TU Berlin. Nach langjähriger Büroerfahrung mit Schwerpunkt der urbanen Entwicklung von Ballungsräumen arbeitet er aktuell im Forschungsprojekts ROOF WATER-FARM an der TU Berlin. Dabei interessieren ihn die städte- wie sozialräumlichen Potenziale dieser Technologie und neue Vermittlungsstrategien gegenüber der Öffentlichkeit.

Christiane Humborg studierte Landschaftsarchitektur in Berlin, Madrid und Hannover. Sie arbeitet als freie Landschaftsarchitektin und ist Mitinhaberin des Büros lohrberg stadtlandschaftsarchitektur in Stuttgart. Ihre Schwerpunkte liegen in der Entwurfsplanung und in der Erarbeitung kommunaler Konzepte.

Michael Koch (Prof. Dr.) ist Freier Stadt- und Landschaftsplaner und Umweltgutachter. Er ist Inhaber des Büros PLANUNG+UMWELT mit Sitz in Stuttgart und Berlin, das national und international tätig ist. An der Technischen Universität Kaiserslautern hat er im Fachbereich Raum- und Umweltplanung eine Honorarprofessur für die Umweltprüfung und an der Beuth-Hochschule für Technik in Berlin einen Lehrauftrag im Fachbereich Life Sciences inne. Er ist auf Kongressen und bei Fortbildungsveranstaltungen als Referent und Moderator tätig und hat zahlreiche Veröffentlichungen zur Umweltplanung verfasst.

Christina Kölking ist diplomierte Geoökologin mit vertieften Kenntnissen über ökosystemare Zusammenhänge. Momentan ist sie am Institut für Landschaftsplanung und Ökologie in Stuttgart tätig. Nach der intensiven wissenschaftlichen Auseinandersetzung mit Landnutzungsänderungen auf kontinentalem Maßstab und deren Wechselspiel mit sozioökonomischen und umweltrelevanten Faktoren, liegt der Schwerpunkt inzwischen auf der regionalen Landschaftsentwicklung und -planung.

Susanne Kost ist promovierte Planungswissenschaftlerin. Sie arbeitet als wissenschaftliche Mitarbeiterin an der Universität Hamburg, im Institut für Geographie, Abteilung Integrative Geographie. Zu ihren Schwerpunkten zählen Kulturvergleiche in der Wahrnehmung und Bewertung von Landschaft, die Analyse der Konsequenzen gesellschaftlicher und kultureller Prozesse auf die Gestalt von Raum und Landschaft sowie Strategien regionaler Akteure in der Landnutzung und Regionalentwicklung. Sie setzt sich mit Formen der Lesbarkeit und Interpretation von Raum und Landschaft sowie mit Fragen und Prozessen der Landschaftsentwicklung im Spannungsfeld der Laien-Expertensicht auseinander.

Stefan Kreutzberger ist Politikwissenschaftler und arbeitet seit über 20 Jahren als freiberuflicher Journalist und Autor zu den Themen Ökologie, Ernährung und internationale Entwicklungspolitik. Ebenso lange engagiert er sich ehrenamtlich in der kommunalen Nachhaltigkeitsbewegung. Er ist zweiter Vorsitzender des Vereins foodsharing und Beirat des Vereins Taste of Heimat. Seine bekanntesten Bücher sind ‚Die Ökolüge' (2009), ‚Die Essensvernichter' (2011) und ‚Harte Kost' (2014). Er lebt mit seiner Familie in Bonn.

Angela Million ist Professorin für Städtebau und Siedlungswesen am Institut für Stadt- und Regionalplanung der TU Berlin. Ihre Forschungen thematisieren Stadt als Lernraum, baukulturelle Bildung und participatory design sowie Gestaltungsfragen der ressourceneffizienten Stadt. Sie ist Leiterin des BMBF-Verbundprojektes ROOF WATER FARM.

Tim Nebert studierte Internationale Betriebswirtschaftslehre an der Europa-Universität Viadrina Frankfurt/Oder sowie Stadt- und Regionalplanung (B.Sc.) und Urban Design (M.Sc.) an der TU Berlin. Schwerpunkte seiner Arbeit sind Fragen nachhaltiger Planung und Gestaltung sowie Akteurskonstellationen bei der Produktion von Stadt auf verschiedenen Maßstabsebenen. Zurzeit ist Tim Nebert im BMBF-Verbundprojekt ROOF WATER-FARM tätig.

Rosemarie Siebert ist promovierte Sozialwissenschaftlerin. Sie arbeitet als wissenschaftliche Mitarbeiterin am Institut für Sozioökonomie des Leibniz-Zentrums für Agrarlandschaftsforschung (ZALF) e. V. in Müncheberg. Sie beschäftigt sich mit der Identifizierung und Berücksichtigung von Akteursinteressen bei der Entwicklung nachhaltiger Landnutzungssysteme, mit akzeptanzfördernden und -hemmenden Faktoren für Innovationen sowie mit der Untersuchung sozialer Innovationen. Sie leitete u. a das Projekt ‚ZFarm – Städtische Landwirtschaft der Zukunft‘.

Christoph Simpfendörfer ist Landwirt und bewirtschaftet seit 1986 Jahren mit seiner Frau den Reyerhof in Möhringen, vor den Toren Stuttgarts. Zum Hof gehören 40 ha landwirtschaftliche Ackerfläche und 800 Obstbäume auf Streuobstwiesen. Des Weiteren beheimatet der Hof 10 Kühe, einen Hofladen und ein Hofbistro. Seit 2013 beliefert Herr Simpfendörfer die SoLawi Gruppe Stuttgart. Außerdem ist er seit Anfang 2016 erster Generalsekretär bei Demeter International.

Kathrin Specht studierte Landschaftsplanung und -architektur an der Universität für Bodenkultur (BOKU) in Wien. Seit 2009 ist sie als wissenschaftliche Mitarbeiterin am Leibniz Zentrum für Agrarlandschaftsforschung (ZALF) e. V., Institut für Sozioökonomie tätig. Ihre Arbeitsschwerpunkte liegen im Bereich der urbanen Landwirtschaft sowie der Analyse der gesellschaftlichen Akzeptanz innovativer Landnutzungssysteme. Aktuell arbeitet sie an ihrer Promotion zum Thema ‚Akzeptanz der Innovation Zero-Acreage Farming‘.

Karl Stahr (Prof. Dr.) ist ein erfahrener Bodenkundler. Er hat an den Universitäten Freiburg i. Br. als Assistent, sowie TU-Berlin und Universität Hohenheim als Professor gelehrt. Böden und Ökologie der Stadt hatte er in Berlin, Stuttgart, Weil am Rhein u. a. O. bearbeitet. Mit nachhaltiger Landwirtschaft beschäftigt er sich in Mitteleuropa und den Tropen. Er ist Mitautor des deutschen und englischen

Lehrbuchs Scheffer/Schachtschabel, sowie der Bodenkunde und Standortlehre und des Bodenkundlichen Praktikums. Er ist Prof. h. c. der Univ. Puschhino, Russland und Dr. h. c. der CMU, Thailand.

Anja Steglich ist promovierte Landschaftsarchitektin. Sie arbeitet freischaffend und als wissenschaftliche Mitarbeiterin an der Technischen Universität Berlin, am Fachgebiet Städtebau und Siedlungswesen. Ihre wissenschaftliche und praktische Tätigkeit fokussiert Strategien der Teilhabe sowie Perspektiven der Wahrnehmung, Inszenierung und Kommunikation von Raum und Landschaft. Sie initiierte das Projekt ROOF WATER-FARM und entwickelte es gemeinsam mit Partnern aus Forschung und Praxis.

Lena Steinbuch ist diplomierte Architektin und verfasste ihre Abschlussarbeit an der Universität Stuttgart zum Thema: ‚Nahrungsmittelproduktion in der Stadt – Konzepte für Stuttgart'. Seit ihrem Abschluss im Jahr 2012 arbeitet sie nicht nur als Architektin, sondern engagierte sich zunächst für die Gründung einer Initiative zur Solidarischen Landwirtschaft in Stuttgart und ist inzwischen verantwortlich für die Koordination, Mitgliederverwaltung und Öffentlichkeitsarbeit der Initiative, die seit 2012 besteht.

Udo Weilacher promovierte 2001 an der ETH Zürich im Fachgebiet Landschaftsarchitektur. 2002 folgte die Berufung an Leibniz Universität Hannover, wo er die Juniorprofessur für Theorie aktueller Landschaftsarchitektur einrichtete. Seit April 2009 leitet er den Lehrstuhl für Landschaftsarchitektur und industrielle Landschaft an der TU München. Seit 1993 forscht er zur Verbindung zwischen Landschaftsarchitektur und Entwerfen, bildender Kunst und Gartenkunstgeschichte und untersucht die Entwicklungen der Landschaftsarchitektur in Europa.

Einleitung

Susanne Kost

Zusammenfassung

Gerade in urbanen Verdichtungsräumen weckt der Freiraum Begehrlichkeiten einer Vielzahl von Flächennutzern und -nachfragern. So wird vor allem der landwirtschaftlich genutzte Freiraum als kontinuierliche Flächenreserve für Bauprojekte und der dafür notwendigen Ausgleichsflächen verbraucht. Damit einher geht ein Verlust an Freiraum, der gerade in Ballungsräumen für eine hohe Lebensqualität immer wichtiger wird. Die Zukunft der urbanen Landwirtschaft ist von der Diskussion um Städte und Metropolräume als Orte einer nachhaltigen Entwicklung nicht zu trennen. Akteure einer solchen Entwicklung sind Bewohner, Praktiker unterschiedlicher Disziplinen, Experten aus Planung und Verwaltung sowie Wissenschaftler, die sich mit Chancen, Risiken und Perspektiven der Entwicklung einer urbanen Landschaft auseinandersetzen. Die urbane Landwirtschaft verknüpft ökologische, soziale und ökonomische Belange des städtischen Raumes. Daraus Potenziale zu erkennen, miteinander stärker zu verknüpfen und dafür (planerische und politische) Handlungsspielräume zu entwickeln, steht im Fokus der hier präsentierten Beiträge. Diese Potenziale sollen Anstoß für gemeinsame Strategien einer sozial-ökonomischen, ökologischen und gestalterischen Entwicklung des urbanen (Rand-) Raums sein, die einen engen Dialog zwischen Planungsverantwortlichen, Politik, Flächeneigentümern, Landwirtschaft und Gesellschaft notwendig machen.

S. Kost (✉)
Hamburg, Deutschland
E-Mail: susanne.kost@uni-hamburg.de

© Springer Fachmedien Wiesbaden GmbH 2017
S. Kost und C. Kölking (Hrsg.), *Transitorische Stadtlandschaften,*
Hybride Metropolen, DOI 10.1007/978-3-658-13726-7_1

Schlüsselwörter
Stadtlandschaft · Urbane Landwirtschaft · Stadtentwicklung · Landschaftsentwicklung · Freiraum · Flächenverbrauch · Raumbild · Leitbild · Urbanes Gärtnern · Sozial-ökologische Forschung

Freiraum ist in Metropolregionen, wie dem Ruhrgebiet, im Rhein-Main-Raum oder im Großraum Stuttgart, ein wichtiges und immer knapper werdendes Gut. Der Freiraum übernimmt aufgrund seiner multifunktionalen Fähigkeiten eine Vielzahl von Aufgaben. Er dient der land- und forstwirtschaftlichen Produktion, der Rohstoff- und Energiegewinnung, wird für Freizeit und Erholung genutzt und muss für sicherheitsrelevante Aspekte, wie den Hochwasserschutz, zur Verfügung stehen. Gleichzeitig hat er vor allem für den Boden- und Wasserhaushalt sowie die klimatischen Verhältnisse eines Raumes übergeordnete Bedeutung. Gerade in urbanen Verdichtungsräumen weckt der Freiraum Begehrlichkeiten einer Vielzahl von Flächennutzern und -nachfragern. So wird vor allem der landwirtschaftlich genutzte Freiraum als kontinuierliche Flächenreserve für Bauprojekte und der dafür notwendigen Ausgleichsflächen verbraucht. Damit einher geht ein Verlust an Freiraum, der gerade in Ballungsräumen für eine hohe Lebensqualität immer wichtiger wird. Ungeachtet dessen, findet in Deutschland nach wie vor ein hoher Flächenverbrauch statt (Bundesdurchschnitt 2015: 69 ha/Tag)[1], der von dem 2020 durch die Bundesregierung anvisierten 30-Hektar-Ziel weit entfernt ist. Dazu konstatiert das BMUB (2013) „Flächenverbrauch ist ein schleichendes Phänomen. Bürger und selbst politische Entscheidungsträger nehmen es kaum wahr. Daher mangelt es weithin am nötigen Problembewusstsein"[2]. Der Flächenverbrauch bedeutet nicht nur einen Verlust an Freiraum oder landwirtschaftlicher Nutzfläche; er bedeutet ganz konkret einen Verlust an fruchtbaren Böden, Störungen im Wasserhaushalt und -rückhalt, klimarelevanten Kaltluftentstehungsgebieten für städtische Verdichtungsräume sowie an Freizeit- und Naherholungsräumen.

Die gegenwärtige Diskussion um die Möglichkeiten und Perspektiven landwirtschaftlicher Produktion in städtischen Räumen und Agglomerationskontexten ist nicht zuletzt durch die sehr öffentlichkeitswirksamen Aktivitäten der mittlerweile populären ‚Urban Gardening'-Bewegung (wieder) angestoßen worden. Die

---

[1] http://www.bmub.bund.de/themen/strategien-bilanzen-gesetze/nachhaltige-entwicklung/strategie-und-umsetzung/reduzierung-des-flaechenverbrauchs/, Zugriff am 05.08.2016.

[2] Quelle: Bundesministeriums für Umwelt, Naturschutz, Bau und Reaktorsicherheit: http://www.bmub.bund.de „Flächenverbrauch – Worum geht es?" Beitrag vom 21.10.2013.

Landwirtschaft hat daraufhin das Thema ‚urbane Landwirtschaft' vorangetrieben (vgl. Landwirtschaftskammer NRW 2013), auch um sich deutlich als professionelle Landwirtschaft vom Freizeitgärtnern zu unterscheiden. Während in der urbanen Landwirtschaft der professionelle Akteur im Mittelpunkt steht, ist das beim urbanen Gärtnern der nicht-professionelle Akteur. Hier geht es eher um das gemeinschaftliche Projekt, Obst und Gemüse in Quartiersgärten, internationalen Gärten, auf städtischen Brachen etc. anzubauen. Dabei geht es nicht um das traditionelle Kleingärtnern des Einzelnen auf separierten Parzellen, sondern um eine projektbasierte Experimentier- und Produktionslandschaft im kleinen Maßstab. Urbane Landwirtschaft sollte dabei nicht als eine Abgrenzung zum urbanen Gärtnern (urban gardening) verstanden werden, sondern muss gemeinsam gedacht werden. Die Gemeinsamkeiten liegen hier in erster Linie in der aktiven Gestaltung der Landschaft, der Umwelt- und Landschaftsbildung, der Produktion von Nahrungsmitteln, dem Verstehen von Stoffkreisläufen und klimatischen Verhältnissen. Die urbane Landwirtschaft produziert und vermarktet ihre Produkte in die Region, die urbanen Gärtner tun dies für sich und eine kleine Gemeinschaft. Längst sind in vielen Städten Nachbarschaftsgärten und urban-gardening-Projekte zum touristischen Ziel und Anlaufpunkt für Stadtführungen geworden.[3]

In diesem Kontext des scheinbar wieder steigenden Interesses am eigenen Garten und Gärtnern[4] werden vielschichtige Fragen aufgeworfen, die nicht nur den urbanen Gärtner bewegen, sondern generelle Fragen nach dem Zusammenspiel von Stadtwachstum und Freiraumsicherung, demografischer Entwicklung und Ernährungssicherheit, Nahversorgung und globalem Markt, Ressourceneffizienz etc. thematisieren: Wie werden wir uns in Zukunft ernähren? Wo und wie werden unsere Lebensmittel produziert werden? Wie kann die (räumliche) Kluft zwischen der Produktion von Lebensmitteln und dem Verbraucher verringert werden? Wie gelangt das Wissen um Produktion, Verarbeitung und Veredlung von landwirtschaftlichen Erzeugnissen zum Verbraucher? Wie können wir den noch stets hohen Flächenverbrauch reduzieren?

---

[3]Bspw. Andernach in Rheinland-Pfalz, das sich als ‚Essbare Stadt' bezeichnet (http://www. andernach.de/de/leben_in_andernach/es_startseite.html, Zugriff 05.08.2016. oder die Vielzahl von urban-gardening-Projekten in Berlin, die auf der offiziellen Stadt-Berlin-Website dokumentiert wurden: http://www.berlin.de/kultur-und-tickets/tipps/2407321-1678259-urban-gardening.html, Zugriff 05.08.2016).

[4]Laut einer Umfrage des Emnid-Instituts sagen 68 % der Befragten „Ein eigener Garten muss sein – oder wäre schön" (repräsentative Umfrage unter 1002 Befragten für die Zeitschrift „Neue Landschaft" Ausgabe 06/2015).

Die Landwirtschaft muss jenseits der Produktion landwirtschaftlicher Güter gerade im urbanen und suburbanen Raum vielfältige Bedürfnisse stillen und damit eine Reihe von Aufgaben übernehmen, die nicht originär zum Profil eines Landwirts gehören. Durch die räumliche Dichte und urbanen Dynamiken muss die Landwirtschaft mit einer Vielzahl von Nutzungseinschränkungen und -konflikten umgehen (hohe Pachtflächenanteile, kurzzeitige Pachtverträge, Wandel von Verpächterstrukturen, Pachtpreisentwicklung, Flächenkonkurrenzen in der landwirtschaftlichen Produktion – vgl. Kost 2015, S. 183 ff.)[5]. Das ist sicherlich nicht neu, aber dadurch wird deutlich, dass die urbane Landwirtschaft über Jahrhunderte eine Anpassungsfähigkeit an die Bedürfnisse der städtischen Bewohner und notwendiger Raumentwicklungsprozesse entwickelt hat. Lohrberg (2011, o. S.) fasst diese Fähigkeit wie folgt zusammen:

> Um diese Qualitäten zu wahren und zu entwickeln ist es wichtig, die urbane Landwirtschaft nicht als ländliches Relikt, sondern als städtisches Element zu verstehen und ihre besonderen Anpassungsprozesse in den Mittelpunkt von Aufwertungsbemühungen zu stellen. [...] Die urbane Landwirtschaft ist vital, sie ist kein Auslaufmodell wie mancher Stadtplaner mit Blick auf mögliche hochbauliche Aufgaben gerne konstatiert.

Für die Landwirtschaft ist der Boden der entscheidende, nicht vermehrbare und unverzichtbare Produktionsfaktor. Gleichzeitig entwickeln sich Formen einer urbanen Landwirtschaft, die den Boden nicht mehr als Grundvoraussetzung für die Produktion landwirtschaftlicher Erzeugnisse benötigen, wie dies schon jetzt in Gewächshäusern und experimentell im ‚Vertical Farming' praktiziert wird (Despomier 2010; Zasada 2012; Bock et al. 2013; Schulz et al. 2013).

Landschaften werden durch gesellschaftliche Veränderungsprozesse, den Wandel von Lebensstilen, modifizierte und neue Wirtschaftsweisen und der damit einhergehenden Entstehung baulich-räumlicher Strukturen und Raumnutzungen überformt (vgl. dazu Kost 2009, S. 51 ff.). Mitte der 1990er Jahre verwies Lucius Burckhardt (1995) mit der Aussage „Landschaft ist transitorisch" auf die stete Veränderung von Landschaft und problematisierte zugleich die Dynamik und das Spannungsfeld zwischen der Realität – damit meinte er die Materialität einer Landschaft – und dem Bild einer Landschaft, das wir uns von ihr machen. Das Bild eines Raumes ist für uns entscheidend, wollen wir darüber kommunizieren. Räume ohne einen Namen, ohne eine erinnerbare Struktur, Symbole oder Artefakte

---

[5]Der Beitrag „Urbane Landwirtschaft in der Metropole Ruhr. Wunsch und Ohnmacht" (Kost 2015, S. 183–199) diskutiert auf der Grundlage einer qualitativen Befragung von Landwirten im Ruhrgebiet die Dilemmata der Landwirtschaft in urbanen Verdichtungsräumen und die Frage nach den Möglichkeiten der Freiraumsicherung und -entwicklung.

sind im Bewusstsein, in der Erinnerung nicht präsent und kommen in der öffentlichen Kommunikation nicht vor. Nur durch Kommunikation wird ein Raum konkret und erinnerbar und ermöglicht so eine bewusste Auseinandersetzung mit ihm. Die Beziehung von Bild und Realität einer Landschaft basiert allerdings selten auf einer gleichmäßigen Entwicklung. Darauf verwies Ipsen (2006, S. 152), der unterschiedliche „Modi der Veränderung von Bild und Materialität" einer Landschaft herausarbeitete (synchrone, hyperreale bzw. regressive Veränderung einer Landschaft im Verhältnis von Bild und Materialität zueinander). So zeigte er unter anderem auf, dass sich das Bild (im Kopf) einer Landschaft ändern kann, aber die Materialität dieser Landschaft nicht oder kaum. Ipsen nannte dies ein hyperreales Landschaftskonzept, in dem sich die Imagebildung bzw. Bildformung einer Landschaft stärker manifestiert als die materiellen Veränderungen in dieser Landschaft. Damit verwies er begrifflich auf Eco und Baudrillard, die die Frage nach dem ‚Echten' und ‚Unechten' in der Beziehung zwischen der Welt der Zeichen (Semiotik), dem Imaginären, und der ‚realen' Welt ergründeten (Ipsen 2006, S. 52 ff.). Diese Unterschiedlichkeit in der Dynamik der Veränderung von Bild und Realität wird vor allem in der Entwicklung von neuen Images für Bergbaufolgestandorte deutlich, wie im Ruhrgebiet durch die Internationale Bauausstellung Emscher Park oder in der Lausitz durch die Internationale Bauausstellung Fürst-Pückler-Land. Hier wurden neue Images entwickelt, die mit der Geschichte dieser Räume verglichen, relativ wenige landschaftsverändernde Transformationen benötigten. Das Bild dieser Landschaften wurde massiv verändert, aber ihre Materialität kaum. Die Halde wurde zum Aussichtsberg, die stillgelegten Zechen, Hochöfen und Gasometer zu Orten der Freizeit und Naherholung, der Kunst und Kultur.

Die Bildtransformation bzw. das neue Image ist bei den Bewohnern des Ruhrgebiets längst angekommen (vgl. Kost 2013, S. 128 ff.). Dennoch hat sich bis heute das ‚alte' Bild des Ruhrgebiets, das aus der Zeit der intensiven Kohleförderung und Stahlproduktion stammt, für diese Region festgeschrieben und ist insbesondere bei denjenigen, die noch nie im Ruhrgebiet waren bzw. die Transformationsprozesse hin zu einer Freizeit- und Kulturregion nicht wahrgenommen haben, noch stets präsent und wird weitervermittelt. In einem Projekt mit SchülerInnen aus dem Raum Tübingen und Reutlingen, in dem es u. a. um Raumbilder in der eigenen Region und anderswo ging, ist dies deutlich geworden (Kost 2017).

Schauen wir nun auf die Ränder unserer Städte, auf die diffusen Übergänge von offener Landschaft zu urbanen Strukturen. Welches Bild liegt dem urbanen Randraum zugrunde? Man kann den Eindruck gewinnen, dass sich unser Bild im Verhältnis zur dort stetig transformierten, realen Landschaft kaum verändert hat. Doch gerade in diesen Bereichen haben sich Städte kontinuierlich erweitert.

Ein Landwirt auf den Fildern im Süden Stuttgarts erzählte, dass die letzten zwei Generationen seiner Familie mit ihrem Hof wiederholt städtischer Ausdehnung weichen mussten. Mit diesem städtischen Wachstum einher geht die Schwierigkeit der begrifflichen (peri-urbaner Raum, Zwischenstadt), aber auch ästhetischen Einordnung. Das Maß der Geschwindigkeit der Veränderung einer Landschaft (Materialität) scheint für die Möglichkeiten der Bildformung einer Landschaft entscheidend zu sein. Gerade urbane Räume außerhalb der städtischen Zentren ändern ihre Materialität (Realität) schnell und sicher auch grundsätzlicher als das Zentrum einer Stadt. Dies könnte unter anderem ein Grund dafür sein, dass sich ein mangelndes Gestaltungsbewusstsein für den ‚Rand der Stadt' entwickelt hat. Die Lesbarkeit, Erkennbarkeit und Zuordnung eines Raumes wird dadurch erschwert.

Genereller gesprochen, fehlt damit ein Bewusstsein, städtische Ränder und Übergangsbereiche in Agglomerationsräumen verantwortungsvoll zu entwickeln. Die urbane Landwirtschaft scheint für diese Aufgabe eine gewisse Schlüsselrolle einzunehmen, bearbeitet und pflegt sie doch genau diesen Freiraum. Das Selbstverständnis der Landwirtschaft liegt sicherlich eher im ländlichen Raum. Es muss also im Kontext des urbanen Randraumes darum gehen, genau diese Potenziale einer urbanen Landwirtschaft herauszustellen und gegenüber Politik und Planung deutlich zu machen. In der Metropole Ruhr wurde beispielsweise für die Weiterentwicklung des Emscher Landschaftsparks vom Zukunftsbild des ‚Produktiven Parks' gesprochen, ein Bild, das Landwirtschaft und gestalteten Freiraum synergetisch miteinander verbinden will (Scheuvens und Taube 2010).

Davon ausgehend haben wir uns in einem Symposium, das im April 2015 in Stuttgart stattfand, mit einer Reihe komplexer Fragestellungen auseinandergesetzt, die in den einzelnen Beiträgen dieses Sammelbandes immer wieder aufgegriffen werden:

- Welche Landwirtschaft brauchen wir in der und für die Stadt (Stadtversorgung, -ökologie, -klima, -gesellschaft etc.)?
- Wie soll sich städtischer und stadtnaher Freiraum (und damit zu großen Teilen die landwirtschaftlichen Flächen) in Zukunft entwickeln?
- Welchen Beitrag kann eine bewusste Gestaltung des Freiraums für eine größere Wertschätzung landwirtschaftlicher Flächen im urbanen (Rand-)Raum leisten?

Die Bearbeitung dieser Fragen verlangte eine inter- und transdisziplinäre Betrachtung. Neben Experten aus der Wissenschaft, die sich mit der Bodenkunde, sozioökonomischen, sozial-räumlichen und gestalterischen Fragestellungen urbaner

Landwirtschaft sowie internationalen Beispielen auseinandersetzten, sind die Erfahrungen von Experten aus der landwirtschaftlichen Praxis mit eingeflossen.

Übersicht über die Beiträge
Der vorliegende Sammelband gliedert sich in drei Themenblöcke. Im ersten Teil geht es um die Bedeutung agrarischer Produktionsräume in urbanen Verdichtungsräumen, deren enge Bindung an die Ressource Boden und die Notwendigkeit, gerade hier die vielfältigen ökologischen und klimatischen Funktionen stärker in den Fokus von Politik und Planung zu heben.

Karl Stahr stellt die Bedeutung des Bodens, seiner Funktionen und Leistungen heraus und zeigt auf, dass gerade in urbanen Verdichtungsräumen eine bodenkundliche Baubegleitung bei größeren Bauprojekten unabdingbar ist. Dazu zählen Projekte wie Stuttgart 21, aber auch die Messeerweiterung[6] auf den Fildern bei Stuttgart, wo wiederholt wertvoller Lössboden für Bau- und Ausgleichsmaßnahmen verloren geht. Auch das bereits seit 1991 bestehende Bodenschutzgesetz in Baden-Württemberg[7] führt nicht zu einer Veränderung des Umgangs mit diesen wertvollen Böden. Michael Koch zeigt in seinem Beitrag auf, dass die Notwendigkeit eines Freiraumschutzes zwar erkannt, als politische Zielvorgabe formuliert und in der (planerischen) Gesetzgebung verankert wurde, jedoch im konkreten Fall oft als nachrangig angesehen wird. Er sieht allerdings aufgrund der aktuellen Diskussionen und Ansätze im Kontext von Klimaanpassungsstrategien in urbanen Räumen eine gute Chance, dass die Freiraumsicherung eine größere Bedeutung bei konkreten Bauvorhaben haben wird. Neben der dargestellten ökologischen und politisch-planerischen Ebene stellt Stefan Kreutzberger in seinem Beitrag die gesellschaftliche Dimension bei der Produktion und dem Vertrieb bzw. Verbrauch von Lebensmitteln in den Vordergrund. Er beleuchtet das Verhältnis zwischen Landwirt und Konsument und kommt zu dem Schluss, dass eine stärkere Vernetzung auf regionaler bzw. lokaler Ebene zwischen Landwirt und Verbraucher erfolgen muss. Er beschreibt vielfältige, bereits bestehende Aktivitäten, von der Selbsternte über die Gemüse-Abo-Kiste bis zur Internetplattform, die Anbieter im eigenen Umfeld und deren Vertriebsstandorte sichtbar macht. Dabei

---

[6]Dort entsteht bis Ende 2017 ein Hallenneubau mit 14.600 m^2 Ausstellungsfläche. Darin sind die dafür notwendigen Ausgleichsmaßnahmen bzw. -flächen noch nicht enthalten.

[7]Baden-Württemberg war das erste Bundesland, das eine solche Verordnung verabschiedet hatte. Diese wurde mittlerweile durch das Bundes-Bodenschutzgesetzes (BBodSchG) und die Bundes-Bodenschutz- und Altlastenverordnung (BBodSchV) abgelöst. Vgl. http://www4.lubw.baden-wuerttemberg.de/servlet/is/51007/, Zugriff 05.08.2016.

geht es nicht (nur) um die stärkere Vernetzung von Landwirt, Nahrungsproduzent und Verbraucher, sondern um Ansätze für eine neue urbane Ernährungskultur.

Im zweiten Teil werden unterschiedliche Formen und Strategien urbaner Landwirtschaft vorgestellt. Lena Steinbuch hat für die Stadt Stuttgart die Potenziale agrarischer Produktionsräume analysiert. Darin betrachtet sie sowohl Ansätze und Möglichkeiten individuellen und gemeinschaftlichen Gärtnerns als auch Wege, die im Kontext der professionelle Landwirtschaft als ‚Vertical Farming' gesehen werden. Wichtig erscheint ihr, dass agrarische Produktionsräume kommunikativer Bestandteil einer Stadtgesellschaft und dass individuelles Gärtnern und professionelle Landwirtschaft zusammengedacht werden müssen. Wie diese Interaktion funktionieren kann, zeigt der Landwirt Christoph Simpfendörfer am Beispiel seines landwirtschaftlichen Betriebes auf, den er seit ein paar Jahren mit dem Konzept der ‚Solidarischen Landwirtschaft' erfolgreich betreibt. Der Reyerhof in Möhringen bei Stuttgart lag einst inmitten von Feldern und ist heute durch die voranschreitende Urbanisierung Teil des urbanen Verdichtungsraums geworden. Flächenverluste aber auch die Ansprüche der Stadtbewohner an die Umgebung und die Qualität von Lebensmitteln haben zu dynamischen Anpassungsstrategien geführt, wie Hofläden und andere Direktvermarktungsangebote, Pensionspferdehaltung oder vorbereitete Gemüsebeete zur Selbstpflege und -ernte für Familien und andere Interessierte verdeutlichen. In der ‚Solidarischen Landwirtschaft' sieht Simpfendörfer ein Modell, mit dem der Freiraum durch die direkte und verantwortungsvolle Einbindung der Bevölkerung eine größere Wertschätzung erfahren und nachhaltig gesichert werden kann. Kathrin Specht und Rosemarie Siebert untersuchen als Potenzial der urbanen Landwirtschaft Möglichkeiten der Nahrungsmittelproduktion in, an und auf Gebäuden am Beispiel Berlins. Das sogenannte ZFarming bietet trotz bestehender Wissenslücken und Unsicherheiten aus ihrer Sicht ein hohes Potenzial für die Gestaltung und Entwicklung urbaner Räume. Die gebäudegebundenen Formen der urbanen Landwirtschaft verbrauchen keinen Freiraum und ermöglichen eine Re-Integration der Produktion von Nahrungsmitteln in die Stadt. Auch dies kann zur Bewusstseinsbildung und Wertschätzung der Produktion durch die Bevölkerung beitragen. Daran anschließend stellt Grit Bürgow et al. das Berliner Roof-Water-Farming-Projekt (RWF) vor, das eine gebäudeintegrierte Wasseraufbereitung mit der Produktion von Gemüse und Fisch in einem Aquaponicsystem auf Wohnhausdächern experimentell kombiniert. Mit der RWF-Technologie soll durch Nachverdichtung und eine multifunktionale Flächennutzung Freiraum gesichert und durch die Brauchwasseraufbereitung und dessen zur Verfügung Stellung Ressourcen geschont werden. Sie sehen darin einen Baustein für eine kreislauforientierte und klimasensible Stadtentwicklung.

Der dritte Teil setzt sich mit Perspektiven der urbanen Land(wirt)schaft auseinander. Hier geht es sowohl um die Frage der Berücksichtigung und Integration der urbanen Landwirtschaft in rasant stattfindende Urbanisierungsprozesse, wie wir sie beispielsweise in Casablanca, Marokko feststellen können (Beitrag Gerster) als auch um die bewusste Gestaltung des urbanen (Rand-)Raums durch die Landwirtschaft und die Beteiligung der lokalen Bevölkerung (Beiträge Humborg und Weilacher).

Die Zukunft der urbanen Landwirtschaft ist von der Diskussion um Städte und Metropolräume als Orte einer nachhaltigen Entwicklung nicht zu trennen. Akteure einer solchen Entwicklung sind Bewohner, Praktiker unterschiedlicher Disziplinen, Experten aus Planung und Verwaltung sowie Wissenschaftler, die sich mit Chancen, Risiken und Perspektiven der Entwicklung einer urbanen Landschaft auseinandersetzen. Die urbane Landwirtschaft verknüpft ökologische, soziale und ökonomische Belange des städtischen Raumes. Sie unterstützt wichtige Boden- und Stadtklimafunktionen und trägt zum Erhalt der Artenvielfalt bei. Das urbane Gärtnern fördert soziales und die städtische Entwicklung betreffendes Engagement. Diese Potenziale zu erkennen, miteinander stärker zu verknüpfen und dafür (planerische und politische) Handlungsspielräume zu entwickeln, stand im Fokus des Symposiums und sind in den hier präsentierten Beiträgen nachzulesen. Sie sollen Anstoß für gemeinsame Strategien einer sozial-ökonomischen, ökologischen und gestalterischen Entwicklung des urbanen (Rand-)Raums sein, die einen engen Dialog zwischen Planungsverantwortlichen, Politik, Flächeneigentümern, Landwirtschaft und Gesellschaft notwendig machen.

An dieser Stelle gilt unser Dank der Vereinigung der Freunde der Universität Stuttgart und dem Internationalen Zentrum für Kultur- und Technikforschung (IZKT) der Universität Stuttgart.

Literatur

BMUB (2013): http://www.bmub.bund.de/themen/strategien-bilanzen-gesetze/nachhaltige-entwicklung/strategie-und-umsetzung/reduzierung-des-flaechenverbrauchs/, Zugriff am 05.08.2016.

Bock, S., Hinzen, A., Libbe, J., Preuß, T., Simon, A. & Zwicker-Schwarm, D. (2013): Urbanes Landmanagement in Stadt und Region. Difu-Impulse. Band 2. Berlin: Deutsches Institut für Urbanistik gGmbH.

Burckhardt, L. (1995). Die Landschaft als Kulturgut. Landschaft ist transitorisch – zur Dynamik der Kulturlandschaft. Reprint Nr. 54. Gesamthochschule Kassel. Fachbereich Stadtplanung und Landschaftsplanung. Infosystem Planung.

Despommier, D. (2010). The vertical farm: feeding the world in the 21st century. New York: St. Martin's Press.

Ipsen, D. (2006). Ort und Landschaft. Wiesbaden: VS Verlag für Sozialwissenschaften.

Kost, S. (2009). The Making of Nature. Eine Untersuchung zur Mentalität der Machbarkeit, ihre Auswirkung auf die Planungskultur und die Zukunft europäischer Kulturlandschaften. Am Beispiel Niederlande. Marburg: Metropolis-Verlag.

Kost, S. (2013): Transformation von Landschaft durch (regenerative) Energieträger. Zur Bedeutung der Bewohnersicht. In: Gailing, L. & Leibenath, M. (Hrsg.) (2013). *Neue Energielandschaften – Neue Perspektiven der Landschaftsforschung.* Reihe: RaumFragen: Stadt – Region – Landschaft. Wiesbaden: Springer VS. S. 121–136.

Kost (2015): Urbane Landwirtschaft in der Metropole Ruhr – Wunsch und Ohnmacht. In: Kost, S.; Schönwald, A. (Hrsg.) (2015): *Landschaftswandel – Wandel von Machtstrukturen.* Reihe: RaumFragen: Stadt – Region – Landschaft. Wiesbaden: Springer VS. S. 183–199.

Kost, S. (2017). Raumbilder und Raumwahrnehmung von Jugendlichen. In: Kühne, O., Megerle, H. und Weber, F. (Hrsg.). *Landschaftsästhetik und Landschaftswandel.* Reihe RaumFragen. Wiesbaden: Springer VS. S. 69–84.

Landwirtschaftskammer NRW (2013). Online-Dokument: http://www.landwirtschaftskammer.de/landwirtschaft/landentwicklung/urban/pdf/vortrag-urbane-landwirtschaft.pdf, Zugriff: 05.08.2016.

Lohrberg (2011): Masterplan Agrikultur. Online-Dokument. 2011_09_urbane Agrikultur lay.pdf. Zugriff: 26.03.2014.

Scheuvens, R. & Taube, M. (2010) (Hrsg.). Der produktive Park : Denkschrift zum Emscher Landschaftspark anlässlich des Europäischen Zukunftskongresses „Unter Freiem Himmel" am 30. September und 1. Oktober 2010 in Essen. Essen u.a.: Welterbe Zollverein.

Schulz, K., Weith, T., Bokelmann, W., & Petzke, N. (2013). Urbane Landwirtschaft und ‚Green Production' als Teil eines nachhaltigen Landmanagements. Leibniz-Zentrum für Agrarlandschaftsforschung (ZALF) e. V. Online-Dokument: http://modul-b.nachhaltiges-landmanagement.de/fileadmin/user_upload/Dokumente/Diskussionspapiere/Schulz2013_Urbane_Landwirtschaft.pdf, Zugriff: 05.08.2016.

Zasada, I. (2012): Peri-urban agriculture and multifunctionality: urban influence, farm adaptation behaviour and development perspectives. Dissertation an der Technischen Universität München, am Lehrstuhl für Strategie und Management der Landschaftsentwicklung, Wissenschaftszentrum Weihenstephan. Online-Dokument: https://www.researchgate.net/publication/235222528_Peri-urban_agriculture_and_multifunctionality_urban_influence_farm_adaptation_behaviour_and_development_perspectives, Zugriff: 05.08.2016.

Teil I
Zur Bedeutung agrarischer Produktionsräume

Böden, eine endliche Ressource! Weiß das die Planung?

Karl Stahr

Zusammenfassung

Wichtige Stoffströme gehen durch unsere Böden. Im städtischen Bereich sind diese oft durch Versiegelung, technogene Oberflächen oder durch Konzentrationen stark verändert. Böden sind die Haut der Erde. Sämtliche Prozesse, die mit Stoff- und Energieumsetzungen zwischen Biosphäre und den angrenzenden Sphären zu tun haben werden von den Böden mit beeinflusst. Veränderungen der Landnutzung verändern oft unsere Böden nachhaltig. Dies gilt besonders im städtischen Bereich, wo oft auch Massenbewegungen von Böden, Zufügung von technogenem Substrat und Ablagerungen auf Böden geschehen. Es kann gezeigt werden, dass solche Veränderungen auch nach langer Zeit noch in den Böden wirken und erkannt werden können. Das Buch eines Bodens generell erzählt Geschichten. Böden sind Naturkörper und als solche im Übergangsbereich von Gestein, Wasser, Luft und Lebewelt und sie verändern sich im Laufe der Zeit. Böden erbringen Leistungen für den Naturhaushalt und für die Gesellschaft. Diese Leistungen werden in der Gesetzgebung (Verordnungen) Funktionen genannt. Schlummern solche bei Leistungsmöglichkeiten von Böden nur und werden nicht abgerufen, nennt man sie Potenziale. Weil Böden im besiedelten Bereich oft belastet, degradiert und zerstört werden, hat man in den letzten 50 Jahren erkannt, dass Böden geschützt werden müssen. Es ist wichtig, dass Regeln für den Umgang mit Böden erstellt werden. Seit 1991 gibt es in Baden-Württemberg; seit 1998 auch in der Bundesrepublik ein

K. Stahr (✉)
Stuttgart, Deutschland
E-Mail: karl.stahr@uni-hohenheim.de

© Springer Fachmedien Wiesbaden GmbH 2017
S. Kost und C. Kölking (Hrsg.), *Transitorische Stadtlandschaften,*
Hybride Metropolen, DOI 10.1007/978-3-658-13726-7_2

13

Bodenschutzgesetz. Ein wesentliches Problem ist, dass das Gesetz von 1998 auch Bodenfunktionen die prinzipiell die Böden belasten, wie die Entsorgung und die Bebauung mit unter Schutz stellt. In Zukunft ist zu beachten, dass naturnah bewirtschaftete Böden als Klimapuffer wirken. Auch bei der Biomasseproduktion/Nahrungsmittelerzeugung sind Stadt und Umland gemeinsam zu betrachten. Bodenkundliche Baubegleitung bei größeren Projekten in der Landschaft (vergleiche Stuttgart 21) ist unabdingbar. Insgesamt ist die Nutzung von Bodenwissen in der Landschaftsentwicklung und -planung unbedingt erforderlich und sollte immer abgerufen werden.

Schlüsselwörter
Böden · Stoffströme · Stadtböden · Bodenfunktionen · Bodenschutz · Bodenschutzgesetz · Vorsorge

1　Ziele der Bodenbewirtschaftung

Das Oberziel jeglicher Bodenbewirtschaftung muss die Nachhaltigkeit sein. Nachhaltigkeit heißt hier, dass ein Boden auch für die nächste und übernächste Generation noch in gleicher Weise genutzt werden kann. Darüber hinaus gilt es Stoffströme: Nährstoffe, Wasser und Energie möglichst in Kreisläufe zu führen. Schließlich geht es darum, den Energieverbrauch möglichst auf das Erneuerbare zu begrenzen. Ein Ziel, welches gerade im städtischen Bereich ganz schwer zu erreichen ist. Dies hängt mit den hohen Anforderungen an im städtischen Bereich zu produzierenden Produkten und mit oft passiv erlittenen Stoffeinträgen zusammen. Der Bioökonomierat fasst dies wie folgt zusammen (2010, S. 29): „Eine der größten globalen Herausforderungen des 21. Jahrhunderts besteht darin in Zeiten des Klimawandels eine wachsende Weltbevölkerung nachhaltig mit ausreichend Nahrungsmitteln und zugleich mit nachwachsenden Rohstoffen für stofflich-industrielle und energetische Nutzung zu versorgen." Daraus leitet der Bioökonomierat (2010, S. 24) ab: „Eine an natürlichen Stoffkreisläufen orientierte nachhaltige Bio-basierte Wirtschaft, deren vielfältiges Angebot die Welt ausreichend und gesund ernährt sowie mit hochwertigen Produkten aus nachwachsenden Rohstoffen versorgt".

Wohl wissend, dass die Weltbevölkerung weiter zunimmt und damit wohl auch die Zersiedelung der Landschaften, muss doch gefolgert werden, dass wir insgesamt die Biomasseerträge weiter steigern müssen. Eine Lösung des Konflikts kann nicht durch Ausweitung der Produktionsfläche erfolgen, da solche kaum noch zur Verfügung steht.

Demgegenüber muss die Produktion steigen, die Ernteverluste und die Verluste bis zum Verbrauch deutlich sinken. Das gilt auch im städtischen Bereich, wo Biomasse verschiedene Funktionen übernehmen kann. Sie ist hier oft zum Klimaausgleich und zur Erholung eingesetzt, weniger zur Ernährung. Darüber hinaus muss dringend der jährliche Flächenverbrauch mit Versiegelung und Überbauung gesenkt werden. Schließlich gilt es den Energieverbrauch pro Einwohner besonders aber pro Fläche zu reduzieren.

2   Böden, die Haut der Erde

Da die Böden die Haut der Erde sind, finden in Ihnen alle relevanten Prozesse, die mit den Übergängen Luft – Pflanze – Tier – Mensch – Wasser – Untergrund zu tun haben, statt. Böden sind in sämtliche Stoff- und Energieumsetzungen einbezogen. Deshalb sagt man, dass Boden das dritte Umweltmedium nach Wasser und Luft ist. Den Bodenkundler ärgert dieses ‚dritte‘ sehr, aber es ist richtig. Denn Böden ohne Wasser und Luft können ihre Leistungen auch nicht bringen.

Die Bodendecke der Erde umfasst eine Vielzahl verschiedener Böden, die sich hinsichtlich Entstehung, Leistungsfähigkeit und Belastbarkeit erheblich unterscheiden. Gerade wegen der Verschiedenheit dieser Böden gibt es keine Regel für den Umgang mit Böden, die für alle gleichsam gelten. Deshalb ist es wichtig, dass wir nicht von Boden im Singular reden, sondern Fachleute reden immer von den Böden.

Böden können Geschichten erzählen. Das tun bereits die natürlichen Böden. In Abb. 1 zum Beispiel sehen wir eine Kalkmarsch, die uns erzählen kann, wie die weißen Streifen durch verschiedene Ablagerungen bei Sturmfluten entstanden sind. Zwischendurch wurde dunkleres, feines und humushaltiges Material abgelagert. Sie erzählen uns auch vom Grundwassereinfluss mit seinen grauen, grünen und schwarzen Flecken, der die starke Reduktion im Unterboden, aber auch den dort völlig anderen Schwefel-Haushalt dokumentiert. Schließlich zeigt uns der Oberboden, dass durch Landwirtschaft eine Homogenisierung eingetreten ist und seit Trockenlegung in den letzten 100 Jahren sich Humus angereichert hat. Ähnliche Böden mit modifizierter Geschichte könnten wir auch in der Stuttgarter Nesenbachaue, im Neckartal oder entlang anderer Flüsse und Bäche finden. Böden in nächster Nähe zueinander können auch sehr verschieden sein, d. h. Humusgehalte, Kalkgehalt, Grundwasserstand verändern sich auf kleinem Raum oft stark. Dies hat auch einen deutlichen Einfluss auf das sonstige Verhalten der Böden.

Böden erzählen Geschichten: Das gilt natürlich auch für Böden in städtischen Bereichen. In der Stadt finden wir noch einen kleinen Teil Böden, die der

Abb. 1   Kalkmarsch (Gleyic Fluvisols) bei Eiderstedt/Schleswig Holstein. (Foto Stahr)

Naturlandschaft entsprechen (Holland 1996). Solche Böden finden wir insbesondere in alten Wäldern oder in Dauergrünlandflächen. Umgekehrt ist es üblich,
dass wir in Bereichen, wo die städtische Nutzung schon lange d. h. Jahrhunderte andauert, meist völlig gestörte Verhältnisse finden. Die Böden, welche dort
zu finden sind, können aus natürlichem Material zum Beispiel aus Löss oder in

Stuttgart aus Keupermergeln aufgeschüttet worden sein. Dazu kommt typischerweise technogenes Material d. h. Ziegel, Glas, jede Form von Bauschutt, Metallteile, Schlacken, Aschen u. v. m..

Neben der Ablagerung von Bodenmaterialien kommt es in der Stadt auch zu typischer der Nutzung entsprechender Bodenentwicklung. Hierzu gehört die intensive gartenbaulichen Nutzung (Hortisol), die Friedhofsnutzung, wie auch die regelmäßige Ablagerung von Klärschlämmen oder organischem Müll. Solche regelmäßigen Eingriffe in die Böden führen auch zu typischen Bodenentwicklungen.

In Abb. 2 und 3 finden wir vier Beispiele, wie städtische Böden sich darstellen können. Im Lehenpark in Stuttgart (a) finden wir einen Urbic Calcaric Technosol (deutsch: Norm-Pararendzina). Hier wurde das Gelände bis etwa 1600 als Wald genutzt. Wegen seiner Stadtnähe wurde es dann bis ca. 1960 intensiv gärtnerisch genutzt. Am Rande der gartenbaulichen Flächen wurden städtische Abfälle insbesondere auch Aschen, an- und organischer Hausmüll und der Pferdedung des Transportmittels angehäuft. In den 1960er Jahren wurde das deponierte Material planiert und in eine Parkanlage umgewandelt. Hier haben sich in 50 Jahren dann humose Oberböden entwickelt. Der Unterboden ist sehr stark mit Schwermetallen belastet. Ebenfalls unter heutiger Parknutzung findet sich das Profil Klingenbachaue (b) in Stuttgart ein Urbic Technosol (Humic). Auch hier ist im deutschen Sprachgebrauch eine Norm-Pararendzina vorliegend. Das Gebiet wurde als Grünland genutzt. Von etwa 1850–1915 wurden hier die Asche einer Kokerei und der Abfall eines Schlachthauses abgelagert. Das wurde später mit etwas Oberbodenmaterial überdeckt und dann etwa ein halbes Jahrhundert als Kleingartenkolonie genutzt. Etwa 1980 wurde es in einen Park umgewandelt. Das Bodenmaterial ist sehr locker, aber auch hier sehr stark mit Schwermetallen angereichert. Typisch im Straßenbereich (c) finden wir einen Spolic Ekranic Technosol oder im deutschen Sprachgebrauch einen Felshumusboden. Hier haben wir eine Teerdecke über einem typischen Straßenunterbau und schließlich einen mergeligen Untergrund den eine Gasleitung quert.

Auf einer wiederbewaldeten Mülldeponie finden wir einen Garbic Technosol, den man in der deutschen Systematik Norm-Reduktosol nennt. Der Standort war ca. 10 Jahre von 1970–1980 als Mülldeponie genutzt und wurde dann mit Erdaushub überdeckt. Die Mischung aus Haus- und Gewerbemüll enthält sehr viel reaktive organische Substanz, sodass sich stark reduzierende Verhältnisse eingestellt haben bei denen Methan (Erdgas) entsteht. Das Profil liegt in der Nähe von Echterdingen am Hang des Siebenmühlentales (d).

Abb. 2 Charakteristische Böden, die durch städtische Nutzung entstanden sind. (Alle Fotos von Andreas Lehmann)

Zum Abschluss dieses Abschnittes sollen wir noch der Definition von Boden nachgehen. Eine einfache umgangssprachliche Definition wäre: Böden sind Flächen auf die man etwas stellen kann.

Abb. 3 Charakteristische Böden, die durch städtische Nutzung entstanden sind. (Alle Fotos von Andreas Lehmann)

Dies befriedigt allerdings den naturwissenschaftlichen Bodenkundler nicht, denn Böden sind ja Räume und sie bedecken die natürliche Erdoberfläche und haben eine Vielzahl von Komponenten und Funktionen.

Deswegen kann man heute Böden definieren: „Böden sind Naturkörper und als solche vierdimensionale Ausschnitte aus der oberen Erdkruste in denen sich Gestein, Wasser, Luft und Lebewelt durchdringen" (Stahr 1979).

3   Böden leisten Besonderes

Böden sind wertvolle Naturkörper. Deshalb müssen Böden auch geschützt werden, damit ihre Naturkörperfunktion erhalten bleibt. So wie andere Naturobjekte Felsen, Versteinerungen, Orchideen oder Vögel stellen Böden ein besonders wertvolles Gut dar und deshalb müssen Sie auch geschützt werden. Dieser Bodenschutz als Naturschutz birgt Probleme in sich, denn man kann Böden nicht in einem Museum oder gar in einer Glasvitrine aufheben. Böden bleiben ja nur erhalten, wenn auch ihre Dynamik, ihr wechselnder Wasser- und Lufthaushalt und ihre Belebung erhalten bleiben. Deshalb gehört zu diesem Bodenschutz auch immer ein Ökosystem und auch ein Mindestareal, das es zu schützen gilt, damit die entsprechenden Prozesse ablaufen können. Leider sind hier die Gedanken der Gesetzgeber noch nicht sehr weit fortgeschritten. Kriterien, die aber geltend gemacht werden können, wie die Seltenheit eines Naturkörpers, seine Gefährdung durch Nutzungsänderungen und der Erhalt seiner Archivfunktion (d. h. Naturkörper Boden als erdgeschichtliche Urkunde). Diese werden allesamt auch im konservierenden Bodenschutz berücksichtigt. Weitere Kriterien könnten sein: Die Wiederherstellbarkeit des Zustandes. Stadtböden sind oft jung, aber die Böden der Umgebung sind relativ alt und brauchen eine lange Zeit um wieder entstehen zu können, wenn das überhaupt gelingt. Schließlich ist die ästhetische Information ebenfalls ein Argument, Böden als Naturschönheiten zu erhalten.

Leistungen erbringen Böden für die menschliche Gesellschaft und insbesondere auch für den Naturhaushalt von Ökosystemen und Landschaften. Böden besitzen die Fähigkeit (Bodenpotenziale) Leistungen zu erbringen. Eine wichtige Maxime beim Bodenschutz ist aber, dass das am stärksten gefährdete Potenzial zuerst erhalten werden muss. Dies ist in der Regel ein Potenzial aus der Reihe der biotischen Potenziale. Aber auch das Rohstoffpotenzial ist sehr gewissenhaft zu betrachten, da es in der Regel nur einmal genutzt werden kann (z.B. Torfabbau, Tab. 1).

Für den praktischen Umgang mit Böden ist es wichtig, dass in der Regel nicht die Leistungsmöglichkeiten gleich Potenziale, sondern die Leistungen gleich Funktionen gewertet werden (Tab. 1). Bei der Leistungsfähigkeit der Böden ist es von großer Bedeutung Funktionen bewerten zu können, die sie alleine oder zusammen am Hang oder in der Landschaft erbringen.

Generell von größter Bedeutung sind die biotischen Potenziale. Sie ermöglichen das Leben auf dem Festland schlechthin. Sie können nachhaltig bewirtschaftet werden. Anders die abiotischen Potenziale. Hier sind die Leistungen insbesondere die Filterung von Stäuben in Flüssigkeiten und die Regelung

Tab. 1 Leistungen von Böden im Naturhaushalt und für die Gesellschaft. (Stahr 2010, Tab. 11,7–1)

Böden haben		
a) Biotische Potentiale	b) Abiotische Potentiale	c) Flächenpotentiale
Nahrungsproduktion	Wassergewinnung	Standplatz
Werkstoffproduktion	Rohstoffgewinnung	Verkehrsfläche
Energiegewinn	Luftreinhaltung	Entsorgungsfläche
Arterhaltung		Erholungsraum
Transformation		

im Wasserkreislauf. Das Potenzial der Rohstoffgewinnung kann in der Regel nur einmal genutzt werden. Dann ist es zerstört.

Die Pufferung von Einflüssen im System bei dem größere Stöße von Böden aufgefangen werden und dann nur gedämpft wieder abgegeben werden (gilt hauptsächlich für chemische Prozesse, aber auch für physikalische Einwirkungen). Das Spannendste wohl, was in Böden abläuft, sind Transformationen. Eine der einfachen Transformationen ist die Umwandlung von organischer Substanz, z. B. Zucker in Wasser und Kohlendioxid. Bei Transformationen wird aber auch eine große Zahl mineralischer Nährstoffe freigesetzt oder es werden Umweltchemikalien entgiftet. Böden mit ihren Hohlräumen können auch ganz wesentliche Speicher für Wasser, Luft und Nährstoffe darstellen. Schließlich sind die Böden Quellen für Stoffe, die in den anderen Umweltmedien nicht oder kaum vorkommen, z. B. Silizium und Kohlenstoff.

Die Flächenpotenziale/-funktionen sind für Wissenschaft und Erkenntnis von geringster Bedeutung. Sie sind aber als Multiplikator für die Eigenschaften bestimmter Flächen von Bedeutung. Außerdem sind sie die Träger der Eigentumsrechte und deshalb von höchster gesellschaftlicher Relevanz.

4   Böden werden belastet, degradiert, zerstört

Wir brauchen Bodenschutz, damit unsere Böden in ihrer Wertigkeit und Leistungsfähigkeit erhalten werden können. Eine wesentliche Beeinträchtigung der Bodenfunktionen stellt die zunehmende Bodenversiegelung durch Erstellung von Gebäuden und durch Schaffung von Straßen dar. Diese Versiegelung bemaß sich in Deutschland 1990 noch auf 120 ha pro Tag. Nachdem das Problem erkannt wurde, hat man sukzessive die Bodenversiegelung versucht zu reduzieren. In 2014 waren es dann noch 70 ha pro Tag. Das bedeutet, dass jeden Tag die Fläche eines größeren landwirtschaftlichen Betriebes in Deutschland verloren geht, d. h. 1000 solcher Betriebe in 3 Jahren. Im Bereich der Versiegelung ist besonders auch im städtischen Bereich darauf zu achten, dass eine spätere Entsiegelung möglichst leicht möglich ist. Dann muss die versiegelte Fläche so eng wie möglich begrenzt sein. Man muss auch auf Teilversiegelungen ausweichen. Die Durchlässigkeit solcher Flächen für Gas, Wasser und Lebewesen ist für den Erhalt der Bodenfunktionen von großer Bedeutung. Auf die Dauer ist aber auch ein niedriger Flächenverlust durch Flächenversiegelung zu viel. Deshalb müssen wir in kurzer Zeit zu einem negativen Flächenverbrauch übergehen. Das heißt, es müssen mehr Flächen entsiegelt als neu versiegelt werden.

An vielen Stellen belastet die aktuelle Bodennutzung unsere Böden. Sie fördert die Erosion durch mangelnde Bodenbedeckung. Das spielt nicht nur im landwirtschaftlichen Bereich sondern insbesondere auch im städtischen eine Rolle (Rodelbahnen, Downhill-Strecken). Bodennutzung baut auch oft den Humusvorrat ab und führt dabei zu zusätzlichen CO_2-Emissionen in die Atmosphäre. Weitere Bodenbelastungen entstehen durch Entwässerungsmaßnahmen sowie durch häufige und tiefgründige Bodenbearbeitung. Bodennutzung fördert häufig auch Verdichtung durch zu hohe Bodenlast und durch den falschen Zeitpunkt der Belastung. Solches ist insbesondere auch in Parkanlagen zu beobachten. Trittschäden sind oft schlimmer als die Belastung durch schwere Fahrzeuge, da die Auflast pro cm^2 dabei größer sein kann als bei breiten Reifen. Bei der Bodennutzung oder bei technischen Prozessen werden den Böden oft Schadstoffe organischer und anorganischer Art zugeführt. Hierzu gehören im städtischen Bereich insbesondere feine Stäube (Reifenabrieb, Ruß, Streusalz). Böden können aber auch durch Entzüge und durch Stoffauswaschung verarmen, die im System nicht ergänzt werden. Dies ist allerdings eine Prozessgruppe, die im Städtischen kaum zum Tragen kommt.

Wir müssen uns fragen, warum es schwer fällt, Böden vor diesen negativen Einwirkungen zu schützen?

Dabei ist in erster Linie zu beachten, dass Böden in der Regel Privateigentum sind. Auch Städte, Gemeinden und Konzerne verhalten sich da wie Privatpersonen. Eingriffe in unsere Böden und ihre Nutzung gehören seit jeher zur Freiheit des Besitzers. Deshalb sind Eingriffe in Böden häufig als Gewohnheitsrecht zu betrachten. Einerseits bedeutet eine Einschränkung der Nutzung unserer Böden eine Begrenzung unserer Freiheit. Andererseits schränken wir selbst durch die Fehlnutzung von Böden die Rechte von Natur und Gesellschaft ein. Wir müssen konstatieren, dass die letzten zwei Generationen der Menschheit mehr Böden zerstört haben (erodiert, verwüstet, verdichtet, bebaut, versiegelt, überdüngt, versalzen, vergiftet) als alle anderen Generationen der Menschheit zuvor. Die einzig mögliche Schlussfolgerung hieraus ist, wir müssen unsere Böden aus Verantwortung für unsere Nachkommen schützen. Bodenschutz ist Zukunftsfürsorge.

5   Gesetzlicher Bodenschutz

Wir müssen uns fragen, ob gesetzlicher Bodenschutz eine Lösung bringt? Was wir brauchen, ist ein nachhaltiger Umgang mit unseren Böden. Brauchen wir dazu Gesetze? Hier muss beobachtet werden, dass in unserer Gesellschaft, die sich immer mehr durch juristische Regeln gestalten lässt, eine Veränderung des Verhaltens wohl nicht anders als durch Gesetze und Verordnungen zu erreichen ist. Moralische und ethische Vorstellungen verändern zumindest kaum das gesellschaftliche Verhalten.

Seit etwa 20 Jahren gibt es nun Bodenschutzgesetze. Wenn wir den Sinn dieser Gesetze ergründen wollen, so ist es vielleicht gut, doch einmal kurz in den Text hineinzuschauen.

Paragraf 2 (1) Bundesbodenschutzgesetz (1998): „Boden im Sinne dieses Gesetzes ist die obere Schicht der Erdkruste, so weit sie Träger der in Abs. 2 genannten Bodenfunktionen ist, einschließlich der flüssigen Bestandteile (Bodenlösung) und der gasförmigen Bestandteile (Bodenluft), ohne Grundwasser und Gewässerbetten".

Diese Definition zeigt, dass es offensichtlich einen Grenzbereich zwischen der Wasserreinhaltung, also dem Schutz der Gewässer und den Böden gibt. Im Sinne der wissenschaftlichen Bodenkunde gehen aber die Böden unter den Gewässern weiter. Dies wird hier ausdrücklich ausgeschlossen. Anders war das bei dem allerersten Bodenkundlichen Gesetz, das 1991 in Baden-Württemberg erlassen wurde. Später musste es aber an das Bundesbodenschutzgesetz angeglichen werden.

Paragraf 2 (1) Bodenschutzgesetz Baden-Württemberg (1991): „Boden im Sinne dieses Gesetzes ist die oberste überbaute und nicht überbaute Schicht der festen Erdkruste einschließlich des Grundes fließender und stehender Gewässer, so weit sie durch menschliche Aktivitäten beeinflusst werden kann".

Diese Vorstellung konnte sich nicht in der Umweltgesetzgebung durchsetzen und so ist gesetzeskonform die Bodendecke lückenhaft. Ein weiterer wichtiger Punkt bei der Betrachtung der Bodenschutzgesetze ist, dass schützenswerte Bodenfunktionen nicht immer gleichbedeutend eingestuft werden (Tab. 2). Während das Bundesbodenschutzgesetz auch Bodenfunktionen (Siedlung, Verkehrsweg, Entsorgungsfläche) schützt, die regelmäßig Böden zerstören und die durch ihre Nutzung regelmäßig Böden belasten oder zerstören. Im 1. Bodenschutzgesetz

Tab. 2 Vorhandene Potenziale und geschützte Funktionen. (Stahr et al. 2011, Tab. 10.3)

Bodenpotentiale	Schützenswerte Bodenfunktionen	
Wissenschaft	**BBodSchG § 2 (1998**	**BodSchG § 1 (1991)**
1. Naturkörper	1. ---	1. Naturkörper
2. Erdgeschichtliche Urkunde	2. Archiv Natur u. Kultur	2. Landschaftsgesch. Urkunde
3. Ästhetisches Objekt	3. ---	3. ---
4. Lebensraum	4. Lebensraum	4. Standortsnatürl. Veg.–Bodennorgan.
5. Nahrungsproduktion	5. Landwirtsch. Produktion	5. Standort Kulturpflanzen
6. Energieproduktion	6. Land- u. Forstwirt. Nutzung	6. dto.
7. Werkstoffproduktion	7. Land- u. Forstwirt. Nutzung	7. dto.
8. Genressource	8. Lebensgrundlage und –raum	8. Standort für natürl. Vegetation, Lebensraum für Bodenorgan.
9. Luftfilter	9. ---	9. ---
10. Wasserfilter und Puffer	10. Naturhaushalt, Filter u. Puffer	10. Ausgleichskörper i. Wasserkreislauf
11. Transformator	11. Abbau, Aufbau, Ausgleichs- medien, Stoffumwandlung	11. Filter u. Puffer für Schadstoffe
12. Rohstoffe	12. Rohstofflagerstätte	12. ---
13. Tragfähigkeit	13. Siedlung	13. ---
14. Verkehrsweg	14. Versorgung	14. ---
15. Deponie	15. Entsorgung	15. ---
16. Erholung	16. Erholung	16. ---

von Baden-Württemberg wurden diese Flächenfunktionen grundsätzlich ausgeschlossen. Hier ist die Gesetzgebung nicht den naturgemäßen Erfordernissen, sondern vielmehr der gesellschaftlichen Anforderung an die Böden gefolgt. Trotzdem bringt gerade das Bundesbodenschutzgesetz große Vorteile, da es mit dem Zauberwort „schädliche Bodenveränderungen" die Handlungsmöglichkeiten bei bzw. gegen schädliche Eingriffe in Böden eröffnet.

6 Wie sollen wir in Zukunft mit unseren Böden umgehen?

Böden sollten optimal genutzt werden, ohne dass Verluste bei der möglichen Biomasseproduktion auftreten. Diese Maxime verlangt aber, dass 85 % der Fläche Freifläche bleibt. Wenn etwa 15 % der Fläche, z. B. weil geteert, zur Versickerung, Biomasseproduktion, u. a., ausfallen kann der Rest der Fläche diese Funktion übernehmen. Das ist natürlich im städtischen Bereich nicht möglich. Wohl aber muss bei der Regionalentwicklung beachtet werden, dass Stadt und Umland gemeinsam betrachtet werden. Die Stadt muss ein so großes Umland haben, dass in der Tat insgesamt nur 15 % der Fläche bebaut und versiegelt sind.

Generell sollte die Priorität der Flächennutzung darauf ausgerichtet sein, die wichtigen Bodenfunktionen zu erhalten. Dazu gehört in erster Linie der Klimaausgleich, den Böden schaffen, indem sie durch ihre Verdunstung sowohl die Luftfeuchte gleichmäßig halten als auch die Überhitzung von Flächen verhindern. Im gleichen Maße ist es auch wichtig, dass der Landschaftswasserhaushalt über natürliche Prozesse weitgehend geregelt wird und die künstliche Regulierung des Wasserhaushaltes ein Minimum umfasst (Bodenseewasserversorgung und Landeswasserversorgung). Noch gravierender ist es bei der Energieversorgung, wo keine Stadt sich auf ihrer Fläche durch regenerative Energie versorgen kann, sondern Import benötigt. Im städtischen Bereich spielt natürlich auch die Erholungsfunktion der Böden für die Bevölkerung eine große Rolle. Deshalb müssen Flächen, die dieses gewährleisten, vorgehalten werden. Dabei ist darauf zu achten, dass die Böden durch ihre Nutzung für Erholung nicht in hohem Maße denaturiert werden (z. B. bei Einrichtung von naturwidrigen Parkanlagen oder Sportplätzen mit technogenen Belägen). Schließlich spielt auch die Ernährungssicherung im Stadtbereich und im Umland eine gewisse Rolle. Auch dann, wenn eine vollständige Versorgung nicht angestrebt werden kann. Aber auch hier gilt die oben genannte Maxime, dass Stadt plus Umland möglichst vollständig diese Bedürfnisse befriedigt. Im städtischen Bereich, insbesondere im Stadtrandbereich ist es wichtig, dass bei der landwirtschaftlichen Nutzung hochwertige Produkte erzeugt werden, die dann den Vorteil eines kurzen Produktionsweges zum Verbraucher haben. Weiterhin ist anzustreben, dass landwirtschaftliche Nutzung und Erfordernisse der Erholung und Freizeitkultur miteinander verknüpft werden (Pferdehaltung). Vorhandene Freiflächen sollten möglichst naturgemäß gestaltet werden. Dabei ist es wichtig, dass standortgemäße hohe Humus-Vorräte erhalten bleiben und dass die Kohlenstoff- und Phosphorversorgung der Pflanzen langfristig gesichert bzw. optimiert werden. In diesem Bereich gibt es noch Forschungsbedarf.

Die Ressourcen der Böden und ihre Teilressourcen müssen möglichst effektiv genutzt werden. Dies kann als ein Oberziel angesehen werden. Die Ressourceneffizienz stellt auch der Bio-Ökonomie-Rat (2010) in den Vordergrund.

Bei der Regulierung der Freiflächen in Hinblick auf den anstehenden Klimawandel und auf die möglichst effiziente Kohlenstoff- und Wassernutzung, kann gesagt werden, dass Grünland mehr als Wald mehr als Ackerflächen und dann erst alles andere (Gärten, Sportplätze,...) zu bevorzugen ist. Sonderkulturen wie Wein und Obst liegen dabei zwischen Wald und Acker.

Der Bodenkundler, der umweltbewusst sich verhält, hätte gerne eine möglichst permanente Bodenbedeckung mit Pflanzen. Dies fördert auch die oben genannten Austauschprozesse optimal. Die Böden müssen sich durch eine gute Bodenstruktur auszeichnen, d. h. nicht verdichtet und nicht verschlämmt sein. Dies lässt sich durch eine hohe Belebung der Böden erreichen und verlangt andererseits keine allzu starke Benutzung durch Betreten und Befahren.

Wenn in Böden bei Bauvorhaben eingegriffen werden soll, so ist es wichtig, dass die Eingriffe nur auf der minimalen Fläche geschehen und die übrige Fläche möglichst naturnahe Struktur behält. Dabei soll nur die zu bebauende Fläche gestört, belastet und befahren werden. Bodenmaterialien sollen nach Möglichkeit nicht oder nur wenig transportiert werden, sondern wieder verwendet werden. Ein wichtiges Kriterium für die umweltbewusste Behandlung von Böden ist, das bauliche Veränderungen so zu gestalten sind, dass ein Rückbau ermöglicht wird. Insbesondere nach absehbar kurzer Nutzung für gesellschaftliche Zwecke muss die Wiederherstellbarkeit erhalten bleiben. Vor jeder Veränderung der Flächenausweisung ist es wichtig, dass Ziele gesetzt werden, die neue Ausweisungen starker Belastungen auf ein Minimum beschränken. Dabei ist eine vernünftige Vorgehensweise Innenentwicklung vor Außenentwicklung.

Wie bereits oben erwähnt, muss erreicht werden, dass durch eine sinnvolle Bewirtschaftung der Flächen die Versiegelung nicht mehr gesteigert wird, sondern dauerhaft Nullrunden der Versieglung erreicht werden. Den Nettoverlust an Freifläche auf Null zu bringen, muss das Ziel einer städtischen Planung bleiben.

Da es offenkundig ist, dass auch die besten Regeln nicht immer helfen vernünftige Lösungen zu finden, ist es unabdingbar, dass eine ‚Bodenkundliche Baubegleitung' nicht nur bei Großprojekten zur unbedingten Pflicht wird. Die augenblickliche politische Situation lässt uns auch hier optimistisch in die Zukunft blicken, da beobachtet werden kann, das auch ohne behördliche Verpflichtung immer öfter in Planungsprozessen Bodenkundler zurate gezogen werden.

Literatur

BBodSchG (Bundesbodenschutzgesetz), 1998: Gesetz zum Schutz des Bodens. Bundesgesetzblatt I G 5702 Nr. 16 vom 24.3.1998, S. 502–510.

BioÖkonomieRat 2010: Gutachten des BioÖkonomieRats 2010, www.biooekonomierat.de/fileadmin/Publikationen/Gutachten/boer_Gutachten2010_lang.pdf.

BodSchG (1991). Gesetz zum Schutz des Bodens v. 24.6.1991. GBl. BW 1991, geändert GBl. BW 1994, S. 653.

Holland, K. (1996). Stadtböden im Keuperbergland am Beispiel Stuttgarts. Diss., Hoh., Bodenkdl. Hefte 39, Universität Hohenheim.

Stahr, K. (1979). Die Bedeutung periglazialer Deckschichten für Bodenbildung und Standortseigenschaften im Südschwarzwald. Freib. Bodenkdl. Abh. H 9.

Stahr, K. (2010). Bodenbewertung und Bodenschutz. In: Blume, H.- P., Brümmer, G.W., Horn, R., Kandeler, E., Kögel-Knabner, I., Kretschmar, R., Stahr, K. & Wilke, B.-M.: *Scheffer/Schachtschabel: Lehrbuch der Bodenkunde.* 6. Aufl., Heidelberg: Spektrum, S. 521–544.

Stahr, K., Kandeler, E., Herrmann, L. & Streck, T. (2011): Bodenkunde und Standortlehre. 2. Aufl., Ulmer, UTB Nr. 2967.

Möglichkeiten und Grenzen der Freiraumsicherung in urbanen Wachstumsräumen

Michael Koch

Zusammenfassung

Freiräume erfüllen vielfältige ökologische Funktionen und verschiedenartige Nutzungsansprüche. In Zeiten vielfältiger und wachsender Ansprüche an den Freiraum, insbesondere in urbanen Wachstumszonen, kommt dem Freiraumschutz daher eine zunehmende Bedeutung zu. Auf den verschiedenen Planungsebenen stehen zwar vielfältige Planungs- und Prüfinstrumente zur Sicherung des Freiraums zur Verfügung, bei der planerischen Abwägung steht der Freiraumschutz aber häufig nur an nachgeordneter Stelle. Der Freiraumschutz ist trotz politischer Zielvorgaben und gesetzlicher Regelungen in der Praxis oft nicht umsetzbar. Es besteht allerdings die Hoffnung, dass bei der anstehenden, dringend erforderlichen Klimaanpassung, die nach Baugesetzbuch in der Abwägung besonders zu berücksichtigen ist, die Erhaltung klimarelevanter Freiräume im Nahbereich von Siedlungen eine größere Wertschätzung erfährt und dadurch andere wichtige Freiraumfunktionen ebenfalls gesichert werden können, weil die Durchlüftung und Abkühlung von Siedlungsgebieten nur im direkten Kontext von Stadt und Landschaft möglich ist.

Schlüsselwörter

Flächeninanspruchnahme · Ressourcenschutz · Regionalplanung · Bauleitplanung · Landschaftsplanung

M. Koch (✉)
Stuttgart, Deutschland
E-Mail: Michael.Koch@planung-umwelt.de

© Springer Fachmedien Wiesbaden GmbH 2017
S. Kost und C. Kölking (Hrsg.), *Transitorische Stadtlandschaften,*
Hybride Metropolen, DOI 10.1007/978-3-658-13726-7_3

1 Einleitung

Das Problem der Inanspruchnahme von landwirtschaftlichen Flächen für die Siedlungsentwicklung ist längst erkannt und hat in der Politik zu Zielvorgaben zum Schutz von Böden sowie zu entsprechenden gesetzlichen Regelungen geführt. Die nationale Nachhaltigkeitsstrategie des Bundes (2012, S. 194) formuliert als Ziel die Reduzierung der Flächeninanspruchnahme auf weniger als 30 ha/Tag bis zum Jahr 2020. Im Baugesetzbuch wurde das Prinzip Innenentwicklung vor Außenentwicklung verankert (BauGB 2015). Trotzdem besteht insbesondere in urbanen Verdichtungsräumen nach wie vor ein hoher Druck auf bislang nicht bebaute Freibereiche. Derzeit liegt die Flächeninanspruchnahme bundesweit immer noch bei ca. 69 ha/Tag (Statistisches Bundesamt 2015, Angaben für das Jahr 2014).

Das Wachstum von Siedlungen geht immer zulasten des agrarisch genutzten Außenbereichs, dabei müssen zusätzlich zu den eigentlichen Bauflächen auch Flächen bereitgestellt werden für den gesetzlich geforderten artenschutzrechtlichen und naturschutzrechtlichen Ausgleich (BNatSchG §§ 8 und 44). Selbst bei Inanspruchnahme von Waldflächen für Siedlungen, was selten vorkommt, muss als Ausgleich nach Bundeswaldgesetz (BWaldG 2015) eine Aufforstung je nach Zustand des Waldes mindestens in gleicher Größe (1:1) erfolgen, was zwangsläufig zur Inanspruchnahme auch von landwirtschaftlichen Flächen führt. Bei der Innenentwicklung werden die Bebauung bislang unbebauter Grundstücke einerseits und die Wiederverwendung bebauter, aber nicht mehr genutzter Flächen (Flächenrecycling) andererseits angestrebt. In der Praxis liefert die Innenentwicklung oft nur einen geringen Beitrag zur Reduzierung der Inanspruchnahme von bisherigen Außenbereichsflächen, da z. B. die Verfügbarkeit von Flächen oder vorhandene Altlasten auf vormals gewerblich oder industriell genutzten Grundstücken begrenzende Faktoren sein können. Der Rückbau von Stadt und die Renaturierung von überbauten Flächen sind mit hohem Aufwand verbunden, sie finden daher selten statt und können bislang nur begrenzt zu einer spürbaren Reduzierung der Flächeninanspruchnahme führen.

2 Bedeutung von Freiräumen

An Freiräume werden unterschiedliche Ansprüche gestellt. Je nach natürlicher Ausstattung und Lage erfüllen sie ökologische Funktionen und unterschiedliche Nutzungsansprüche.

2.1 Ökologische Funktionen

Freiräume erfüllen vielfältige ökologische Funktionen: sie dienen als Standorte für Vegetation und zur Nahrungsproduktion, sie bilden Lebensräume für Tiere, sie sind Filter und Puffer für Schadstoffe, sie sind Ausgleichskörper im Wasserhaushalt durch Aufnahme und Ableitung von Niederschlägen und zur Anreicherung des Grundwassers, sie dienen der Frisch- und Kaltluftproduktion.

In ihrem natürlichen Zustand, ohne den Einfluss des Menschen stellen Freiräume Lebensräume für Pflanzen und Tiere je nach Standortbedingungen in vielfältiger Form dar. Geologie und Klima waren und sind die wesentlichen gestaltbildenden Faktoren der Landschaftsentwicklung (vgl. Küster 2013). Aber auch in genutzten, von Menschenhand geprägten Ökosystemen haben sich unterschiedliche Lebensbedingungen ausgeformt, an die sich verschiedene Arten von Pflanzen und Tieren im Laufe der Evolution angepasst haben. Landschaftliche Diversität hat zu einer teilweise hohen Biodiversität geführt.

In Verdichtungsräumen übernehmen Freiräume wichtige Ausgleichsfunktionen für belastete Gebiete, sie tragen zur Durchlüftung und Abkühlung überhitzter und mit Schadstoffen belasteter Innenstadtbereiche bei, sie dienen als Versickerungsflächen und Rückhalteräume bei Starkregenereignissen, sie stellen vernetzende Korridore für wandernde Tiere in einer immer stärker zergliederten Landschaft bereit.

2.2 Nutzungsansprüche

Für den Menschen haben Freiräume eine große Bedeutung für die Nahrungsmittelproduktion und als Rohstofflieferant (Holz, Steine, Erden). Dabei hat die Qualität der Standortbedingungen hohen Einfluss auf die Produktivität der landwirtschaftlich genutzten Böden. Je schlechter die Standortbedingungen sind, desto höher ist der Steuerungsaufwand in Form von Düngemittelgaben, Pestizideinsatz oder Entwässerung, was dann zu entsprechenden Belastungen und Veränderungen der ökologischen Funktionen der Freiräume führt. Insofern kommt dem Schutz von Standorten mit guten Anbaubedingungen eine herausragende Bedeutung zu.

Der Freiraum hat darüber hinaus eine große Bedeutung für den Menschen als Erholungs- und Bewegungsraum sowie für das Naturerlebnis. Dabei sind die siedlungsnahen Flächen aufgrund ihrer guten Erreichbarkeit von besonderer Bedeutung für die Naherholung.

Im Zuge der Energiewende übernehmen Freiräume zunehmend die Funktion der Energieproduktion in unterschiedlicher Form (Biomasse, Windkraft, Solarnutzung). Dabei erfährt die Landschaft teilweise starke Veränderungen z. B. durch Errichtung von Windkraftanlagen oder den Anbau von Energiepflanzen.

Freiräume werden zu Abstandsflächen von Infrastruktureinrichtungen (Einflugschneisen, Lärmzonen an Verkehrswegen, Sicherungsflächen um Windkraftanlagen).

Für störende, gefährliche und gefährdende Nutzungen (Sprengstofflager, Pyrotechnik, Deponien, Bioabfallanlagen) werden Freiräume als Flächenpotenzial genutzt.

3 Belastungen von Freiräumen

Flächenverluste stellen nicht die einzigen Belastungen von Freiräumen dar. Die vorhandenen bzw. verbliebenen Freiräume sind vielfältigen Nutzungsansprüchen sowie Lärm- und Schadstoffbelastungen ausgesetzt. Insgesamt ist eine Intensivierung sämtlicher Freiraumnutzungen festzustellen, die untereinander häufig zu erheblichen Zielkonflikten führen, z. B. zwischen Naturschutz und Erholung, zwischen Landwirtschaft und Wasserschutz oder zwischen Landwirtschaft und Naturschutz.

Hinzu kommen Zerschneidungen der Freiräume durch Verkehrswege und sonstige Infrastruktureinrichtungen (z. B. Verkehrs- oder Leitungstrassen), die die Möglichkeiten der Bewirtschaftung einschränken und die Qualität als Erholungsraum für den Menschen oder als Lebensraum für Tiere und Pflanzen beeinträchtigen.

Durch das Wirken des Menschen hat sich im Laufe der Jahrtausende die Landschaft zum Teil grundlegend verändert, Zusammenhänge in der Landschaft können kaum noch wahrgenommen werden (vgl. Küster 2013, S. 377 ff.).

Die vielfältigen Nutzungsansprüche und Funktionen von Freiräumen machen deren Sicherung zu einer wichtigen Aufgabe der räumlichen Planung.

4 Instrumente der Freiraumsicherung und ihre Grenzen

Durch verschiedene Gesetze stehen auf den verschiedenen Ebenen der räumlichen Planung, der Landschafts- und Umweltplanung sowie den verschiedenen Fachplanungen unterschiedliche Instrumente für die Freiraumsicherung zur Verfügung. Die Anwendung der verschiedenen Instrumente schließt sich u. U. nicht aus, eine räumliche Überlagerung unterschiedlicher Schutzziele ist daher möglich, was zu Abwägungsproblemen führen kann. Auch die Umweltprüfung stellt keine Garantie dar für die Freiraumsicherung, da auch deren Ergebnisse der politischen Abwägung in Entscheidungsprozessen zugänglich sind.

4.1 Regionalplanung (Raumordnungsgesetz/ROG)

Von großer Bedeutung auf der Ebene der Regionalplanung ist die Ausweisung von Vorranggebieten, insbesondere von Grünzügen und Grünzäsuren (siehe Abb. 1). Da

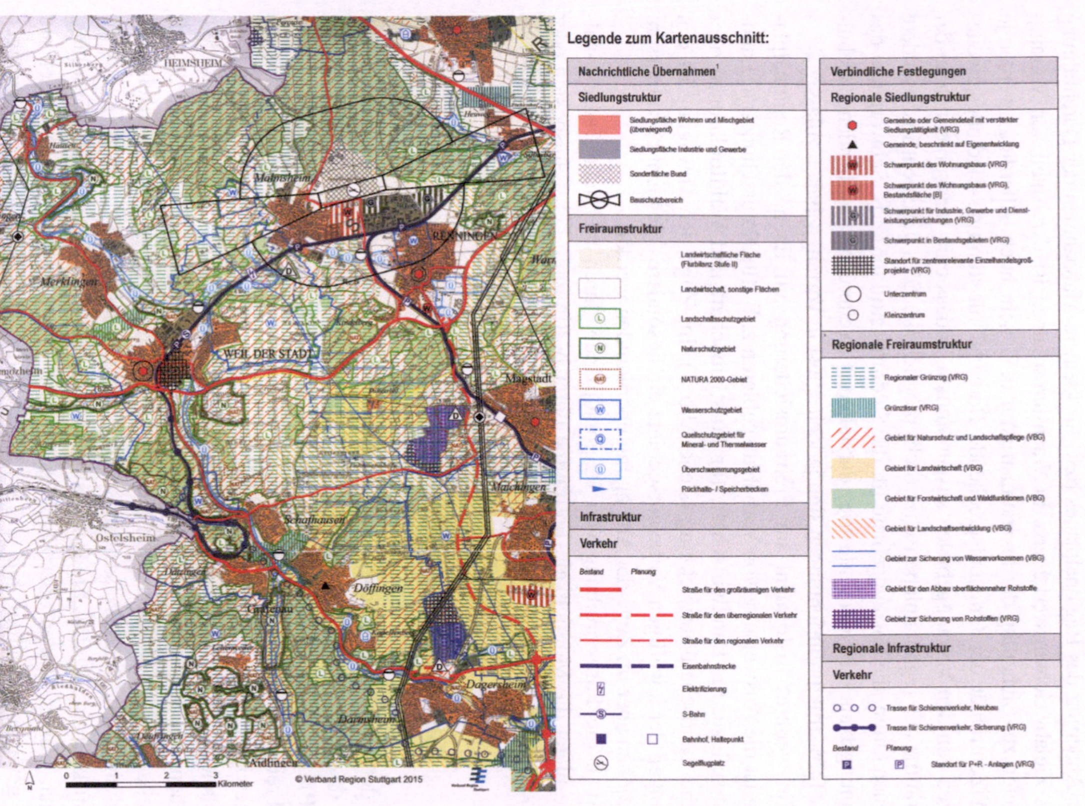

Abb. 1 Auszug aus dem Regionalplan Stuttgart. (Verband Region Stuttgart 2010)

Vorranggebiete regionalplanerische Ziele darstellen, können sie nicht im Zuge der Abwägung überwunden werden. Die Abweichung von Zielen der Raumordnung bedarf einer Änderung des Regionalplanes bzw. für kleinere Maßnahmen der Durchführung eines Zielabweichungsverfahrens. In Wachstumsräumen ist der Anteil von Vorranggebieten zur Sicherung der Freiraumstruktur u. U. sehr hoch. Allerdings werden je nach Zentralität der Orte entsprechende Bereiche für künftige Siedlungserweiterungen von den Vorranggebieten ausgenommen, sodass eine Inanspruchnahme der Freiräume aus regionalplanerischer Sicht möglich ist. Dies geschieht insbesondere in jenen Orten, die Vorranggebiete für die Siedlungsstruktur (z. B. Schwerpunkt des Wohnungsbaus oder der Industrie) darstellen. Erweiterungen vorhandener technischer Infrastruktureinrichtungen sind jedoch selbst in Vorranggebieten zulässig.

Ein weiteres Instrument zur Freiraumsicherung auf Ebene der Regionalplanung ist die Ausweisung von Vorbehaltsgebieten z. B. für Naturschutz und Landschaftspflege, für Landwirtschaft, für Forstwirtschaft und Waldfunktionen oder für die Landschaftsentwicklung (siehe Abb. 1). Im Zuge der Abwägung ist den Belangen der jeweiligen Vorbehaltsgebiete ein besonderes Gewicht beizumessen; sie können aber im Zuge der Abwägung überwunden werden.

Auch die Fortschreibung von Regionalplänen durch fachliche Teilregionalpläne bietet die Möglichkeit, Freiräume unter bestimmten Umweltaspekten oder für bestimmte Umweltnutzungen (z. B. Windenergie, Landwirtschaft) zu sichern.

4.2   Bauleitplanung (Baugesetzbuch/BauGB)

Auf der Ebene der örtlichen Bauleitplanung steht für die Sicherung des Freiraumes das Instrument des vorbereitenden Bauleitplanes bzw. Flächennutzungsplanes (FNP) in Verbindung mit dem Landschaftsplan zur Verfügung. Dabei werden nicht die Freiräume gesichert, sondern Flächen für potenzielle Siedlungserweiterungen ausgewiesen (Positivplanung). Baugebiete, die im Zuge der verbindlichen Bauleitplanung (Bebauungsplanebene) erschlossen werden sollen, müssen aus dem Flächennutzungsplan entwickelt werden. Freiflächen im Innenbereich werden als Grünflächen ausgewiesen. Die Freiräume im Außenbereich werden als Flächen für Landwirtschaft, Wald, Wasser und Boden ausgewiesen. Flächen für die Landwirtschaft können auch mit Ergänzungsfunktionen belegt werden (z. B. für Erholung, Klima, Wasser, Boden oder Flora/Fauna). Die Ergänzungsfunktionen weisen auf eine gewisse Bedeutung hin, die im Rahmen der Abwägung zu berücksichtigen sind. Besondere Bedeutung haben Flächenausweisungen für mögliche Ausgleichsmaßnahmen im Sinne der naturschutzrechtlichen Eingriffsregelung (Suchräume für Öko-Konten) und für den im Bundesnaturschutzgesetz vorgeschriebenen Biotopverbund. Eine Abweichung von den Ausweisungen des FNP bedarf einer

Planänderung. Diese kann auch parallel zur Erstellung eines Bebauungsplanes erfolgen. Jede Änderung muss vom Gemeindeparlament beschlossen werden.

4.3 Landschaftsplanung (Bundesnaturschutzgesetz/ BNatSchG)

Die Landschaftsplanung (§ 8 ff. BNatSchG) liefert Grundlagen, Ziele und Konzepte aus Umweltsicht für die unterschiedlichen Ebenen der Raumplanung. Wesentliche Aufgabe der Landschaftsplanung ist die Sicherung der Funktionen des Naturhaushalts und seiner Naturgüter (Boden, Wasser, Klima, Luft, Pflanzen und Tiere) und der Erholungsvorsorge (siehe Abb. 2).

Die Landschaftsplanung entfaltet ihre Wirksamkeit in der Regel nur, sofern ihre Darstellungen in die verbindlichen Raumordnungspläne und Bauleitpläne übernommen werden.

4.4 Fachplanungen

Über die Raumplanung hinaus verfügen verschiedene Fachplanungen über unterschiedliche Instrumente der Freiraumsicherung.

Naturschutz (Bundesnaturschutzgesetz/BNatSchG)
Die naturschutzrechtliche Eingriffsregelung (BNatSchG § 13 ff.) ist ein wesentliches Instrument zur Sicherung ökologischer Funktionen des Naturhaushaltes. Sie gilt sowohl für den Innenbereich als auch für den Außenbereich. Allerdings kann sie in der bauleitplanerischen Abwägung teilweise überwunden werden.

Die Naturschutzverwaltung verfügt darüber hinaus über ein abgestuftes System von Schutzgebieten (BNatSchG §§ 23 ff.), die andere Nutzungen vollkommen oder teilweise ausschließen:

- Nationalparke sollen in einem überwiegenden Teil den möglichst ungestörten Abläufen der natürlichen Dynamik überlassen werden;
- Naturparke eignen sich aufgrund ihrer landschaftlichen Voraussetzungen besonderes für die Erholungsnutzung;
- Naturdenkmäler sind rechtsverbindlich festgesetzte Einzelschöpfungen der Natur bis zu einer Größe von 5 ha;
- Biosphärenreservate entsprechen in weiten Teilen Naturschutz- oder Landschaftsschutzgebieten, sie sollen die durch vielfältige Nutzungen geprägte Landschaft erhalten;

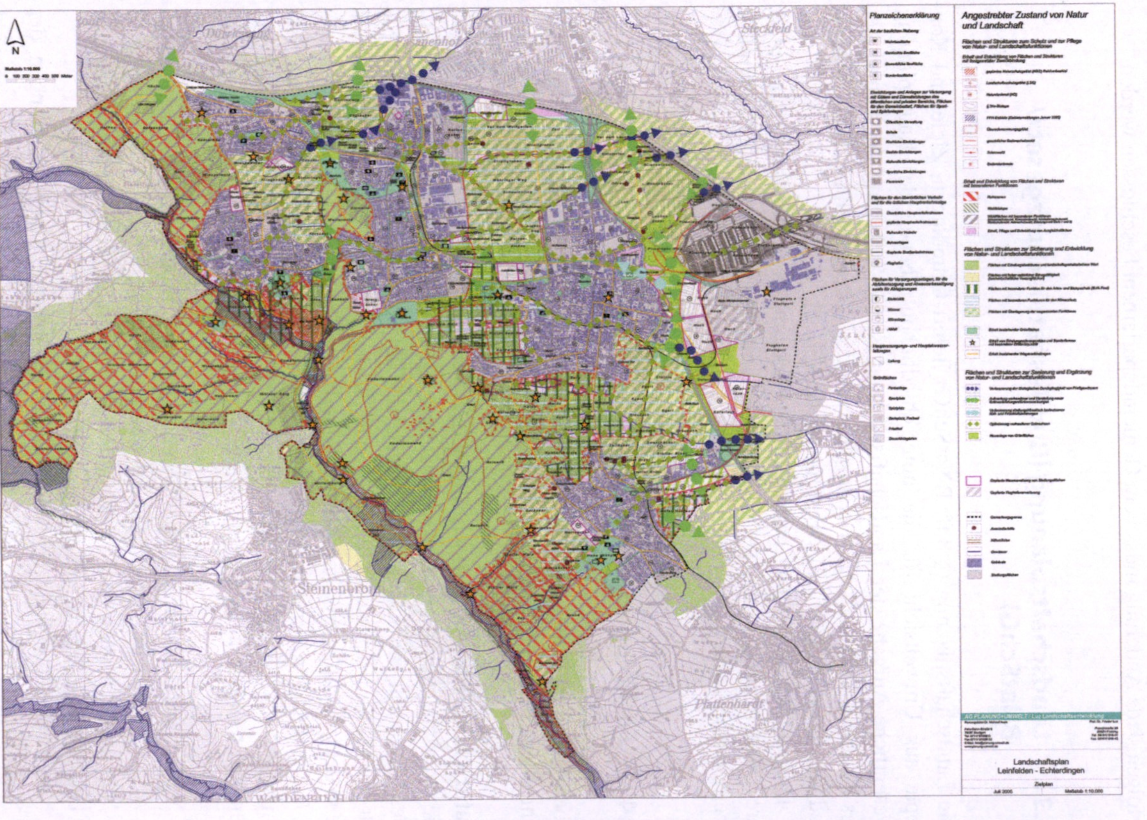

Abb. 2 Zielplan des Landschafts- und Umweltplanes der Stadt Leinfelden-Echterdingen. (PLANUNG + UMWELT 2005)

- Naturschutzgebiete und geschützte Biotope: in diesen Gebieten sind sonstige Nutzungen außer Pflegemaßnahmen ausgeschlossen;
- Landschaftsschutzgebiete: zulässig sind ordnungsgemäße Landwirtschaft und Forstwirtschaft, sonstige Nutzungen sind ausgeschlossen oder bedürfen einer Ausnahmegenehmigung;
- Geschützte Landschaftsbestandteile können aus unterschiedlichen Zielsetzungen rechtsverbindlich festgesetzt werden;
- Natura-2000-Gebiete (BNatSchG §§ 31 ff.): diese Gebiete dienen dem Schutz europarechtlich geschützter Arten und Lebensräume. Nutzungen in diesen Gebieten sind insofern zulässig, als sie den Zielen des Gebietes nicht entgegen stehen dürfen. Bei Nutzungsänderungen ist in der Regel eine Flora-Fauna-Habitat-Verträglichkeitsprüfung durchzuführen.

Die Ausweisung von naturschutzfachlichen Schutzgebieten erfolgt nicht nur nach Kriterien der biologischen Ausstattung oder der Standortbedingungen, sondern auch in Abhängigkeit von dem jeweiligen Siedlungsdruck in einer Region. Der Schutzgebietsanteil ist in ländlichen Regionen deutlich niedriger als in städtischen Verdichtungsräumen trotz einer meistens besseren ökologischen Ausstattung.

Ein in der Planungspraxis besonders relevantes Instrument stellt die artenschutzrechtliche Regelung dar (BNatSchG §§ 44 ff.), in der die Arten direkt sowie über die Erhaltung ihrer Lebensräume (Fortpflanzungs- und Ruhestätten) europarechtlich geschützt werden. Die Belange des europarechtlichen Artenschutzes unterliegen nicht der Abwägung, sie sind strikt zu beachten und umzusetzen (vergleichbar dem Immissionsschutzrecht).

4.4.1 Landwirtschaft

In Baden-Württemberg existiert das Instrument der Wirtschaftsfunktionenkarte, in der landwirtschaftliche Vorrangfluren abgegrenzt werden, die langfristig für die Bewirtschaftung erhalten werden sollen. In den Vorrangfluren I und II müssen bzw. sollten sonstige Nutzungen ausgeschlossen werden. In den als Grenz- oder Untergrenzfluren ausgewiesenen Gebieten sind sonstige Nutzungen nicht ausgeschlossen.

4.4.2 Forstwirtschaft (BWaldG, LWaldG)

Nach dem Bundeswaldgesetz (BWaldG 2015) und den verschiedenen Landeswaldgesetzen können Gebiete mit unterschiedlichen Waldfunktionen ausgewiesen werden:

- Nutzfunktionen (Holzproduktion, Wildvermarktung);
- Schutzfunktionen (Boden, Wasser, Luft/Klima, Natur, Landschaft, Kultur, Sichtschutz);
- Erholungsfunktionen.

Über eine Ausweisung als Bannwald, Schonwald, Waldrefugium oder Waldreservat können je nach Bundesland bestimmte Formen der Bewirtschaftung ausgeschlossen oder zugelassen werden.

4.4.3 Wasserwirtschaft (Wasserhaushaltsgesetz/WHG)

Die Sicherung von Grundwasserressourcen zur Trinkwassernutzung erfolgt in der Regel über die Ausweisung von Wasserschutzgebieten mit drei Zonen, die unterschiedliche Restriktionen für Nutzungen aufweisen:

- In der Schutzzone I sind sämtliche Nutzungen ausgeschlossen, sie umfasst den Fassungsbereich und die nähere Umgebung;
- In der Schutzzone II (engeres Schutzgebiet) ist eine Verletzung der Deckschichten verboten, es gelten besondere Auflagen für verschiedene Nutzungsarten (Landwirtschaft, Verkehr, Siedlung);
- In der Schutzzone III (weiteres Schutzgebiet, Unterteilung in A und B möglich) gelten Nutzungsbeschränkungen für wassergefährdende Stoffe.

Durch die Umsetzung der EU-Wasserrahmenrichtlinie (WRRL) wurden für die Einzugsgebiete der Gewässer spezifische Maßnahmenpläne erarbeitet, die sich auf den Schutz der Wasserkörper (Grund- und Oberflächenwasser) bzw. auf ihre Sanierung beziehen. Sie müssen im Rahmen sonstiger Planungen berücksichtigt werden.

4.4.4 Lärmschutz (Bundesimmissionsschutzgesetz/BImSchG)

Durch die Umsetzung der EU-Umgebungslärmrichtlinie (EU 2002) in das deutsche Recht (BImSchG 2012) ist die Ausweisung lärmarmer Gebiete möglich. In diesen Gebieten sollen störende Nutzungen ausgeschlossen werden.

4.5 Instrumente der Umweltprüfung (Gesetz über die Umweltverträglichkeitsprüfung/UVPG, BNatSchG und BauGB)

Wesentliche Instrumente zur Freiraumsicherung sind neben der artenschutzrechtlichen Prüfung (BNatSchG § 44) und der naturschutzrechtlichen Eingriffsregelung (BNatSchG § 13 ff.) die Umweltprüfungen von Vorhaben (nach UVPG) sowie von Plänen und Programmen (nach UVPG und BauGB). Die Durchführung einer Umweltprüfung ist jedoch nicht für alle Vorhaben und Pläne/Programme verbindlich. Das UVPG gibt Schwellenwerte für Vorhaben an, ab denen eine Umweltprüfung durchzuführen ist (UVPG Anhang 1) bzw. führt eine Liste mit prüfpflichtigen Plänen und Programmen auf (UVPG § 14a, Anhang 3). Zu den prüfpflichtigen Plänen gehören auch die Bauleitplanungen nach BauGB (UVPG Anhang 3 Nr. 1.8). Die Pflicht ist bindend für sämtliche Flächennutzungspläne sowie für alle Bebauungspläne im Außenbereich. Allerdings wurde im Baugesetzbuch mit dem beschleunigten Verfahren (nach § 13a BauGB) eine Regelung geschaffen, nach der auf die Durchführung einer Umweltprüfung für Bebauungspläne der Innenentwicklung verzichtet werden kann.

Für die Bewertung von Eingriffen in die Umwelt im Rahmen einer Umweltprüfung spielen neben Gesetzen die in Landschafts- und Raumordnungsplänen formulierten Ziele des Umweltschutzes eine herausragende Bedeutung (siehe Abb. 3). So schreibt das BauGB (§ 1 Abs. 6 Nr. 7 g) vor, dass die Darstellungen von Landschaftsplänen und sonstigen Plänen zu berücksichtigen sind. Ziel der Umweltprüfungen ist es u. a., eine möglichst umweltverträgliche Lösung zu finden und den Entscheidungsprozess sowie die getroffenen Entscheidungen bei der Genehmigung von Plänen, Programmen und Vorhaben transparent zu machen. Dabei stellt die Prüfung von Alternativen ein Kernstück der Umweltprüfung dar.

Umweltbelange stellen nur einen Belang dar, der im Rahmen der planerischen Abwägung mit den anderen Belangen abgewogen werden muss. Somit ist nicht sichergestellt, dass den Ergebnissen einer Umweltprüfung bei der Entscheidung über einen Plan oder ein Vorhaben Vorrang eingeräumt wird.

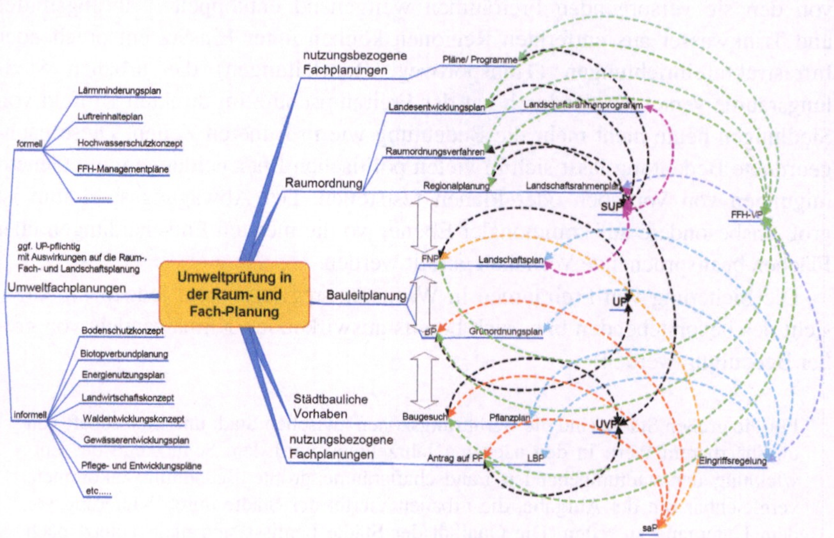

Abb. 3 Umweltprüfung in der Raum- und Fachplanung. (Eigene Darstellung)

5 Ausblick

Alle Pläne, Programme und Gesetze sind von Menschen gemacht und können daher durch politische Entscheidungen geändert werden. Die Sicherung des Freiraumes ist eine Frage des Bewusstseins über dessen Notwendigkeit. Potenziale und Restriktionen müssen erkannt und beachtet werden. Dafür bedarf es entsprechender Zielformulierungen in den jeweiligen Plänen und Programmen, z. B. in der Landschaftsplanung, der Raumordnung und der Bauleitplanung.

Die oben dargestellte Übersicht über planerische Instrumente zur Sicherung von Freiräumen und ihren Funktionen zeigt eine breite Vielfalt und differenzierte Einsatzmöglichkeit dieser Instrumente. Eine besondere Bedeutung kommt der räumlichen Planung zu, sowohl durch die Möglichkeit zur Ausweisung bzw. Festsetzung entsprechender Gebiete als auch durch nachrichtliche Übernahme sonstiger Schutzausweisungen von Fachplanungen. Ziele der Landschaftsplanung erhalten in der Regel erst durch die Übernahme in die Pläne der Raumordnung und der Bauleitplanung ihre Verbindlichkeit.

Früher stellten Freiräume die Lebensgrundlage für den Menschen dar. Es gab die direkte räumliche Bindung, wodurch der Schutz des umgebenden Freiraumes zum zentralen Anliegen wurde. Mit dem Handel und der zunehmenden Funktionsteilung im globalen Maßstab haben sich die Siedlungsgebiete des Menschen von den sie versorgenden Freiräumen weitgehend entkoppelt. Nahrungsmittel und Trinkwasser aus entfernten Regionen können unter Einsatz entsprechender Infrastruktureinrichtungen (Transportweg, Rohrleitungen) die urbanen Siedlungsräume versorgen. Dadurch hat der Freiraumschutz im direkten Umfeld von Siedlungen heute nicht mehr die Bedeutung wie in früheren Zeiten. Diese nachgeordnete Bedeutung lässt sich in vielen politischen Entscheidungen und Genehmigungen von Vorhaben oder Plänen feststellen. Der Abwägungsspielraum ist groß, insbesondere auf kommunaler Ebene, wo die meisten Entscheidungen über Flächen beanspruchende Vorhaben gefällt werden.

Die Sicherung von Freiräumen in Wachstumsregionen wird jedoch im Angesicht des bevorstehenden bzw. sich bereits auswirkenden Klimawandels von großer Bedeutung werden.

Für die großen Städte sind die Berührungszonen zwischen Stadt und Landschaft von unschätzbarem Wert. In den nächsten Jahrzehnten wird dem Schutz und der Entwicklung der stadtumgebenden Landschaftsräume größte Bedeutung zukommen, vergleichbar mit der Aufgabe, die urbanen Viertel der Städte durch Sanierung vor dem Untergang zu retten. Die Qualität der Städte bemisst sich nicht zuletzt nach ihrer Einbettung in die Landschaft (Hans Adrian zitiert aus Sieverts 1997, S. 146).

Frisch- und kaltluftproduzierende Freiflächen im Nahbereich von Siedlungen sind von grundlegender Bedeutung insbesondere für das Wohlbefinden und die Gesundheit von Menschen in den Siedlungsgebieten. Anders als Nahrungsmittel oder Wasser kann Frisch- und Kaltluft nicht aus anderen Regionen importiert werden, sie muss direkt vor Ort verfügbar sein. Es bestehen daher große Chancen, dass die Sicherung von Freiräumen insbesondere in den Wachstumsräumen im Hinblick auf die im Baugesetzbuch (BauGB § 1a) geforderte Anpassung an den Klimawandel (Vermeidung von Aufheizungen, Kühlung von Siedlungsräumen) eine zunehmende Priorität in der Politik und in der Planung der Zukunft erfahren wird. Dieser Aspekt ist neben anderen bei der Abwägung besonders zu berücksichtigen.

Literatur

Baugesetzbuch (BauGB 2015) in der Fassung der Bekanntmachung vom 23. September 2004 (BGBl. I S. 2414), zuletzt geändert durch Verordnung vom 31. August 2015 (BGBl. I S. 1474).

Bundes-Immissionsschutzgesetz (BImSchG 2012) in der Fassung der Bekanntmachung vom 17. Mai 2013 (BGBl. I S. 1274), zuletzt geändert durch Artikel 76 der Verordnung vom 31. August 2015 (BGBl. I S. 1474).

Die Bundesregierung (2012). *Nationale Nachhaltigkeitsstrategie. Fortschrittsbericht 2012.* Berlin.

Gesetz zur Erhaltung des Waldes und zur Förderung der Forstwirtschaft (Bundeswaldgesetz – BWaldG) vom 2. Mai 1975 (BGBl. I S. 1037), zuletzt geändert durch Artikel 413 der Verordnung vom 31. August 2015 (BGBl. I S. 1474).

Gesetz über die Umweltverträglichkeitsprüfung (UVPG 2015) in der Fassung der Bekanntmachung vom 24. Februar 2010 (BGBl. I S. 94), zuletzt geändert durch Artikel 93 V. v. 31.08.2015 (BGBl. I S. 1474).

Gesetz über Naturschutz und Landschaftspflege (Bundesnaturschutzgesetz BNatSchG 2012) vom 29. Juli 2009 (BGBl. I S. 2542), in Kraft getreten am 01.03.2010, zuletzt geändert durch Verordnung vom 31.08.2015 (BGBl. I S. 1474).

Gesetz (BImSchG 2005) zur Umsetzung der EG-Richtlinie über die Bewertung und Bekämpfung von Umgebungslärm vom 24. Juni 2005 (BGBl. I Nr. 38 vom 29.6.2005 S. 1794).

Gesetz zur Ordnung des Wasserhaushalts (Wasserhaushaltsgesetz – WHG) vom 31. Juli 2009 (BGBl. I S. 2585), zuletzt geändert durch Artikel 320 der Verordnung vom 31. August 2015 (BGBl. I S. 1474).

Küster, H. (2013). *Geschichte der Landschaft in Mitteleuropa.* München: C.H.Beck.

PLANUNG + UMWELT (2005). *Landschafts- und Umweltplan der Stadt Leinfelden-Echterdingen.* Stuttgart.

Raumordnungsgesetz (ROG) vom 22. Dezember 2008 (BGBl. I S. 2986), zuletzt geändert durch Artikel 124 der Verordnung vom 31. August 2015 (BGBl. I S. 1474).

Richtlinie 2002/49/EG des Europäischen Parlaments und des Rates vom 25. Juni 2002 über die Bewertung und Bekämpfung von Umgebungslärm.
Sieverts, T. (1997). *Zwischenstadt.* Braunschweig, Wiesbaden: Vieweg.
Statistisches Bundesamt (2015). Genesis-Online Datenbank, Nachhaltigkeitsindikatoren, Wiesbaden, https://www-genesis.destatis.de/genesis/online/logon?language=de&sequenz=tabelleErgebnis&selectionname=91111-0001, Zugegriffen: 19. Januar 2016.
Verband Region Stuttgart (2010). *Regionalplan.* Stuttgart.

Die Gräben zwischen Bauern und Verbrauchern überwinden – Vernetzungsansätze in Deutschland

Stefan Kreutzberger

Zusammenfassung

Um das Verhältnis von Landwirt und Konsument ist es schlecht bestellt: fehlende Transparenz und Lebensmittelskandale einerseits und geringe Wertschätzung andererseits. Doch eine wachsende Zahl von Menschen wünscht sich mehr Nähe und Vertrauen und richtet ihr Konsumverhalten verstärkt nach regionalen und ökologischen Aspekten aus. Dabei entstanden in den letzten Jahren neue Formen der direkten Vermarktung, die erfolgreich ein aufeinander Zugehen mit partnerschaftlicher Kommunikation bis hin zur solidarischen Risikoübernahme praktizieren. Diese verschiedenen Initiativen vernetzen sich auf lokaler Ebene mit Verwaltung, Wirtschaft und Wissenschaft in einer neuen Form der ernährungspolitischen Planung und Teilhabe: Die sogenannten Ernährungsräte sollen, auf die regionalen Gegebenheiten angepasste, Ziele und Leitbilder entwickeln helfen, neue Strukturen aufbauen und fördernde Maßnahmen koordinieren.

Schlüsselwörter

Ernährungsrat · Solidarische Landwirtschaft · Kommunale Ernährungspolitik · Vernetzungsansätze · Essbare Stadt · Taste of Heimat

S. Kreutzberger (✉)
Bonn, Deutschland
E-Mail: stefan.kreutzberger@journalismus.de

© Springer Fachmedien Wiesbaden GmbH 2017
S. Kost und C. Kölking (Hrsg.), *Transitorische Stadtlandschaften,*
Hybride Metropolen, DOI 10.1007/978-3-658-13726-7_4

1 Hintergrund

Das Image des deutschen Bauern hat in den letzten Jahren arg gelitten. Nitratverseuchte Böden, gedankenloser Pestizideinsatz, brutale Massentierhaltung und uferlose Antibiotikagaben haben den Verbraucher aufgeschreckt und den Glauben an eine gesunde und naturverträgliche Landwirtschaft erschüttern lassen. Nach der letzten großen TNS Emnid-Untersuchung im Jahr 2012 geben nur noch 35 % der Befragten an, dass es eher zutrifft, dass die Bauern verantwortungsvoll mit ihren Tieren umgehen. Nur 29 % glauben, dass sie umweltbewusst wirtschaften (TNS Emnid 2012). Gleichzeitig belegt eine vom Bundesministerium für Ernährung und Landwirtschaft beauftragte Studie, dass knapp sechs von zehn Befragten beim Einkauf zumindest „häufig" Wert auf die Herkunft der gekauften Lebensmittel legen – bei den Frauen sind es sogar 64 %. Regionalität ist somit das wichtigste Merkmal beim Lebensmitteleinkauf. Neun von zehn Befragten gaben an, dass eine gesunde und ausgewogene Ernährung wichtig für die eigene Ernährungsweise war – fast der Hälfte war dies sogar „sehr wichtig". Diese Verbraucher berichten, häufig auf Merkmale wie Tierschutz, Nachhaltigkeit und biologische Anbauverfahren zu achten. Immerhin rund ein Viertel bzw. ein Fünftel gaben an, häufig oder fast immer auf dem Wochenmarkt bzw. direkt beim Bauern einzukaufen (BMEL 2014, S. 4). Die Nähe zum Produzenten, der persönliche Kontakt und eine Transparenz beim Anbau und den Lieferketten scheint für einen nicht zu unterschätzenden Teil der Konsumenten wieder ein wesentlicher Konsumfaktor zu sein. Das hat auch der Handel begriffen und bietet verstärkt als regional bezeichnete Produkte in den Supermärkten an. Doch auch hier wird der Verbraucher noch zu oft an der Nase herumgeführt: Die Werbung zum Thema Regionalität kann – so auch die Einschätzung des Ministeriums – „zu Verwirrung führen, da meistens nur der Standort des Verarbeitungsunternehmens ausgelobt wird, jedoch nicht die Herkunft des Rohstoffes oder die Qualität des regionalen Verarbeitungsprozesses" (BMELV 2012, S. 17). So kann die Milch für einen hessischen Handkäse aus ganz Europa stammen, genauso wie die Spreewälder Gurken.

Es wird daher Zeit für ein echtes aufeinander Zugehen von Verbrauchern und Bauern, ein wachsendes Vertrauen und neue Formen des direkten Austauschs zwischen ihnen. In den letzten drei bis vier Jahren haben sich dazu viele regionale und überregionale Initiativen und Projekte gegründet und alte erfahren eine erfrischende Wiederbelebung. Einige davon werden im Laufe des Beitrags vorgestellt.

2   Kontakt- und Vernetzungsansätze

2.1   Den regionalen Ansatz pflegen

Regionale Wirtschaftskreisläufe werden als wichtiges Instrument für die Entwicklung strukturschwacher ländlicher Räume diskutiert. Ein gutes Beispiel ist seit 1991 das UNESCO-Biosphärenreservat Rhön. Das ehemalige Grenzgebiet zwischen Hessen, Bayern und Thüringen stand nach der Wende vor dem wirtschaftlichen Burn-out. Durch gezielte Förderung des Tourismus, der Gastronomie, der Tierzucht und der ökologischen Landwirtschaft durch die drei Landesregierungen und ein entsprechendes Marketingkonzept hat sich die Region seitdem stark entwickelt. Heute gilt sie als internationale Modellregion für nachhaltige Entwicklung. Das Rhön-Schaf ist wieder heimisch und die ganze Republik trinkt ‚Bionade', die Idee einer Rhöner Familienbrauerei aus Ostheim. In anderen Regionen und Städten sind erfolgreiche Projekte mit Regionalgeld und Tauschkreisen entstanden. Mittlerweile gibt es in Deutschland 27 Gutscheinwährungen mit so historisch klingenden Namen wie Chiemgauer, Donautaler, Eifel-Mark und Talent (Vgl. Regiogeld 2015). Diese Rückbesinnung auf lokale und regionale Bezüge entspringt aber keinem konservativen Patriotismus, sondern versteht sich als Ressourcen sparendes Gegenkonzept zur industriellen Produktion im globalisierten Markt. Regionalität ist ein wesentliches Prinzip nachhaltigen Wirtschaftens (Vgl. Hopkins 2008). Sie sichert Arbeitsplätze bei heimischen Erzeugern und Verarbeitern von Lebensmitteln und sorgt für den Erhalt der lokalen bäuerlichen Landwirtschaft und der regionalen Kulturlandschaft. Durch kurze Wege zwischen Erzeuger, Verkäufer und Verbraucher und die daraus folgende Minimierung von Material- und Energieverbrauch tragen regionale Kreisläufe zur Umweltentlastung und zur Reduzierung von Lebensmittelmüll bei. Wer Produkte bevorzugt, die in der Region erzeugt, verarbeitet und vermarktet werden, erhält qualitativ hochwertige frische Ware, fördert soziale Kommunikation und schafft die Basis für ein neues Verhältnis zu Nahrung und Konsum. „Entscheidend für die Regionalität eines Nahrungsmittels ist gar nicht so die exakte räumliche Herkunft, sondern die Vertrautheit zwischen den Erzeugern und Verbrauchern, die Transparenz und Nachvollziehbarkeit der Produktion für die Verbraucher", schreibt der Regionalforscher Dr. Ulrich Ermann vom Leibniz-Institut für Länderkunde aus Leipzig (Vgl. Ermann 2008). Der direkte Kontakt zwischen Hersteller und Konsument führt auch zu mehr Kenntnis der Produktionszusammenhänge und einer Wertschätzung der geleisteten Arbeit. Wer mitbekommt oder zumindest ahnt, wie körperlich anstrengend die Feldernte ist und wie mühsam und auch liebevoll es ist, ein Jungschaf aufzuziehen, wird sich zwei Mal überlegen, ob er die Hälfte des Lammbratens mit Bratkartoffeln und Wurzelgemüse in den Müll wirft. Letztlich geht es um Wertschätzung und ein faires Zusammenspiel von Ökonomie, Ökologie und sozialer Verantwortung im lokalen Raum (Vgl. Waldherr 2007, S. 130).

Von einem bundesweiten Aktionsbündnis getragen, versucht der ‚Tag der Regionen' jährlich mit einem dezentralen Aktionstag am Erntedanksonntag in der Öffentlichkeit ein Bewusstsein für die Chancen regionaler Wirtschaftskreisläufe zu schaffen. Unter dem Motto ‚Wer weiter denkt, kauft näher ein' oder ‚Wurzeln in einer globalisierten Welt' werden regional wirtschaftende Betriebe und Initiativen vorgestellt und auch deren Vernetzung und Kooperation gefördert. Dabei soll es nicht um regionale Abschottung gehen, sondern vielmehr um ein globales Miteinander unter der Devise ‚Global denken – lokal handeln'. Die Initiatoren verstehen sich dabei als eine kritische gesellschaftliche Bewegung: „Der entscheidende Vorteil vielseitig strukturierter, ökologisch orientierter klein- und mittelständischer Betriebe besteht darin, dass ihr Handeln im Gegensatz zu multinationalen Konzernen wesentlich stärker durch ökologische, soziale und ethische Kriterien bestimmt wird" (Tag der Regionen 2015). Solche Kriterien sind in diesem Sinne wohl entscheidend für ökologisch nachhaltig wirtschaftende Gesellschaften, die sich damit gegen den ungehemmten Prozess der Globalisierung stellen.

Vermarktungsinitiativen wie beispielsweise ‚Original regional' aus Nürnberg versuchen über ihr Qualitätssiegel für regionale Betriebe und deren Produkte, sowie mit der Einrichtung von regionalen Theken in möglichst vielen Handelsketten, kleine und mittlere Betriebe zu stärken. Den Konsumenten will die Initiative verdeutlichen, dass sie durch den Kauf regionaler Waren nicht nur die Existenz der heimischen Landwirte sichern, sondern auch die Artenvielfalt und die gewachsene Kulturlandschaft der Region erhalten und einen Beitrag zum Klimaschutz leisten können (Vgl. Metropolregion 2015).

2.2 Gemüse im Abo

Eine Möglichkeit auch in der Stadt bewusster Lebensmittel einzukaufen und zu konsumieren bieten die Gemüse-Abos, die in vielen Bioläden, Reformhäusern oder auch direkt von Landwirten als Lieferservice angeboten werden. Die Bio-Bauern füllen die *Gemüsekisten oder -tüten* jede Woche mit wechselnden, regionalen Zutaten aus ökologischer Landwirtschaft, meistens mit Produkten, die in der Region angebaut und geerntet werden. Da die Tüte mit der bunten Auswahl an frischem Gemüse, Salat und Obst im Voraus bestellt und bezahlt wird, kann der Landwirt genau planen und erntet nur das, was auch verkauft wird. Der Rest bleibt dort, wo er am frischesten gelagert werden kann: in der Erde. Sie müssen keine Waren mit einkalkulieren, die im Regal liegen bleiben und vom Handel weggeschmissen werden, da dieses Glied der Handelskette entfällt. Daher ist die Gemüsetüte im Vergleich zum Einkauf von Bioprodukten im Supermarkt oder Bioladen auch preiswerter. Die Waren sind sehr frisch, da das Obst und Gemüse kurz vor dem Abholtag geerntet und gepflückt wird. Durch die Regelmäßigkeit der Bestellung wird der ökologische Anbau in der Region gefördert. Für ca. 100 Gemüsekisten-Kunden kann ein Hektar Land auf ökologischen Anbau umgestellt werden (Vgl. Gemüsetüte 2015). Ein weiterer positiver Effekt ist, dass Verpackungsmüll vermieden wird, da die Gemüse- und Obststücke unverpackt in große Papiertüten aufgeteilt werden oder in wieder verwendbaren Pfandkisten geliefert werden. An die regelmäßige Belieferung muss man sich als Verbraucher allerdings erst gewöhnen. Man lernt saisonale Gemüsesorten kennen und beim Kochen flexibel zu sein. Das heißt, dass man im Winter mit in Vergessenheit geratenen Pastinaken, Mangold, Winterpostelein oder Zuckerrüben klar kommen muss. Andererseits garantiert das Gemüse-Abo manches Kochabenteuer und einen abwechslungsreichen Speiseplan. Wer nicht weiß, wie er das Gemüse zubereiten soll, dem helfen die wöchentlich mitgelieferten Rezeptvorschläge.

Eine Wiederbelebung erfahren auch die Lebensmittelkooperativen aus den Anfängen der Bio-Bewegung in den 1980er Jahren. Die sogenannten *Food Coops* sind klassische Verbrauchergemeinschaften. Die Kunden sammeln ihren Bedarf und bestellen gemeinsam direkt beim Erzeuger, später wird dann aufgeteilt und abgerechnet. Größere Kooperativen betreiben zentrale Lager mit Kühlung, um auch schnell verderbliche Waren anbieten zu können. Aber es sind bei diesem Modell auch Erzeuger-Verbraucher-Gemeinschaften möglich: Hier arbeiten beide Seiten der Produktionskette direkt zusammen, die Erzeuger können also direkt für den Bedarf der Food-Coops produzieren. Beide Seiten gehen so längerfristige wirtschaftliche Beziehungen ein.

2.3 ‚Geben Sie einmal die Woche einem Bauern die Hand!'

Eine neue Form des direkten Kaufs und Austauschs mit den Produzenten ist die *Food Assembly* (Versammlung). Die aus Frankreich stammende Idee ist zuallererst eine Internet-Plattform. Die Kunden wählen die gewünschten Produkte aus, bestellen sie online und zahlen vorab per Überweisung. Der formale Kauf ist damit bereits erledigt. Die Erzeuger liefern dann die Bestellungen persönlich zu einer regelmäßig vereinbarten Marktzeit an einem festen Ort aus und präsentieren sie dort in Form eines ‚Bauernmarktes'. Die Mitglieder der Food Assembly holen sie dort ab und treten nun ohne Kaufstress bei Kaffee und Kuchen in direkten Kontakt mit den Landwirten und Lebensmittel-Handwerkern aus der Region. Als Gemeinschaft von Menschen, die wissen wollen, wo ihre Lebensmittel herkommen, unterstützen sie die Bauern durch faire Preise. Jede Assembly wird von einem Gastgeber bzw. einer Gastgeberin betreut, die sich oftmals als Start-up-Unternehmen damit selbstständig machen. Die Gastgeber erhalten 8,35 % vom Umsatz der Erzeuger und kümmern sich um die Organisation der Treffen. Der Anreiz: Je höher der Umsatz einer Assembly, desto höher sind auch die Einkünfte für den Gastgeber (Vgl. Foodassembly 2015).

2.4 Selber ernten

Die ständig steigende Anzahl von Selbsternteprojekten wie ‚Gartenglück', ‚Bauerngarten' oder ‚Meine Ernte' (Vgl. Gartenglück 2015) zeigt ein wachsendes Bedürfnis vieler Menschen, die Wege noch mehr zu verkürzen und einen stärkeren Bezug zu ihren Lebensmitteln zu gewinnen. Sie mieten eine Saison lang ein Beet oder ein Stück Acker vor der Stadt von einem Bauern. In der Regel bereitet der Landwirt das Land vor, pflanzt verschiedene Gemüsesorten in 20 bis 30 Reihen an und teilt das Land in Parzellen auf. Die Mieter kümmern sich zwischen Mai und Oktober darum, den Acker zu gießen, zu mulchen, abzudecken, Unkraut zu jäten und Schädlinge zu entsorgen: Alles nach den Regeln der biologischen Landwirtschaft. Später können die Mieter dann selbst über 20 Sorten Biogemüse ernten. Die Vorteile dieser Form liegen auf der Hand: Die Konsumenten lernen durch die eigene Arbeit Lebensmittel wert zu schätzen. Man erntet immer nur nach Bedarf – Lebensmittelverluste und Verpackung fallen komplett weg. Das selbst Geerntete ist den Hobbygärtnern so viel Wert, dass sie nie etwas davon wegwerfen würden. Viel eher machen sie sich vertraut mit oft in Vergessenheit geratenen Methoden wie Einlegen, Einkochen und Fermentieren von frischem Obst und Gemüse oder verschenken Teile der Ernte an Freunde und Nachbarn. In kleineren Projekten wie beispielsweise Gartenglück in Köln werden an einem letzten Erntetag zum Ende der Saison die Parzellen für alle Teilnehmer freigegeben, damit nichts auf den Feldern verkommt. Wenn danach immer noch ungeerntetes Gemüse auf den Feldern bleibt, wird der Zaun abgebaut und der Acker für spontane Sammler freigegeben.

Bei den urbanen Gärten geht es nicht darum, die Stadt aus sich selbst heraus zu ernähren. Die Teilnehmer, die vielleicht nur einen Sommer lang Salatköpfe selbst gezogen haben, werden aber in Zukunft anders konsumieren. Der

Direktkauf beim Bauern hilft bei der Überwindung von Entfremdung und führt zu einer neuen Wertschätzung von Lebensmitteln.

2.5　Ganz nah dran: Den eigenen Bauern pachten

Die *, Community Supported Agriculture'* CSA (auf Deutsch ‚Gemeinschaftsunterstützte Landwirtschaft' oder auch ‚Solidarische Landwirtschaft') in den USA geht noch einen Schritt weiter als die Foodkooperativen, die Food Assembly oder die Selbsterntefelder. Hierbei steht der Aufbau einer langfristigen Partnerschaft zwischen Nutzer und Erzeuger im Vordergrund. CSA ist eine kooperative Form der bäuerlichen Direktvermarktung, die komplett auf den Zwischenhandel verzichtet. Das Modell ist simpel, aber clever: Die Verbrauchergemeinschaft – meistens in Form eines Vereins oder einer Konsumgenossenschaft – trägt mit einem festen Monatsbeitrag die Löhne und die laufenden Kosten eines Hofes ihrer Region für ein ganzes Wirtschaftsjahr und wird dafür vom Bauern mit Lebensmitteln versorgt. Dadurch entsteht ein geschlossener Wirtschaftskreislauf, der für alle Beteiligten Vorteile bringt und zusätzlich gut für die Umwelt ist. Der Landwirt spart sich die Vermarktungskosten und hat eine gesicherte Kostenbeteiligung. So wird er unabhängiger von Marktstrukturen und Großhandelspreisen. Darüber hinaus übernimmt die Gemeinschaft einen Teil der Arbeit, beispielsweise Organisation und Verteilung, und hilft bei arbeitsintensiven Aufgaben in der landwirtschaftlichen Produktion mit. Im Gegenzug erhalten die Verbraucher die erzeugten Lebensmittel wöchentlich frisch in zentrale Verteilstellen geliefert. Damit die solidarische Landwirtschaft funktionieren und langfristig kostendeckend wirtschaften kann, ist ein durchschnittlicher monatlicher Beitrag pro Mitglied notwendig. Eine entsprechende ‚Ernteeinheit' richtet sich nach dem Bedarf einer erwachsenen Person und besteht aus einer wöchentlichen, saisonabhängigen Zusammenstellung diverser Erzeugnisse. Die Genossenschaftler stehen in direktem Kontakt zum Erzeuger und können auf die Produktion Einfluss nehmen. Beide sprechen ab, welche Sorten Obst und Gemüse angebaut werden. Es wird nur so viel angepflanzt und geerntet, wie gebraucht wird, sodass auch hier keine Lebensmittelabfälle entstehen und kaum Verpackungen benötigt werden.

Ihren Ursprung hat die Idee u. a. in den 1960er Jahren im anthroposophisch orientierten biodynamischen Anbau in Deutschland und der Schweiz (McFadden 2004). Das heutige Konzept der CSA entwickelte sich Mitte der 1980er Jahre in den USA, im Kreis um den deutschen Trauger Groh und den aus der Schweiz eingewanderten Jan Vander Tuin, zwei biodynamische Landwirte, die von den Ideen der assoziativen Wirtschaft Rudolf Steiners beeinflusst waren. In den USA gibt es mittlerweile über 2500 solcher Kooperativen. Der erste CSA in Deutschland war der Demeter-Betrieb Buschberghof in Fuhlenhagen, in der Nähe von Hamburg. Im Jahr 1988 gründete sich dort eine Wirtschaftsgemeinschaft nach dem amerikanischen Vorbild. Der Hof kann bis zu 350 Menschen bzw. 90 Haushalte versorgen. Er beliefert die Verbraucher nicht nur mit Obst und Gemüse sondern auch mit Getreide, Brot, Milch und Molkereiprodukten, Fleisch und Wurst. Die Teilnehmer entscheiden selbst, welche Lebensmittel sie benötigen. Sie finanzieren die Landwirtschaft für jeweils ein Wirtschaftsjahr über Anteile nach Selbsteinschätzung ihrer finanziellen Möglichkeiten. Das Konzept sieht vor, dass einkommensstärkere Mitglieder die einkommensschwächeren mittragen, damit sich auch Haushalte mit wenig Geld hochwertige ökologische Ernährung leisten können. Die Einzahlung der Teilnehmer wird als Beitrag zur Förderung der Landwirtschaft betrachtet und nicht als Preis für die einzelnen Lebensmittel. „Die Lebensmittel sind gratis. Sie verlieren ihren Preis und bekommen ihren Wert zurück" (Stränz 2015), heißt es in der Vorstellung des Projektes.

Die *Solidarische Landwirtschaft (SoLawi)* erfreut sich in Deutschland nun wachsender Aufmerksamkeit. Sie steht für die engste und konsequenteste Form der Kooperation zwischen Verbraucher und Bauer, denn sie unterstützt eine nachhaltige Landwirtschaft nicht nur in guten Zeiten, sondern trägt solidarisch auch die Verluste bei Ernteausfällen mit. Je nach Anspruch darf, muss oder sollte man auf dem Hof mit Hand anlegen. Und bekommt damit nicht nur Kontakt zum Bauern, sondern wird selbst zum Produzenten. Neben Salat, Feldfrüchten und Obst gibt es je nach Konzept auch Getreide, Eier, Honig, Milch- und Fleischprodukte. Da in der Regel keine weiteren landwirtschaftlichen Produkte zugekauft werden müssen, steht hier eine konsequent regionale und saisonale Ernährung/Vermarktung im Vordergrund.

Neben dem Buschberghof gibt es bereits viele Landwirtschaftsbetriebe unterschiedlicher Größe, die zwischen 7 und 200 Haushalte versorgen. Bekannt sind beispielsweise die Hofgemeinschaft LandGut Lübnitz in Brandenburg, der Kattendorfer Hof im südlichen Schleswig-Holstein, der Hof Tangsehl im Landkreis Lüneburg, der Gärtnerhof Entrup im Münsterland, der Schmitthof in Kaiserslautern, die Junge BbR/Löwengarten und der Karlshof in Berlin, Hof Hollergraben in Lübeck, die Gastwerke in Kassel, der Hof Pente in Osnabrück sowie der Reyerhof in Stuttgart/Möhringen.

In den USA ist die CSA-Bewegung mittlerweile so erfolgreich, dass sie in den letzten Jahren die Entstehung von ‚Community Supported Fisheries' (gemeinschaftlich unterstützte Fischereien) inspiriert hat. In Maine und Massachusetts haben sich Gruppen von Fischern organisiert und werden von Verbrauchergemeinschaften dafür unterstützt, dass sie nachhaltige Fischerei betreiben.

2.6   Essbare Stadt: Pflücken erlaubt, statt ‚betreten verboten'

Ein weiteres Beispiel für eine neue Form des Kontaktes zwischen Bürger und Produzent bietet die Stadt Andernach am Rhein, die sich selbst ‚*Essbare Stadt*' nennt. Ob Erdbeeren, Salat oder Zwiebeln: Die Stadtverwaltung lässt überall Gemüse, Obst und Kräuter anbauen – und jeder darf sich bedienen. Öffentliche Parks und Grünanlagen werden zum Garten für die Bürger. Die öffentlichen Nutzpflanzen zeigen, wie man sich gesund ernährt, und steigern die Wertschätzung für regionale Lebensmittel. Im Stadtteil Eich hat das Projekt ‚Lebenswelten' seit 2008 auch eine 13 ha große öffentliche Permakulturanlage entwickelt. Zwischenfrüchte im Mischfruchtanbau und umfangreiche Mulche ersetzen Herbizide und mineralischen Dünger. Fast ausgestorbene Nutztierrassen wie das Schwäbisch-Hallische Hausschwein oder der Coburger Fuchs, eine Schafart, werden hier gezüchtet. 2010, im Jahr der Biodiversität, eroberten engagierte Bürger das Zentrum der Stadt und pflanzten 101 verschiedene Tomatensorten entlang der Stadtmauer, was von der Stadtverwaltung als Konzept aufgegriffen und weiterentwickelt wurde. Jedes Jahr steht nun ein bestimmtes Gemüse im Mittelpunkt. Wilde Blumen, Obstbäume, Beeren und Weinreben wachsen in ehemaligen Blumenrabatten, auf ‚Schmetterlingswiesen' und Verkehrsinseln. Hühner laufen durch die Gräben der Klosterruine zu ihrem Stall, und Bienen summen um die Mauern. Die Bürger sind aufgefordert, das Gemüse und Obst für ihren eigenen Bedarf zu ernten – und machen, nach anfänglicher Skepsis, nun reichlich Gebrauch davon. Die Erzeugnisse der Permakulturfläche und die Reste aus den städtischen Grünanlagen verkauft der zentral in der Fußgängerzone gelegene FairRegio-Laden zu günstigen Preisen. Zur Pflege der Anlagen werden Langzeitarbeitslose als Hilfskräfte beschäftigt. Ein transportfähiger Schulgarten auf einem Anhänger verdeutlicht Schülern, worauf es beim Pflanzenwachstum ankommt, und wird von ihnen selbst beackert. Noch befindet sich die Stadt in der Phase der Sensitivierung für die Ernährungs- und Umweltsituation sowie darauf beruhender pädagogischer Ansätze. Aber angesichts drohender Altersarmut und steigender Lebenshaltungskosten soll das Projekt bereits in naher Zukunft einen Teil der städtischen Selbstversorgung abdecken. Die ‚Essbaren Städte' sind mittlerweile zu einer Bewegung geworden: In vielen weiteren Kommunen wie beispielsweise Freiburg, Halle, Heidelberg und Bonn haben sich bereits Vereine und Initiativen gebildet und folgen dem Beispiel von Andernach.

2.7   Der Geschmack der Heimat

Im Juni 2014 gründete sich in Köln eine neue Initiative mit Namen ‚*Taste of Heimat*'. In Vorstand und Beirat des Vereins sitzen Landwirte, Agrarwissenschaftler, Dokumentarfilmer, Soziologen, Food-Journalisten und -Aktivisten. Sie wollen regionale Lebensmittel zugänglicher machen, insbesondere solche, die ressourcenschonend produziert werden. Sie sehen den Direktvertrieb als Rettungsanker für die bedrohte bäuerliche Landwirtschaft an. Sie sind davon überzeugt, dass regional und saisonal produziertes Essen zum Klimaschutz beiträgt, weniger schadstoffbelastet und allgemein gesünder und günstiger ist und darüber hinaus auch besser schmeckt. Dabei sollen Arbeitsplätze in der Region gesichert, soziale und ökologische Standards überprüfbarer gemacht, eine Nähe des Verbrauchers zu den Produkten gefördert und letztendlich – als hehres Ziel – lokale Ernährungssouveränität geschaffen werden. Grundüberzeugung des Vereins ist es, dass unser Konsumverhalten eng mit den Problemen der Welternährung zusammenhängt, die sowohl politisch auf globaler, wie auch lokal auf persönlicher Ebene angegangen werden sollten: „Wer zu einer ökologisch, ökonomisch und sozial nachhaltigen Nahrungsmittelversorgung der Weltbevölkerung beitragen will, kann vor seiner Haustüre damit anfangen", betont der Vorsitzende Valentin Thurn, der die Initiative parallel zu seinem letzten Dokumentarfilm '10 Milliarden' und dem gemeinsam mit dem Autor verfassten Sachbuch ‚Harte Kost' (Thurn und Kreutzberger 2014) angestoßen hatte. Der Verein will mittels seiner Online-Plattform www.tasteofheimat.de lokale Ernährungsinitiativen zusammenbringen und ein Netzwerk aus Organisationen, Privatpersonen, Landwirten, Gastronomen und Kommunalverwaltungen aufbauen. Als Vorbild dient hier das Konzept der sogenannten Food Policy Councils in den USA. Taste of Heimat will dabei Gräben zwischen den ‚Bios' und den ‚Konventionellen', zwischen Alternativen und Konservativen, zwischen Stadt und Land überbrücken. „Selbst wenn Europa einige Entwicklungen, die es in den USA gegeben hat, erspart geblieben sind, sind viele Probleme übertragbar, so dass auch in Deutschland *Ernährungsräte* ein zentrales Instrument sein könnten, um die Problemen des Ernährungssystem abzumildern und dessen Potenziale voll auszuschöpfen" (Stierand 2015)..

Die Ziele des Vereins ‚Taste of Heimat'
- Wir weisen Verbrauchern den Weg zu lokalen Landwirten, Bäckern, Metzgern und anderen Ernährungs-Handwerkern und zeigen Möglichkeiten auf, selbst zum Erzeuger zu werden.

- Wir wollen den Begriff ‚regional' mit ökologischer und sozialer Qualität verknüpfen. Dazu erarbeiten wir Nachhaltigkeits-Indikatoren um mehr Transparenz jenseits der bestehenden Label zu schaffen.
- Wir vernetzen regionale Akteure: Bauern, Händler, Gastronomen, Ernährungs-Initiativen, Lokalpolitik und Verwaltung. Wir beginnen damit in der Metropolregion Köln-Bonn.

2.7.1 Was ist ein Ernährungsrat?

‚*Food Policy Councils*' sind im angelsächsischen Raum entstanden und weit verbreitet in Nordamerika und Großbritannien. Der erste Ernährungsrat der Welt etablierte sich 1982 in Knoxville (USA). Das Konzept wurde in den letzten Jahren auch in England, Frankreich und den Niederlanden übernommen – in Deutschland gibt es bisher noch keinen einzigen. Ernährungspolitik wird bei uns vor allem auf Bundes-, Landes- oder EU-Ebene gemacht – die Ernährungsräte wollen dies nun zurück in die Regionen holen, auf die kommunale Ebene. „Ziel der meisten Ernährungsräte ist die Entwicklung eines nachhaltig gerechten, effektiven und ökologischen Ernährungssystems in der Stadt" (Stierand 2008). Sie forcieren dabei einen aktiven Dialog zwischen Politik, Verwaltung, Erzeugern, Vertrieben und dem Verbraucher, um so langfristig und nachhaltig die Strukturen einer regionalen Lebensmittelversorgung zu stärken. Ernährungsräte haben in erster Linie eine beratende Funktion inne. Es gibt verschiedene Formen mit unterschiedlichen Befugnissen, je nachdem wie sie in der kommunalen Verwaltung verankert sind: manche sind politisch gelenkt, manche aus zivilgesellschaftlichen Initiativen entstanden oder von interessierten Bürgern initiiert. Grundsätzlich sollten zum einen Ernährungsexperten aus Forschung, Wirtschaft, und öffentlicher Verwaltung im Rat sitzen, zum anderen aber gerade auch Landwirte, Händler und Vertriebler, Gastronomen und andere Ernährungshandwerker genauso wie zivilgesellschaftliche Initiativen und gemeinnützige Vereine, Gesundheitsinitiativen und Bildungseinrichtungen. Diese Vielfalt gewährleistet Transparenz und möglichst breite Akzeptanz. Die Aufgaben der Räte sind die Sammlung und Evaluation von Informationen rund um das lokale Ernährungssystem, die Beratung der kommunalen Politik und Verwaltung in Fragen der Ernährungspolitik sowie die Vernetzung von (möglichst) allen Akteuren, die im lokalen und regionalen Ernährungssystem eine Rolle spielen. Der Ernährungsrat versteht sich dabei als Forum für den aktiven Dialog zwischen allen Akteuren und erarbeitet Vorschläge für ganzheitliche Ernährungsstrategien in Zusammenarbeit mit der kommunalen

Verwaltung und initiiert und unterstützt auf lokale Bedürfnisse zugeschnittene Programme und Projekte. Das können sein:

- gesunde und regionale Essensversorgung in Großküchen etablieren
- Gartenbauprojekte initiieren und Urban Gardening voranbringen
- alternative Formen der Landwirtschaft vorstellen
- einen Regionalmarkt für Erzeuger aus der Umgebung etablieren
- Informations- und Austauschplattform für alle Menschen sein, die sich für nachhaltige Ernährung einsetzen wollen.

Beispiele aus dem Ausland zeigen, dass ein solches Gremium viele Synergien freisetzen kann. In den meisten Ernährungsräten arbeitet die Verwaltung mit Organisationen aus der Zivilgesellschaft zusammen. Die konkrete Verfasstheit und Rechtsform ist aber unterschiedlich: In einigen Kommunen ist es ein Gremium der Stadtverwaltung mit klaren Aufgaben und Kompetenzen, die ihm vom Stadtparlament verliehen wurden, in anderen ist es unabhängig und wirkt eher beratend.

Bekannt ist die Arbeit der Ernährungsräte in Vancouver oder Toronto in Kanada. Dort wurde seit 2005 ein Grüngürtel geschützt, um Ackerland zu schaffen für die lokale Lebensmittelproduktion. Auf über 700.000 ha Land konnten 5500 landwirtschaftliche Betriebe erhalten oder neu angesiedelt werden, meist Familienbetriebe.

Der erste Rat in England wurde 2002 in der Region Brighton and Hove geschaffen und nennt sich ‚Food Partnership‘. Mit 600 individuellen und institutionellen Mitgliedern ist er breit aufgestellt. Er erarbeitete eine detaillierte ‚Ernährungsstrategie‘ für die Region. Ein Nachhaltigkeitsteam gibt nach Absprache mit den Zuständigen in der Stadtverwaltung Empfehlungen.

In London heißt der Rat ‚Food Board‘. Sein ehrgeiziges Ziel, zur Olympiade 2012 in der Stadt 2012 neue urbane Gärten zu schaffen, wurde übererfüllt – es sind bereits 2334. Jetzt hat sich das Food Board ein neues ehrgeiziges Ziel gesteckt: ‚Growing a Million Meals‘. Derzeit liefern die privaten und öffentlichen Gärten Londons Lebensmittel für 250.000 Mahlzeiten. Durch die Ausbildung von Gärtnern, die wiederum Privatleuten den Gemüseanbau erklären, soll sich die Menge vervierfachen – auf das Äquivalent von einer Million Mahlzeiten.

Das niederländische Rotterdam folgte 2013, dort besteht der Rat aus 20 Experten, die den Stadtrat beraten. Der ‚Rotterdam Food Council‘ soll Projekte zur urbanen Landwirtschaft in einer Ernährungsstrategie koordinieren, die Beziehungen von Stadt und Umland verbessern, die Gesundheit der Bürger durch verbesserte Bildung fördern und die Lebensmittelverschwendung verringern.

Die Region um Köln hat jetzt die Chance, neben ähnlichen Initiativen in Berlin und Kassel, zum ersten Modell in Deutschland zu werden, in der Verwaltung und Zivilgesellschaft gemeinsam versuchen, ein kommunales Ernährungskonzept zu erarbeiten. Viele der Akteure haben bereits wichtige Vorarbeit dazu geleistet – das Kölner Umweltamt mit den Öko-Märkten etwa, die Gemeinden Brühl und Bornheim mit ihrer Unterstützung für den blauen Spargel oder das Naturgut Ophoven in Leverkusen mit seiner Kampagne ‚Ein Topf Heimat'. Genannt seien beispielhaft auch die Regionalvermarktung ‚bergisch pur', der Slow Food – Genussführer, der Kölner Gemeinschaftsgarten ‚NeuLand', die lokalen Einkaufsgenossenschaften der Food Assembly und die Food Coops, die Solidarischen Landwirtschaften in Bonn und Köln, Händler wie die Bauerntüte, Gastronomen wie die Swimmingpool GmbH und Pädagogen des Vereins ‚Ackerdemia', die mit Schulklassen über ein Jahr lang ein Feld oder Garten betreuen. Und immer mehr neue Ideen und Initiativen kommen hinzu.

3   Ausblick: Teil der Lösung sein!

Die genannten Projekte und Ansätze für eine neue urbane Ernährungskultur sind erst wenige Jahre alt und werden hauptsächlich von bereits länger engagierten und eher jüngeren Akteuren getragen. Sie kommen zum großen Teil aus einem mittelständischen und studentischen Milieu. Die Strukturen sind noch nicht genau festgelegt und befinden sich nach (teilweise bewussten) experimentellen Phasen im Wandel. Beispielsweise hat sich die SoLawi in Bonn in ihrem vierten Jahr nun zu einem Verein verfasst, der über 300 Mitglieder in mehreren Aktionsgruppen zählt. Das sind zwar nur ein Promille der Bonner Stadtbevölkerung, aber der Zulauf war stetig und spiegelt nun ein buntes Bild unterschiedlicher Bevölkerungs-, Berufs- und Altersgruppen wieder. Sie einigt das Selbstverständnis, dass sie nicht länger Teil des Problems sein wollen, sondern Teil der Lösung. Im Vordergrund steht dabei weniger klassisches politisches Engagement, als vielmehr gemeinschaftliches praktisches Handeln in kleinen Schritten vor Ort. Solch ein Handeln verlangt nach urbanen Freiräumen, sowohl im ideellen Sinne, wie auch im realen. Neben dem Willen, Licht in das Dunkel lokaler Lebensmittelindustrie und seiner urbanen und globalen Auswirkungen zu bringen, gilt es das ‚Vakuum' der kommunalen Ernährungspolitik (Stierand 2014, S. 158) mit inhaltlichen Zielen und Strukturen zu füllen. Darüber hinaus bedarf es auch der Bereitstellung konkreter Freiflächen für urban-gardening-Projekte und Schul- und Stadtteilgärten sowie nutzbare stadtnahe Felder und Mischobstwiesen. Lokale Produzenten und auch Handwerker, wie beispielsweise Metzger und Bäcker, sollten unter eine

Form von lokalen ‚Artenschutz' gestellt und gezielt gefördert werden. Ein von Ernährungsräten geplantes und unterstütztes urbanes Ernährungssystem stellt dabei nicht nur die Verwaltung vor neue Herausforderungen, die lernen muss, die lokalen Besonderheiten als „selbstverständliche(n) Bestandteil städtischer Kommunikation und städtischen Marketings" (Stierand 2014, S. 162) zu begreifen. Ebenso benötigen die Bürger ein anderes Ernährungswissen und müssen wieder solche Fähigkeiten wie Kochen, Einmachen und Obstbaumschnitt etc. neu erlernen und darüber in Kommunikation treten. Ernährungspolitik muss folgend als ein entscheidend wichtiger Querschnittsbereich zukünftigen kommunalen Handelns begriffen und verankert werden.

Literatur

BMEL (2014). *Einkaufs- und Ernährungsverhalten in Deutschland.* TNS-Emnid-Umfrage. Berlin.

BMELV (2012). *Entwicklung von Kriterien für ein bundesweites Regionalsiegel.* FiBL Deutschland. Frankfurt.

Ermann, U. & Hock, S. (2008): *Regionale Wirtschaftskreisläufe.* Impulsreferat beim ersten gemeinsamen Workshop der Modellregionen mit dem Thema „Handlungsansätze für die großräumige Zusammenarbeit von Stadt und Land". Nürnberg. www.raum-energie.de.

Foodessambly (2015). Online Quelle: www.foodassembly.de.

Gartenglück (2015). Online Quelle: www.gartenglueck.info.

Gemüsetüte (2015). Online Quelle: www.gemuesetuete.de.

Hopkins, R. (2008). *Energiewende: Das Handbuch. Anleitung für zukunftsfähige Lebensweisen.* Frankfurt a. M.: Zweitausendeins.

Metropolregion (2015). Online Quelle: www.marketingverein-metropolregion.de

McFadden, S. (2004). *The History of Community Supported Agriculture.* http://newfarm.rodaleinstitute.org/features/0104/csa-history/part1.shtml.

Regiogeld (2015). Online Quelle: www.regiogeld.de.

Stierand, P. (2008). *Stadt und Lebensmittel. Die Bedeutung des städtischen Ernährungssystems für die Stadtentwicklung.* Dissertation, TU Dortmund, Fakultät Raumplanung (Hrsg.).

Stierand, P. (2014). *Speiseräume. Die Ernährungswende beginnt in der Stadt.* München: oekom.

Stierand, P. (2015). http://speiseraeume.de/food-policy-councils-lessons-learned/.

Stränz, W. (2015) www.buschberghof.de, http://www.aid.de/presse/archiv.php?mode=beitrag&id=7413.

Tag der Regionen (2015). Online Quelle: www.tag-der-regionen.de.

Thurn, V. & Kreutzberger, S. (2014). *Harte Kost – Wie unser Essen produziert wird. Auf der Suche nach Lösungen für die Ernährung der Welt.* München: Ludwig.

TNS Emnid (2012). *Das Image der deutschen Landwirtschaft.* Bielefeld.

Waldherr, G. (2007). *Ruhe bewahren. Tradition,Heimat, Werte.* Brandeins 8/2007, S. 130–140.

Teil II

Formen urbaner Landwirtschaft

Agrarische Produktionsräume und Entwicklungspotenziale in der Stadt Stuttgart

Lena Steinbuch

Zusammenfassung

Urbane agrarische Produktionsräume entwickeln sich im letzten Jahrzehnt rasant und flächendeckend in europäischen Großstädten. Welche Hinter- und Bewegründe zu den Projekten führten und wie vielfältig die Formen und Ideen der Initiativen sind, wird detailliert für Stuttgart und ergänzend anhand prominenter Beispiele von Städten wie Andernach und Todmorden gezeigt. Wie urbane Garten- und Landwirtschaftsprojekte gezielt gefördert, entwickelt und angeregt werden bzw. werden könnten, erläutert eine umfassende Analyse der bereits bestehenden Maßnahmen, die durch weitere Vorschläge für Akteure aus Stadtverwaltung, -planung, Bürgerinitiativen, bestehende Vereine und Projekte oder Landwirte und deren Interaktion ergänzt werden. Aber auch die Rolle öffentlichkeitswirksamer Maßnahmen und der Ausbau des Bildungsbereichs zu Themen des urbanen Gärtnerns, der Nahversorgung und flächensensibler Stadtgestaltung werden beleuchtet.

Schlüsselwörter

Urbanes Gärtnern · Urbane Landwirtschaft · Individuelles Gärtnern · Gemeinschaftliches Gärtnern · Vertical Farming · Die produzierende Stadt · Öffentliches Gemüse · Flächenbörse · Städtische Nahrungsproduktion · Landwirtschaft in der Stadt

L. Steinbuch (✉)
Stuttgart, Deutschland
E-Mail: urbanagriculture@steinbu.ch

© Springer Fachmedien Wiesbaden GmbH 2017
S. Kost und C. Kölking (Hrsg.), *Transitorische Stadtlandschaften,*
Hybride Metropolen, DOI 10.1007/978-3-658-13726-7_5

1   Einleitung

In europäischen Großstädten entwickeln sich seit einigen Jahrzehnten unterschiedliche agrarische Produktionsformen. Im folgenden Text werden vielfältige unterschiedlich motivierte und organisierte Projekte aufgeführt und sortiert. Die Vorstellung einiger Stuttgarter Beispiele führt dann anschließend zu einer Untersuchung ihrer Chancen und Potenziale. Neben der Untersuchung, was sich am Beispiel Stuttgart bereits an Entwicklungen aufzeigen lässt, sollen auch Maßnahmen genannt werden, die Chancen für Entwicklung bieten.

Die Diskussion um eine lokale Produktion von Nahrung und den Anbau vor Ort wird insbesondere durch ein steigendes ökologisches Bewusstsein (Umweltbundesamt 2008) der westlichen Bevölkerung angeregt. Neben dem in den vergangenen Jahren stark ins Bewusstsein gerückten Bio-Gedanken, der sich auch in anderen Lebensbereichen zeigt und geradezu zum Bio-Boom wird, wird auch das Thema einer gesünderen Ernährung zunehmend populärer (Uekötter 2012). Lebensmittelskandale erinnern die Städter daran, dass sie weder wissen, woher ihre Nahrung kommt und wie sie verarbeitet wird, noch ob sie ‚sicher‘ ist. Die Verbraucherzentrale Nordrhein-Westfalen (2011) betont hier, dass Nachhaltigkeit im Bereich der Landwirtschaft und Ernährung die Betrachtung des gesamten Lebenszyklus eines Lebensmittels „unter ökologischen, ökonomischen und gesellschaftlichen Dimensionen" bedeutet. Aufgrund des gestiegenen Misstrauens in unsere Nahrungsmittelproduktion werden regionale Produkte zunehmend interessant, weil der Entstehungs- und Verarbeitungsprozess nachvollzogen werden kann, Produzenten aus der Anonymität herausgeholt werden und gleichzeitig weite Transportwege entfallen.

Doch der Wunsch nach regionalen Produkten kollidiert immer häufiger mit dem urbanen Lebensstil. Heute wohnt bereits über die Hälfte der Weltbevölkerung in einer Stadt. „Da wäre es unsinnig, Gemüse weiterhin nur auf dem Land anzubauen und es endlose Strecken zum Verbraucher in die Stadt zu karren", sagt Christian Echternacht (2011) und setzt sich mit seiner Berliner Dachfarm „Frisch vom Dach" für einen Anbau in der Stadt ein.

2   Analyse von Formen heutiger Nahrungsmittelproduktion am Beispiel Stuttgarts

Flächen für die landwirtschaftliche Produktion oder großzügige Gartenflächen sind in der Stuttgarter Innenstadt aufgrund der besonderen Kessellage und der hohen Verdichtung[1] darin kaum gegeben. Auch sonst unterscheidet sich Stuttgart in vielen Bereichen von Städten wie Berlin oder Hamburg, bietet aber ebenso Chancen für den Anbau von Obst und Gemüse in der Stadt, auch wenn Schlagzeilen wie zu den Berliner Prinzessinnengärten bislang ausgeblieben sind.

Nahrungsmittel werden heute wie auch früher professionell oder auch von Laien allein oder gemeinschaftlich angebaut. Eine wichtige Unterscheidung stellt dabei die Differenzierung in professionelle oder aber sozial motivierte Nahrungsmittelproduktion dar; erstere ist ertragsorientiert, wohingegen sozial motivierte Nahrungsmittelproduktion das Machen, die Tätigkeit des Gärtnerns und das soziale Miteinander in den Vordergrund stellt.

Die folgende Unterscheidung stellt einen Vorschlag zur Zusammenfassung vor, dient der Übersichtlichkeit und erfolgt nach den initiierenden und handelnden Akteuren der jeweiligen Projekte, von geringem zu professionellem Organisationsgrad bzw. vom Freizeitgärtner zum Landwirt. Umsatz oder Ertrag wird bei der folgenden Betrachtung ausgeklammert.

Individuelles sowie *spontanes gemeinschaftliches Gärtnern* geht von Einzelpersonen aus, die prozessorientiert und meist unverbindlich agieren und sich bei Bedarf sowie ähnlichen gemeinsamen Interessen in (wenig geregelte) Gruppen zusammenfinden. *Organisiertes gemeinschaftliches Gärtnern* dagegen spricht zwar ebenfalls nicht-professionell agierende Einzelpersonen an, sieht aber die Gemeinschaftsbildung im Vordergrund: eine strukturgebende Organisation initiiert ein zumeist räumlich gebundenes Projekt. Die jeweiligen Erträge der ersten drei Formen werden von den beteiligten Personen verteilt. *Investorengesteuerte Gemeinschaftsprojekte* wiederum sind deutlich ertragsorientierter und bedienen sich einer unterstützenden Gruppe, die sich dem Projekt zugehörig fühlt und meist auch von den Erträgen profitiert. Hierin unterscheiden sie sich von der *professionellen Nahrungsproduktion,* wie sie seit Jahrhunderten in landwirtschaftlichen Betrieben praktiziert wird. Landwirte und Gärtner produzieren für die lokale und globale Bevölkerung; die im Folgenden unter Abschn. 2.5 genannten Beispiele zeigen aber, dass neben der Ertragsorientierung auch hier Diversität und Gemeinschaftsbildung eine Rolle spielen können.

---

[1]Stuttgart hat als fünftgrößte Stadt Deutschlands 2954 Einwohner je km², das entspricht einer deutlich höheren Bevölkerungsdichte als beispielsweise in Deutschlands zweitgrößter Stadt Hamburg (2331 Einwohner pro km²). Im Stadtbezirk Mitte wohnen sogar 5575 Einwohnern pro km². Insgesamt ist Stuttgart die am sechstdichtesten besiedelte Stadt, obwohl sich auch große Waldflächen, Parks und landwirtschaftlich genutzte Flächen innerhalb des Stadtgebiets befinden.

2.1 Individuelles Gärtnern

Bei den meisten Ausprägungen individuellen urbanen Gärtnerns spielt ein partiell vorhandener ‚Selbstversorgungsgedanke' aus ideologischer oder auch finanzieller Erwägung eine Rolle. Noch wichtiger allerdings ist meist das Selbermachen, der Wunsch nach eigenem Gemüse oder die körperliche Betätigung im Freien als Freizeitbeschäftigung. Neben dem Anbau von Obst und Gemüse geht es auch um Tierhaltung, urbane Imkerei oder auch Aquakultur; Feldfrüchte wie Kartoffeln werden kaum angebaut. Im Selbstversorgergarten im Vorort, mit Nahrungspflanzen auf dem Balkon, im Dachgarten, auf der Fensterbank oder auch in der Wohnung beim sogenannten window-farming beschäftigen sich einzelne Städter mit ihren eigenen Obst- und Gemüsepflanzen. Auch wenn die Zahl der dabei geernteten Tomaten oder Erdbeeren in Bezug auf deutschlandweit geerntete Früchte zu vernachlässigen ist, nimmt sowohl die Anzahl dieser Freizeitgärtner als auch deren Bedeutung zu: Wer selbst Gurken zieht, beginnt sich häufig auch für die Herkunft und Verarbeitung seiner Nahrung zu interessieren (Warhurst 2012).

In Stuttgart findet individuelles Gärtnern vor allem in den weniger dicht besiedelten äußeren Stadtbezirken statt. Außerhalb des Stuttgarter Kessels befinden sich auch (wie in Abb. 1 in dunkelgrün zu sehen) die meisten Kleingärten. Die durchschnittliche Wartezeit eines Bewerbers von acht Jahren (Landeshauptstadt Stuttgart, Amt für Liegenschaften und Wohnen 2012) auf einen Schrebergarten bringt etliche Stuttgarter auch dazu, alternative Flächen für den Anbau von Obst, Gemüse und Zierpflanzen zu nutzen. So gibt es Gartenbesetzer und Gründungen von Gemeinschaftsgärten, aber auch das Angebot einiger Selbsternteäcker (siehe Abschn. 2.5) wird interessiert angenommen.

Schreber- und Kleingärten schlagen den Bogen zum gemeinschaftlichen Gärtnern: aufgrund ihrer Vereinsstruktur können Kleingärten als Übergangsform zum gemeinschaftlichen Gärtnern gesehen werden.

2.2 Spontanes gemeinschaftliches Gärtnern

Das kollektive innerstädtische Gärtnern hat in den vergangenen Jahren stark an sozialer und politischer Bedeutung gewonnen. Der Hintergrund der Akteure ist dabei ebenso vielschichtig wie die Ziele, die mit dem gemeinschaftlichen Anbau von Pflanzen verfolgt werden. Geht es in manchen Gemeinschaftsgärten rein um die Freizeitgestaltung oder den Ausgleich am Feierabend, so steht für weitere aktive Gärtner die lokale Versorgung mit frischen Lebensmitteln im Vordergrund. In anderen Gärten wiederum liegt der Fokus auf der Gemeinschaftsbildung. Diese Pflege von Gemeinschaftsleben beinhaltet auch eine hohe soziale Komponente,

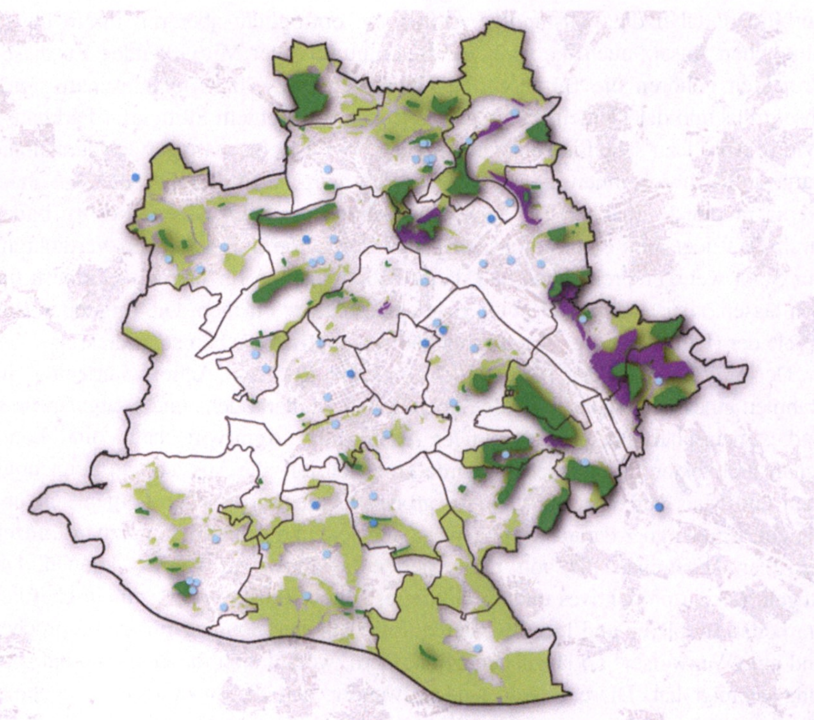

Abb. 1 In Stuttgart verteilen sich landwirtschaftliche Nutzung (dunkelgrün) und Weinbau (lila) sowie auch Kleingärten (hellgrün) auf die äußeren Stadtbezirke, wohingegen die Zahl der Gemeinschaftsgärten (dunkelblau) insbesondere in den fünf Innenstadtbezirken steigt. (Grafik: Lena Steinbuch)

da sie zwei Formen der Entfremdung bekämpft, die die Stadtbevölkerung heute oft beschäftigt: Sie bringt Stadtbewohner wieder mit dem Ursprung ihrer Nahrung in Kontakt und lässt damit vergessene Zusammenhänge der Nahrungserzeugung wieder ‚begreifbar' werden. Aus Einzelinteressen wird dabei Gemeinschaft initiiert, die bei Etablierung des Projekts auch in eine Organisationsstruktur münden kann, wie das beispielsweise beim Stadtacker Stuttgart passiert ist, als die Gärtner und Initiatoren 2014 einen Verein gründeten. Dass Gemeinschaftsgärten die Lebensqualität insbesondere in sozial benachteiligten Quartieren steigern und dabei positiv zur Quartiersentwicklung beitragen, weist eine Studie im Auftrag des Bundesinstitut für Bau-, Stadt- und Raumforschung nach (BBSR 2015).

In und bei Stuttgart gibt es eine Vielzahl von (nachbarschaftlich organisierten) Gemeinschaftsgärten, deren Zahl jährlich steigt; die meist informelle Organisation verhindert dabei die vollständige Auflistung, ermöglicht aber mit ihrem unverbindlichen Ansatz auch die spontane Beteiligung vieler Mitwirkender. Zu diesen Projekten gehören die Bürgergärten Hallschlag e. V.[2], der Gemeinschaftsgarten Inselgrün[3] und der Gemeinschaftsgärten Ebene 0 auf einem Stuttgarter Parkhaus[4]. Wie in Abb. 1 zu sehen ist, entstanden viele der Gemeinschaftsgärten (dunkelblau dargestellt) in den inneren Stadtbezirken Stuttgarts, also dort, wo die Bewohner wenig private Freiflächen zur Verfügung haben und kaum Kleingärten zu finden sind. Das liegt zum einen daran, dass sich dort aufgrund der hohen Verdichtung der Stadt weniger Freiflächen und damit Möglichkeiten für privates Gärtnern finden lassen, aber auch an der guten Erreichbarkeit der Flächen. Die folgenden Beispiele der (Um-)Nutzung zweier innerstädtischer Brachflächen zeigt dies:

Der *Stadtacker an den Wagenhallen*[5] entstand 2012 als „Action Gardening" im Rahmen eines Architekturfestivals (Abb. 2). Mit Mutterboden- und Saatgutspenden und gemeinschaftlicher Arbeit einiger Architektur-, Agrarwirtschafts- und Landschaftsarchitekten und -studenten wurde im ersten Jahr die Aussaat von Sonnenblumen und Mais auf einer ca. 2000 m² großen Gemeinschaftsfläche organisiert und betreut. Bereits kurz darauf wurden Wege angelegt und erste privat nutzbare Einzelparzellen abgetrennt, die von Interessierten bewirtschaftet werden können. Die Regeln für ein produktives und konfliktfreies Miteinander werden gemeinschaftlich erarbeitet, Probleme und Ideen werden auf monatlichen Sonntagstreffen besprochen und ein ‚Wegweiser' erklärt neuen Mitgärtnern, worauf sich die Gemeinschaft bislang geeinigt hat. Diese Regeln sind notwendig, seit die Anzahl der Teilnehmer innerhalb weniger Monate stark gestiegen ist. Dadurch ausgelöst wurde eine kritische Auseinandersetzung mit den Themen Parzellierung, Verteilung von Einzelbeeten und Umgang mit Gemeinschaftsflächen. In einigen Jahren allerdings werden sich hier die urbanen Gärtner eine neue Fläche für ihr Projekt suchen müssen: Auf den zurzeit genutzten Freiflächen an den Wagenhallen soll langfristig ein Wohnquartier entstehen. Dieser temporäre Ansatz ist aber bei der Aneignung der brachliegenden Fläche stets präsent – auch wenn in den vergangenen drei Jahren Gewächshäuser, Geräteschuppen, Kompostbereiche und ein Holzterrassendeck gebaut wurden.

Der *Nachbarschaftsgarten Stöckach e. V.*[6] kümmert sich seit 2011 um ein ungenutztes Grundstück der Stadt Stuttgart (siehe Abb. 3). Im November 2015 mit einem Preis vom Stuttgarter Verschönerungsverein ausgezeichnet, wird dort

---

[2]http://www.zukunft-hallschlag.de/buergergaerten.
[3]https://inselgruen.org.
[4]http://www.ebene0.de.
[5]http://www.stadtacker.de.
[6]http://anstiftung.de/baden-wuerttemberg/467-nachbarschaftsgarten-stoeckach.

Abb. 2 Im ersten Jahr des Stadtackers an den Wagenhallen wurde über die Hälfte der gespendeten und auf Kies und Asphalt aufgeschütteten Erde mit Mais und Sonnenblumen bepflanzt. Neben der Errichtung von Infrastruktur (wie dem Anlegen von Wegen und dem Aufstellen von Tonnen zur Regenwassersammlung) beschäftigen sich die ersten Interessierten aber auch schon mit ihrem Beet. (Foto: Lena Steinbuch)

Gemüse angebaut, das Grundstück gepflegt, aber auch Flohmärkte und Grillfeste veranstaltet. Von Stadtverwaltung und Stadtplanern positiv gesehen wird bei diesen beiden Projekten vor allem, dass die Brachflächen, die sich zu ‚gefährlichem Niemandsland' entwickeln könnten, während der Planungs- und Entscheidungsphase genutzt werden. Es ist allerdings möglich, dass dieser Nachbarschaftsgarten vom Quartiersentwicklungsplan Stöckach betroffen sein wird.

Was Elisabeth Meyer-Renschhausen (2004) als „kulturelle" Komponente dieser neuen sozialen Gemeinschaften beschreibt[7], zeigt sich auch deutlich in Projekten wie dem Gemeinschaftsgarten *El Palito*[8] (Abb. 3) in Stuttgart-Degerloch: 2013 als gemeinnütziger ‚Kulturförderverein' gegründet, trifft sich in einem circa. 3500 m^2 großen gemieteten Garten in Stuttgart-Degerloch eine Gruppe Menschen zum

---

[7] „Die Gemeinschaftsgärten sind Orte einer lokalen Öffentlichkeit, ermöglichen zwanglose reffen und Nachbarschaftskontakte. Theatervorführungen, Straßenfeste, Familientreffen d Geburtstagsfeiern sind die Höhepunkte dieses neuen lokalen „community building"" yer-Renschhausen 2004.

[8] s://de-de.facebook.com/elpalitostuttgart.

Abb. 3 Im Gemeinschaftsgarten El Palito gärtnern *Engagierte* auf einem steilen und teil[weise] mit Bäumen und Sträuchern stark bewachsenen Hanggrundstück *im S*üden der Stadt. (Fot[o] Lena Steinbuch)

Gärtnern, organisiert Konzerte, Lesungen und Informationsabende zu vielfältigen Themen, koordiniert Nachbarschaftshilfe, sammelt Spenden für die Flüchtlingshilfe, organisiert und betreut eine Teeküche im griechischen Flüchtlingslager Idomeni und ist aktiv in der Food-Sharing-Bewegung.

Ein gänzlich anderer Aspekt des gemeinschaftlichen Gärtnerns, der auch die Mehrdimensionalität des urban gardenings unterstreicht und es als Phänomen gesellschaftlichen Engagements zeigt, ist in den letzten Jahren verstärkt das *Guerilla Gardening*. Hier eignen sich Stadtbewohner durch Bepflanzungen öffentlichen Raum an, verschönern ihre Nachbarschaft oder protestieren gegen einheitliche, trostlose oder vernachlässigte Stadtgestaltung. Als Stuttgarter Guerilla-Gardening-Aktion ist das inzwischen aufgelöste Mahnwachengärtchen am Hauptbahnhof zu nennen. Außerdem haben sich Guerilla-Gärtner mit der Pflanzung von Sonnenblumen an der Einfahrt zum Wagenburgtunnel und der privaten Bepflanzung von Freiflächen in den verschiedenen innerstädtischen Wohngebieten befasst, um darauf hinzuweisen, dass hier auch andere Nutzungen als pflegeleichtes Abstandsgrün gewünscht werden. Als bisher größte Guerilla-Gardening-Aktion Stuttgarts warfen im März 2012 einige Parkschützer[9] Samenbomben in das für die Baumaßnahmen zu Stuttgart 21 abgesperrte Gebiet; die Motivation dahinter war nicht das Bepflanzen einer Baustelle, sondern Ausdruck eines Protests.

2.3   Organisiertes gemeinschaftliches Gärtnern

Interkulturelle oder Internationale Gärten, die mit der Beschäftigung von agrarischer Nahrungsproduktion verschiedene Kulturkreise, Generationen oder Nachbarschaften miteinander in Kontakt bringen möchten und das Miteinander anregen wollen, entwickeln sich seit den 1990er Jahren vermutlich weltweit parallel in mehreren großen Städten. Sie stehen hier neben Schul- und Bildungsgärten, die Kinder oder Jugendliche mit der Herkunft von Nahrungsmitteln vertraut machen und das Umweltbewusstsein schärfen wollen. Derzeit werden Schulgärten in Deutschland wieder beliebter. Als Ursache wird häufig eine „Renaissance des ganzheitlichen Lernens" (Birkenheil 1990) gesehen, auch im Aktionsplan „Bildung für nachhaltige Entwicklung" der UN-Dekade 2005-2014 waren Schulgärten als wichtiger Bestandteil verankert (UN-Dekade 2012).

In Stuttgart wird in ungefähr 100 *Schulgärten* (in Abb. 1 hellgrün dargestellt) gegärtnert. Während einzelne Schulen ihren Garten wieder aufgelöst haben, weil

---

[9]Parkschützer nennt sich eine Gruppe Menschen im Widerstand gegen das Bahn-Großprojekt S21.

das Interesse fehlte und der benötigte Pflegeaufwand nicht geleistet werden konnte, lässt sich doch einer vom Amt für Umweltschutz geführten Umfrage entnehmen, dass tendenziell die Zahl der Schulgärten steigt. Überwiegend getragen von den Schulen und ihren Lehrern, teils unterstützt durch ehrenamtlich helfende Eltern oder Jugendbegleiter, wird die Organisation und Pflege in Einzelfällen auch von Hausmeistern übernommen. Zudem arbeiten Schulen und Lehrer oft mit dem Stuttgarter Netzwerk Schulgarten[10] zusammen. Auch die Universität Hohenheim (2012) bewirtschaftet Acker- und Anbauflächen als Versuchs- und Unterrichtsgärten. Im Gegensatz zu spontanen strukturfernen Gemeinschaftsgärten werden Schulgärten in der Regel dauerhaft statt temporär angelegt.

Als ältester Interkultureller Garten hat der *Agendagarten Stuttgart-Degerloch*[11], der 2002 unter dem Motto „Kinder und Familie" gegründet wurde, circa 60 Mitglieder, die 1420 M2 am Ortsrand zum Gärtnern nutzen. Mehrere Anerkennungen[12] zeichnen den Gemeinschaftsgarten aus, dessen Akteure jeden zweiten Samstag ein spezielles gemeinschaftsorientiertes Programm wie beispielsweise Grillfesten vorsehen. Die in den vergangenen Monaten neu gegründeten Gemeinschaftsgärten an Flüchtlingsunterkünften in Stuttgart Bad Cannstatt, Möhringen, Sillenbuch, Süd, West und Zuffenhausen (Schmid 2016) greifen den Gedanken des *Interkulturellen Gartens* im – an die südlichen Stadtbezirke Stuttgarts – angrenzenden Filderstadt auf: Dort gärtnern seit 2009 auf Initiative des Forums Interkulturelles Miteinander etwa 35 Mitglieder deutscher, griechischer, italienischer, palästinensischer und türkischer Herkunft auf 1300 m², die von der Stadt Filderstadt gepachtet sind. Im Gegensatz dazu organisiert sich der nördlich von Stuttgart in Ditzingen gelegene *Internationale Garten ‚ingaditz'*[13] seit 2009 auf Vereinsbasis; die 2500 m² große Fläche, die als ehemaliges Brachland von der Stadt Ditzingen gepachtet wird, beherbergt nun Parzellen von je ungefähr 50 m².

---

[10]Das Netzwerk möchte an Schulgärten interessierte Schulen mit unterstützenden Vereinen bekannt machen, regt Kooperationen an, übernimmt manchmal auch die Koordination von Projekten und bietet Fortbildungen an. Es besteht aus der dem Amt für Umweltschutz angegliederten UmweltBeratung, dem Bezirksverband der Gartenfreunde Stuttgart e. V., de Obstbauberatung des Amts für Liegenschaften und Wohnen, den Obst- und Gartenbauvereinen des Kreisverbands Stuttgart e.V., dem Garten-, Friedhofs- und Forstamts sowie dem Forum Bienenschutz e. V., dem Bienenzüchterverein Stuttgart e. V. und der vhs Ökostation Wartberg (Landeshauptstadt Stuttgart, Amt für Umweltschutz 2010).

[11]http://www.agenda-garten.de.

[12]wie beispielsweise der Bundeswettbewerb „start social", bei dem das Konzept des Gemeinschaftsgartens 2001 mit „sehr gut" bewertet wurde oder die Auszeichnung mit einem Anerkennungspreis 2008 vom Land Baden-Württemberg.

[13]http://ingaditz.npage.de.

Ein Spielplatz, Gartenhaus sowie Sitz- und Grillgelegenheiten wurden von den Vereinsmitgliedern im Lauf der Jahre geplant und gebaut.

2.4 Vertical Farming: investorengesteuerte Gemeinschaftsprojekte in Neubau und Bestand

Als Alternative zur flächenbezogenen professionellen Landwirtschaft beschäftigen sich Skyfarming-Projekte entweder mit einer Stapelung der Anbaufläche auf mehreren Ebenen[14], mit dem großflächigen Anbau auf Dachflächen innerhalb der Stadt oder mit der Integration technisch-orientierter Anbaumethoden in, an oder auf bestehende Gebäude. Diese großformatigen stark technikorientierten Ideen einer Nahrungsmittelproduktion in der Vertikalen könnte eine Sicherung der Nahrung bei Umwelt- und Naturkatastrophen möglich machen, die kurzen Transportwege und geschlossenen Kreisläufe kämen darüber hinaus der Umwelt zugute. Problematisch gesehen werden vor allem die ökonomischen und ökologischen Kosten bezogen auf den Bau der eines Skyfarming-Gebäudes und des Energieverbrauchs. Wie solche Konzepte aber unsere Stadtgestaltung und Bodennutzung beeinflussen werden, ob städtische und agrarwirtschaftliche Akteure hier zusammen kommen und in welcher Maßstäblichkeit hier gedacht werden muss, wird erst nach einer zukünftigen Umsetzung von Modellprojekten bewertet werden können.

Wenngleich sich in Stuttgart bislang keine Nahrungsmittelproduktion in der Vertikalen findet, forschen doch Agrarwissenschaftler der Universität Hohenheim am gestapelten Reisanbau im Fließbandprinzip (Töpfer 2010). Zudem befindet sich eine Aquaponic-Anlage am Stadtteilbauernhof in Bad Cannstatt in Planung (Schmid 2015).

2.5 Professionelle Landwirtschaft

Die Bedeutung der professionellen Landwirtschaft ist in den Kommunen in den vergangenen Jahren stark zurückgegangen, seit diese in Deutschland aufgrund der Globalisierung der Märkte nicht mehr als Hauptversorger gelten. Der

---

[14]Hierfür werden Prinzipien des bereits praktizierten Indoor-Anbaus in Gewächshäusern weiterentwickelt. Um den „Zielkonflikt zwischen Metropolen und Landwirtschaft" (Sauerborn 2012) zu entschärfen, setzten diese Konzepte nicht bei der weiteren Komprimierung städtischer Nutzungen an, sondern planen alternative Anbaumethoden, die die landwirtschaftlich benötigte Fläche drastisch reduzieren.

ideologische Ansatz der ‚Funktionstrennung' nach Corbusier sorgte dafür, dass der Gedanke der Stadt ganz unabhängig von ihrer Versorgung mit Nahrungsmitteln gedacht werden kann und damit auch die Notwendigkeit von städtischen oder stadtnahen Äckern verloren geht. Stattdessen wird die Versorgung der Stadtbevölkerung durch weit transportierte Nahrung sichergestellt. Ökonomisch effektive Landwirtschaft gilt als wenig ansprechend und auch in Konkurrenz zu Erholungsflächen unattraktiv.

Stuttgart zeichnet sich im Vergleich zu anderen deutschen Großstädten dadurch aus, dass die Stadtentwicklung des späten 19. und frühen 20. Jahrhunderts sehr deutlich Fragmente des Agrarzeitalters in stark urbanem Raum erhält.[15] Im Gesamtdurchschnitt betrug der Anteil der landwirtschaftlich genutzten Fläche in Stuttgart 2012 noch 22,9 %, nachdem der Flächenanteil in den letzten Jahrzehnten zugunsten der Siedlungs- und Verkehrsfläche merklich gesunken ist (Landeshauptstadt Stuttgart, Stadtmessungsamt 2012). Auch die Zahl der landwirtschaftlichen Betriebe sank in den vergangenen Jahrzehnten stetig. Schon die Darstellung der Flächennutzung der verschiedenen Stuttgarter Stadtbezirke im Balkendiagramm (Abb. 4) zeigt, wie sehr der Prozentsatz der landwirtschaftlich genutzten Fläche variiert. Die Abb. 1 verdeutlicht, wie wenig gewerbliche Landwirtschaft in den Innenstadtbezirken betrieben wird, hier lässt sich aber auch eine Besonderheit Stuttgarts ablesen: Entlang des Neckars finden sich besonders viele Weinbauflächen (lila dargestellt); die für Acker, Obst- und Gemüsebau genutzte Flächen (hellgrün dargestellt) verteilen sich vor allem auf die äußeren, flacheren Stadtbezirke. Hier stechen insbesondere Birkach und Plieningen mit jeweils deutlich über 50 % landwirtschaftlichem Flächenanteil heraus. Kommerziell angebaut werden in Stuttgart Obst, Gemüse, Wein, Getreide, Futterpflanzen, Zierpflanzen und Gehölze, dazu werden Grünlandflächen zur Futter- und Heugewinnung bewirtschaftet (Landeshauptstadt Stuttgart 2009).

Insgesamt gibt es heute etwa 250 landwirtschaftliche und gärtnerische Betriebe in Stuttgart, von denen 60 % im Vollerwerb bewirtschaftet werden. Die agrarstrukturelle Erhebung des Jahres 2009 unterteilt diese Betriebe in die Produktionsrichtungen „Ackerbau/Grünland/Viehhaltung", „Gemüsebau", „Weinbau/Obstbau", „Brennerei", „Zierpflanzen", „Friedhofsgärtnerei" sowie „Pensionspferde" und stellt dabei fest, dass durchschnittlich 2,1 Produktionsrichtungen pro Betrieb abgedeckt werden. Als Vermarktungsformen werden hier Direktvermarktung (48,1 %), Großhandel (20,0 %), Genossenschaften (19,0 %), Verarbeitungsbetriebe (4,8 %)

---

[15]Als Beispiele seien die bis in die Innenstadt reichenden Rebflächen genannt sowie die ehemals als Hutefläche genutzte Feuerbacher Heide.

Abb. 4 In den verschiedenen Stuttgarter Stadtbezirken variiert die Flächennutzung stark: die städtischen Weinberge in Stuttgart-Mitte führen zu drei Prozent landwirtschaftlich genutzter Fläche, allerdings machen hier den größten Anteil Gebäude-, Frei- und Verkehrsflächen aus; in Birkach dagegen dienen 57 % der Fläche landwirtschaftlicher Nutzung. (Grafik: Lena Steinbuch nach Daten der Landeshauptstadt Stuttgart 2009)

und landwirtschaftliche Betriebe (3,4 %) angegeben. Die übrigen 4,8 % werden in der agrarstrukturellen Erhebung als „Sonstige" gewertet. Allerdings vertreiben über 75 % der Betriebe zumindest einen Teil ihrer Waren per Direktvermarktung in Hofläden, auf dem Wochenmarkt, dem Verkauf ab Feld oder beim Weinbau in Besenwirtschaften (Landeshauptstadt Stuttgart 2009).

Die vorherrschende kleinteilige Parzellierung wird dabei häufig als Herausforderung gesehen und erfordert bei der Bewirtschaftung einen höheren Arbeitseinsatz. Kleinere Äcker haben insbesondere in der professionellen Landwirtschaft, wenn sie auf Effizienz bedacht ist, mit ihren Nachbarn (wie Wohngebiete, Straßen, Feldwege, Wälder oder Gewässer) zu interagieren: Konfliktpotenzial besteht stets, wenn geruchsbelastender Anbau (Düngung und Pestizide) oder Viehhaltung in Wohngebietsnähe erfolgt oder die Freizeitgestaltung der Städter zu sehr in die Arbeitswelt der Landwirte eingreift (Feldwegnutzung für den Radverkehr oder zurückgelassener Abfall am Feldrand). Auch der steigende Flächendruck und damit verbundene Preisdruck in Wohn- und Gewerbegebietsnähe bereitet professionellen Landwirten Probleme. Einige beginnen, die Stadtbevölkerung für ihre Probleme zu sensibilisieren und dazu aktiv in den Nahrungsmittelanbau einzubeziehen und bieten Dienstleistungen wie Selbsternteäcker[16] an. Weitere Angebote von stadtnahen oder städtischen gewerblichen Betrieben sind beispielsweise Stallführungen, Streichelzoos, Erdbeerpflücken oder thematische Feste, die Besucher anziehen und Kontakt ermöglichen. Eine Vernetzung der verschiedenen Betriebe untereinander erfolgt teils über bundesweit agierende Bauernverbände, oder aber über den bei der Stadt Stuttgart angesiedelten Arbeitskreis Koordination Landwirtschaft[17].

Das *Konzept der Solidarischen Landwirtschaft,* häufig auch als Gemeinschaftshof oder Landwirtschaftsgemeinschaftshof bezeichnet, ist ein Beispiel für diese Art des Zusammenspiels von Städtern und stadtnah produzierenden Landwirten.

---

[16]Seit 2012 bieten drei Landwirte (wieder) Selbsternteäcker an. Vom Landwirt vorbereitete und bepflanzte 50 bis 100 m^2 großen Parzellen werden zu Beginn des Jahres an Interessierte verpachtet, die dann ihr Feldstück pflegen und abernten dürfen. Durch die Mitbetreuung und Anleitung durch erfahrene Gärtner und Bauern sowie teilweise Gießdienste und die Bereitstellung von Gartengeräten wird Unerfahrenen die Möglichkeit gegeben, sich für ein Jahr im Gärtnern zu versuchen. Das Konzept stößt auf großes Interesse: die Parzellen waren stets innerhalb weniger Wochen vergeben. Für die beteiligten Landwirte und Gärtner bietet sich hier die Möglichkeit, stadtnahe Äcker als Erfahrungsfeld an Interessierte zu verpachten; die implizit damit verbundene Bildungsarbeit schafft Verständnis für die Arbeit der Landwirte.

[17]angesiedelt beim Amt für Liegenschaften und Wohnen.

Abb. 5 Bei freiwilligen ‚Hofeinsätzen' helfen Mitglieder der SoLaWiS seit 2012 auf dem Reyerhof einmal im Monat bei der Ernte, bei der Beikräuterregulierung oder anderen anstehenden Arbeiten. (Foto: Solidarische Landwirtschaft Stuttgart)

Das Konzept zur Erzeugung und Verteilung von landwirtschaftlichen Produkten sieht den Zusammenschluss einer Gruppe von Verbrauchern mit einem kooperierenden Partner-Landwirt vor. Eine „solidarische Gestaltung des Wirtschaftsprozesses auf der Basis gegenseitigen Vertrauens [und] Freiheit von ökonomischem Zwang führt zu wirklicher Ernährungssouveränität und schützt Böden, Pflanzen, Tiere und Menschen", so ein Leitfaden zur Gründung eines Solidarhofs (Künnemann und Presse 2011). In Stuttgart kooperiert eine Gruppe aus inzwischen knapp 250 Mitgliedern[18] seit 2012 mit dem Reyerhof in Stuttgart-Möhringen (siehe Abb. 5), finanziert dessen Arbeit und verteilt seit April 2013 wöchentlich lokales Gemüse an seine Mitglieder. Dass dieses Prinzip nicht nur für einzelne Höfe im Kleinen

---

[18]Stand 2015.

interessant sein kann, zeigt ein Beispiel aus Asien: Hansalim[19], der größten Organisation solidarischer Landwirtschaft in Südkorea gehören mehr als 2000 Höfe an, die nicht profitorientiert für über 1,6 Mio. Menschen Lebensmittel produzieren, die über 21 Verteilerkooperativen, 180 Bioläden sowie ein Liefersystem ausgeteilt werden (Rapunzel 2015).

3   Entwicklungspotenziale agrarischer Produktion in Stuttgart

Baden-Württemberg verfügt über äußerst fruchtbare Bodentypen. Einige der „fruchtbarsten Ackerböden Deutschlands" befinden sich im Stuttgarter Stadtgebiet oder mit den Filderflächen daran anschließend (BUND Baden Württemberg 2010). Stuttgart wirbt darüber hinaus damit, eine der grünen Großstädte Deutschlands zu sein: 5000 Hektar Wald, 65.000 Bäume in Parks und Grünanlagen sowie 35.000 Straßenbäume prägen das Stadtbild, „32 km von 245 km Stadtbahngleisbett sind mit Rasen begrünt" (Landeshauptstadt Stuttgart, Abteilung Kommunikation 2007). 366.000 m^2 Dachflächen wurden seit 2003 neu begrünt (Umweltbundesamt 2012). Außerdem beziehen sich zwei der neun Hauptziele des Umweltschutzes in Stuttgart auf Böden und Gewässer bzw. auf die Berücksichtigung des Klimaschutzes bei der Stadtentwicklung. Unter dem Leitbild „urban – kompakt – grün" wird eine Reduktion des Flächenverbrauchs angestrebt; das Bauland soll „aus Verantwortung gegenüber der Umwelt eine knappe Ressource bleiben" (Landeshauptstadt Stuttgart 2012).

Wie nun an bestehende Konzepte angeknüpft werden kann, welche Chancen die bereits existierenden Projekte bieten, welche Aspekte gestärkt werden können und sollten und wohin eine zukünftige Entwicklung gehen kann, soll im Folgenden betrachtet werden. Herausgegriffen wurden Maßnahmen, die sich in die Handlungsfelder Öffentlichkeitsarbeit, Bürgerbeteiligung und Flächenangebot einordnen lassen. Städte wie Todmorden, Middlesbrough oder Andernach zeigen, dass Engagement in diesen Bereichen weitere Projekte anregt und bereits bestehende Ansätze weiterentwickelt werden. Gleichwohl diese Handlungsfelder für einzelne Aspekte der urbanen Landwirtschaft wichtig sind, gibt es auch zahllose weitere Themen wie Klima und Mikroklima oder auch Ökonomie, die eine bedeutende Rolle für die Entwicklung der urbanen Landwirtschaft spielen, hier aber nicht weiter betrachtet werden. Stattdessen fasst eine Einordnung in top-down- und bottom-up-organisierte Maßnahmen die Handlungsfelder und deren Chancen zusammen.

---

[19]Hansalim bedeutet „Alle lebenden Dinge schützen".

3.1   Öffentlichkeitswirksame Maßnahmen

Seit den 1960er Jahren wird Landwirtschaft in der Gesellschaft zunehmend negativ bewertet. Frank Lohrberg (2001) fasst das wie folgt zusammen: „Der Landwirt wird aus Sicht großer Teile der Bevölkerung zum „Umweltverschmutzer" und „Subventionsempfänger", sein Betrieb devastiert zur „Agrarfabrik"". Um Agrarland in Stadtnähe zu erhalten, müssten zusätzliche Nutzungen der Flächen möglich sein oder die Bedeutung der stadtnahen Landwirtschaft auch für die Stadt selbst in den Vordergrund gerückt werden. Anbaubetriebe müssen Konzepte entwickeln, die auf die Bedürfnisse der Stadtbevölkerung abgestimmt sind. Lohrberg betont: „Immer wieder wird auf die städtischen Außenimpulse hingewiesen, die die Landwirte zu innovativem Verhalten zwingt" und zitiert Spitzer, der bereits 1971 vom „suburbanen Raum als einem „Experimentierfeld" für die Landwirtschaft"[20] spricht – der von Konzepten wie beispielsweise der Solidarischen Landwirtschaft genutzt wird. Auch für die Landwirte selbst hat Stadtnähe nicht nur den Vorteil der Kundennähe und Nebenerwerbsmöglichkeiten, sondern bietet über die Verflechtung verschiedener Berufe auch eine soziale Integration des Berufsstands eines Landwirts (Lohrberg 2001).

Mit der konzeptionell übergeordneten Bearbeitung des Themas agrarischer Produktionsräume beschäftigt sich der im Jahr 2003 eingerichtete Arbeitskreis Landwirtschaftskonzept, der seit 2007 durch eine Koordinationsstelle ergänzt wurde. 2010 veröffentlichte er eine agrarstrukturelle Erhebung, die der Erfassung von aktuellen Daten zu Landwirtschaft und Gartenbau diente, um „landwirtschaftliche Belange" bei kommunalen Planungsprozessen zu integrieren und diese „besser zu berücksichtigen" (Landeshauptstadt Stuttgart 2009). Auch eine Informationsbroschüre über Stuttgarter Direktvermarkter zählt hier zu den Ergebnissen. Seit 2014 ist zudem beim Amt für Stadtplanung und Stadterneuerung eine Stelle zur Förderung des urban gardenings[21] angesiedelt. Die Bemühungen um das Label Fair-Trade-Stadt Stuttgart, das an das Volksfest angeschlossene Landwirtschaftliche Hauptfest oder die Slow-Food-Messe erweitern diese Ansätze.

Weiter hilfreich ist die Steigerung des Bekanntheitsgrades und die Förderung von Bildungsmaßnahmen: Lokale Nahrungsmittelproduktion sowie die Um- und Mitnutzung von Flächen leben von der Begeisterung der Menschen mitzumachen. Vermittlung von Information weckt Interesse, woraus in Folge persönliches Engagement entstehen kann, was in aktiver Partizipation der Bürger bei einzelnen

---

[20]Spitzer 1971.

[21]Sie ist auch zuständig für die Bereiche rooftop-farming und Fassadenbegrünung und wird zurzeit von Alexander Schmidt besetzt.

gezielten Aktionen oder der Beteiligung an umfassenderen Veränderungsprozessen resultieren kann. Im Folgenden werden Maßnahmen für Stuttgart vorgeschlagen, die in diesen Bereichen ansetzen.

3.1.1 Steigerung des Bekanntheitsgrades

Häufig erhalten wir nur einen Teil der Informationen über Produkte, die wir kaufen und verzehren; insbesondere bleibt die Frage nach der Herkunft von Lebensmitteln oft offen. Information über Herkunft und Anbaumethoden sowie Kommunikation bei Problemen wecken Verständnis und Sympathie in der Bevölkerung. Die bereits angebotenen Veranstaltungen des Ernährungszentrums Mittlerer Neckar in Ludwigsburg könnten in Stuttgart gezielt um Vorträge oder Projektvorstellungen auf verschiedenen Plattformen, Filmvorführungen oder Diskussionsrunden erweitert werden.

Zur Akzeptanzsteigerung von „essbaren Beeten" (Thurn 2015) wie in Todmorden eignen sich Ausstellungsäcker an prominenter Stelle. Wenn nun beispielsweise im Schlossgarten Erdbeeren statt Primeln gepflanzt werden, irritiert das Passanten; Informationstafeln können auf Hintergrund und Bedeutung hinweisen sowie weitere Anregungen zum Mitgestalten bieten. Ein ähnlich dem bundesweiten ‚Tag der Architektur' organisierte ‚Tag des Offenen Gartens' existiert bereits, spricht aber bislang Privatgartenbesitzer und Kleingärtenpächter an und könnte ausgeweitet werden auf Gemeinschaftsgärten in Kombination mit *Mitmach-Veranstaltungen,* wie sie die in Stuttgart etablierte Nacht der Museen hervorbringt: Geo-Caching könnte zum Geo-Farming werden, bei dem durch das Finden verschiedener Caches an Orten mit unterschiedlicher Produktionsweise und verschiedenem Nahrungsangebot ein Picknick zusammengestellt werden kann.

Auffällig am Beispiel Stuttgart ist, dass die Stadt bereits in der Vergangenheit häufig von Pilotprojekten im Rahmen einer internationalen Bauausstellung oder Gartenschau profitiert hat. Vor allem in der Freiraumplanung waren Gartenausstellungen stets wichtige Impulsgeber[22]. Auf diese große Tradition an Gartenschauen

---

[22]So wurde beispielsweise anlässlich der Bundesgartenschau 1961 der Obere Schlossgarten im Zentrum Stuttgarts umgestaltet und zur Bundesgartenschau 1977 der Untere Schlossgarten neu gestaltet. Um den zur Reichsausstellung des Deutschen Gartenbaus im Jahr 1939 entstandenen (und 1950 für die erste Gartenschau nach Kriegsende genutzten) Höhenpark am Killesberg mit dem Oberen, Mittleren und Unteren Schlossgarten sowie dem daran anschließenden Rosensteinpark zu verbinden, wurde für die Internationale Gartenausstellung 1993 die gestalterische Leitidee des ‚Grünen U' entworfen und umgesetzt.

wie Landesgartenschau, Bundesgartenschau und Internationale Gartenschau (IGA) kann mit Betonung auf eine städtische Nahrungsmittelproduktion als ‚Urbane Landwirtschaftsausstellung' angeknüpft werden. 1993 entstand im Rahmen der IGA am Löwentor eine Beispielsiedlung mit experimentellem Wohnungsbau, die für die Internationale Bauausstellung 2013 in Hamburg entstandenen Wohnhäuser thematisieren energieintelligente Fassaden; ähnlich organisiert könnten heutige Diskussionen zum Thema *vertical farming* beispielhaft abgebildet werden.

3.1.2 Förderung von Forschungsprojekten und Bildungsmaßnahmen

Bildung, wie sie in Schulgärten, Bauernhofbesuchen, Vorträgen oder Mitmachaktionen angeboten wird, ist wichtig, um Kinder und Jugendliche und damit über die Eltern eine breite Bevölkerung mit dem Thema der lokalen Nahrungsproduktion vertraut zu machen. Wie die große Anzahl an Schulgärten zeigt, ist Stuttgart hier bereits gut aufgestellt. Weitere Erlebnisfelder wie die bereits erfolgte Einrichtung eines Naturerfahrungsraums in Stuttgart-West (Thimme 2013), der Mitmachgarten der Volkshochschule Stuttgart (vhs Stuttgart 2015) oder Kinderprogramm bei den Summtgart-Bienen[23] am Stadtacker könnten noch weiter ausgebaut werden. Als Problem der existierenden Schulgärten werden häufig fehlende Arbeitsstunden der betreuenden Lehrer genannt; ein Ausbau des Angebots käme hier den Schülern zugute.

3.2   Flächenangebot

Ohne ein entsprechend nutzbares Flächenangebot für Versuchsprojekte allerdings bleiben die vorigen Ansätze allein theoretische Überlegungen. Von Landwirten, der Stadtverwaltung oder auch von Privatpersonen angebotene Flächen, die für konkrete Projekte oder als Versuchslandschaft nutzbar sind, ermöglichen erst die Umsetzung der Ideen und die Beteiligung der Bürger. Neben der Aufforderung zur Nutzung ungenutzter Flächen und SLOAPs[24], wie das die Stadt Middlesbrough praktiziert, sieht die Stadt München das Anbieten von Flächenpatenschaften als

---

[23]www.summtgart.de.

[24]Die Abkürzung SLOAP steht für Spaces Left Over After Planning, gemeint sind also Flächen, die bei Planungen nicht berücksichtigt oder ausgespart werden oder für die nie eine Planung erwogen wurde.

hilfreich. Auch Stuttgart bietet Patenschaften an, bezieht sich hierbei allerdings bislang auf die Sauberkeit von Grünanlagen; Interessierte kümmern sich ehrenamtlich um eine Spielfläche oder einen Hundetütenspender (Landeshauptstadt Stuttgart 2015), wohingegen in München Abstandsgrünflächen zur Bepflanzung an interessierte Anwohner vergeben werden (Green City e. V. 2016).

Die Gründung einer Flächenbörse zur Flächenkategorisierung und Veröffentlichung verfügbarer Flächen kann vonseiten der Stadt erfolgen und auch Bürger mit dem Wunsch nach mehr offizieller Organisation ansprechen. Eine interaktive Homepage lässt Bewohner unterschiedlicher Stadtteile partizipieren, integriert verschiedene Initiativen und schafft einen Überblick über bereits bearbeitete und neue Potenzialflächen sowie über geplante Aktivitäten. Bei der Entwicklung Stuttgarts zu einer produktiv nahrungserzeugenden Stadt können grundsätzlich zwei Arten von Flächen relevant sein: ‚auffallende' und ‚einfach zu bewirtschaftende'. Die Bepflanzung öffentlichkeitswirksamer Flächen wie Pflanzkästen oder gut sichtbarer und zugänglicher Restflächen[25] dient der Erregung von Aufmerksamkeit: Als ‚Aushängeschilder' wecken sie Neugier. Aber auch ‚einfache' Flächen bieten sich zur Bearbeitung an, wenn sie ohne großen Aufwand beachtliche Erträge liefern können. Das in Lörrach für den Ausbau erneuerbarer Energien eingeführte Baulückenkataster, das für Bevölkerung und mögliche Investoren über ein Geoportal zugänglich ist, könnte vergleichbar in Stuttgart eingeführt werden und um ein Flächennutz-Portal ergänzt werden. Vorgegangen werden kann hier wie bei der Entwicklung des Spielflächenleitplans Stuttgart, der seit 1977 stets überarbeitet und an aktuelle Bedürfnisse angepasst wird und dabei sowohl Defizite wie auch Lösungsansätze und konkrete Handlungserfordernisse beschreibt und als Orientierungsrahmen und Entscheidungshilfe für die Politik die verschiedenen Stuttgarter Stadtressorts in ihren Entscheidungen beraten möchte (Landeshauptstadt Stuttgart 2016).

---

[25]Wird ein Weinberg nicht genutzt, greift bereits jetzt die gesetzlich vorgeschriebene Pflegepflicht, die nicht-Nutzung als Verhinderung aktiven Landschaftsschutzes bezeichnet und die Pflege durch Nichteigentümer ausdrücklich erlaubt: Landwirtschafts- und Landeskulturgesetz Baden-Württemberg, § 26 Bewirtschaftungs- und Pflegepflicht: „Zur Verhinderung von Beeinträchtigungen der Landeskultur und der Landespflege sind die Besitzer von landwirtschaftlich nutzbaren Grundstücken verpflichtet, ihre Grundstücke zu bewirtschaften oder dadurch zu pflegen, dass sie für eine ordnungsgemäße Beweidung sorgen oder mindestens einmal im Jahr mähen. Die Bewirtschaftung und Pflege müssen gewährleisten, dass die Nutzung benachbarter Grundstücke nicht, insbesondere nicht durch schädlichen Samenflug, unzumutbar erschwert wird."

3.3　Partizipation

Städte wie Vancouver oder London sind gute Beispiele dafür, wie viel gemeinschafts-getragene Projekte und partizipatorische Planungen zur Veränderung des Bewusst-seins in der Bevölkerung und des Stadtbildes beitragen: In der mittelenglischen Stadt Todmorden wurde 2008 von einigen Einwohnern das Projekt ‚Incredible Edible Tod-morden' initiiert, um auf die Probleme bei der Produktion von Nahrungsmitteln, ihrem Import und vor allem ihrer Herkunft hinzuweisen. Es wurden 40 gut zugängli-che Obst- und Gemüsegärten auf öffentlichen Flächen angelegt, die „open-source"-Erzeugnisse liefern (Paull 2013), das Thema Agrobiodiversität in die Diskussion bringen und weltweit für Aufmerksamkeit sorgen[26] (Warhurst 2012).

Andererseits kann aber auch über Gesetzesänderungen ein verbindlicher Rahmen geschaffen werden für Vorschläge, die auf politischen Gestaltungswillen auf regio-naler und nationaler Ebene angewiesen sind. Auch die ‚Essbare Stadt Andernach'[27] erlebt keine Probleme mit Vandalismus, weil das Projekt positiv assoziiert wird und damit eine besondere Wertschätzung erfährt. Welche Möglichkeiten haben also von Stadtverwaltungen, Politik oder Marketingfirmen angeregte Maßnahmen? Welche Chancen werden dagegen durch von unten angeregte Projekte und Ideen ergriffen?

3.3.1 Top-Down-organisierte Maßnahmen

Vorschläge wie ein Bodenschutzkonzept[28] für die Region Stuttgart, nach dem unterschiedlich schützenswerte Kategorien festgelegt werden, oder die mögliche Einführung einer Landschaftsschutz-Kurtaxe[29] versuchen, landwirtschaftlich

---

[26]Die Gründerinnen Mary Clear und Pamela Warhurst finanzieren dieses Projekt seit 2008 aus Spenden und mit ehrenamtlichen Helfern.

[27]2008 wurde in einem Vorort Andernachs eine vorher intensiv landwirtschaftlich genutzte Fläche umgestaltet; ein großer Schritt war im Jahr der Biodiversität 2010 das Anlegen von Tomatenbeeten entlang der Stadtmauer. Fünf Jahre später kann gemäß dem Motto „Pflü-cken erlaubt" statt „Betreten verboten" das von der Stadtverwaltung gepflanzte Obst und Gemüse von jedem Passanten geerntet werden; 2015 wurde Andernach als Ausgezeichneter Ort im Land der Ideen gewürdigt.

[28]Mülheim an der Ruhr beispielsweise hat ein Bodenschutzkonzept entwickelt, das aus zwei gleichberechtigten Säulen besteht: 1. „fachlichen Grundlagen zum Bodenschutz und eine Bodenfunktionsbewertung als Planwerk Boden" und 2. „Bodenbewusstsein als Mül-heimer Bodenschätze. Bodenwissen soll so etabliert, Boden erlebbar gemacht und Boden in Wert gesetzt werden." https://www.muelheim-ruhr.de/cms/bodenschutzkonzept_der_stadt_muelheim_an_der_ruhr.html, Zugegriffen: 21.03.16.

[29]Diese wird von den Stuttgart Bürgern für den Erhalt der ländlichen Umgebung – die als Naherholungsgebiet genutzt wird – bezahlt.

genutztem Grund und Boden einen ökonomischen Wert zuzuweisen. Eine interessante Entwicklung zum Schutz der Freiflächen kommt aus der Schweiz, die den auch in Deutschland seit Ende des 20. Jahrhunderts verbreiteten Ansatz ‚Innenentwicklung vor Außenentwicklung' weiterführt und 2013 eine Revision des Raumplanungsgesetzes veranlasst hat. Die von der Bevölkerung per Abstimmung beschlossene Gesetzesänderung: Außerhalb der bestehenden Bauzonen werden keine neuen Baugebiete mehr ausgewiesen, der „haushälterische Umgang mit dem Boden" ist Grundbestandteil aller zukünftiger Überlegungen (Bundesamt für Raumentwicklung ARE 2015). Gemein ist diesen Überlegungen, dass Boden als nicht vermehrbares Gut nur begrenzt zur Verfügung steht und als solcher des Schutzes bedarf. Die Stadt Ulm lässt seit einigen Jahren Grundstücke nicht mehr von privat an privat verkaufen, sondern sichert sich ein Vorkaufsrecht[30], um dann die erworbenen Grundstücke mit Auflagen weiterzuveräußern: bei entsprechendem politischen Willen hat dies auch gerade auf stadtplanerischer Ebene für urban-gardening- und vertical-farming-Projekte Potenzial, da dabei sichergestellt wird, dass sich Brachflächen in städtischer Hand befinden und damit für temporäre Nutzungen zur Verfügung gestellt werden können.

Analog zu den vier Modellregionen Elektromobilität, für die der Bund Fördermittel bereitstellt, die dem Infrastrukturausbau und der Bereitstellung von Elektroautos im Stadtgebiet (nach Carsharing-Prinzip) dienen, kann auch eine Modellregion lokale Nahrungsmittelproduktion äquivalent Öffentlichkeitswirksamkeit, Vernetzungscharakter und Attraktion bieten. Die englische Stadt Middlesbrough profitiert heute von einer im Jahr 2006 ausgelobten Design-Intervention[31], die 2007 an über 150 verschiedenen Orten innerhalb Middlesbroughs mit zahlreichen Einzelprojekten die lokale Nahrungsmittelproduktion steigern sollte. Ursprünglich nur auf ein Ausstellungsjahr angelegt, wurde die Aktion auch in den kommenden Jahren weitergeführt. Unterstützung erfährt das Projekt nach wie vor vonseiten der Lokalpolitik, der Stadt und vor allem finanziell durch die ortsansässige Wirtschaft. Eine ‚town-scale opportunity map' hilft dabei, ungenutzte Flächen und Freiräume in eine CPUL[32] zu verwandeln und auch für zukünftige Entwicklungen einen Rahmen zu bieten.

---

[30]Bekannt wurde das als ‚Ulmer Grundstückspolitik'.

[31]Die „Designs of the Time"-Initiative initiiert jährlich in einer Gemeinde eine Reihe von Ausstellungen, Veranstaltungen und Gemeinschaftsprojekten, die Designern, Entwerfen, aber auch lokalen Unternehmen und Bürgerinitiativen eine Möglichkeit geben, ihre Vorstellungen eines Lebens in einer nachhaltigen Region zu zeigen.

[32]Die Abkürzung CPUL steht für continuous productive urban landscape, also zusammenhängende produktive urbane Landschaft (Gorgolewski et al. 2011).

Seit 2014 werden von der Stadt Stuttgart Fördermittel für urban gardening bereitgestellt. Die Erstellung der Richtlinien, wie diese Mittel an Initiativen vergeben werden können, was ein Projekt förderungswürdig macht und wie die Antragsstellung erfolgt, wirft allerdings diverse Probleme auf: Die vorgesehenen finanziellen Mittel können nur an Vereine oder Genossenschaften überwiesen werden. Viele der bottom-up-organisierten und unverbindlich agierenden Projekte sind so weiterhin auf eine Eigenfinanzierung angewiesen und profitieren eben nicht von der geplanten Anschubfinanzierung für Gartengeräte oder Saatgut.

3.3.2 Bottom-up-organisierte Maßnahmen

Beispiele wie der unter 2 bereits genannte Stadtacker oder El Palito, aber auch die Solidarische Landwirtschaft Stuttgart zeigen, dass heutige Projekte zunehmend aus der Bevölkerung initiiert und organisiert werden. Deutlich wird hier, wie viel aus der Gesellschaft heraus auf öffentlichen Flächen mit (wie die Ebene 0 in Stuttgart[33] und die Parkplatz-Gärten in Middlesbrough[34]) oder ohne Genehmigung (wie die Prinzessinnengärten in Berlin[35] und der Mahnwachengarten in Stuttgart) erreicht werden kann. Dies bedeutet auch eine Veränderung in der Arbeitsteilung von öffentlichen zu privaten Akteuren, die sich als Teil der Öffentlichkeit sehen. Von professioneller Seite der Stadtverwaltung oder Politik können Privatpersonen, bürgerschaftliche Vereine oder Initiativen dabei als „kritischer Begleiter oder bisweilen Opponenten", aber auch als „willkommene Mitspieler und Adressaten" (Jessen et al. 2008) gesehen werden.

Eine große Chance bietet allerdings das Schaffen von Voraussetzungen durch die öffentliche Hand, hier sei nochmals auf die oben genannte Flächenbörse verwiesen. Auch Anreize wie ein Wettbewerb um den nahrungsautarksten Stadtteil, den vielfältigsten Gemeinschaftsgarten oder das integrativste Konzept eines Landwirts können motivationssteigernd wirken und von einer Idee zur Umsetzung führen. Handlungsfelder sind allerdings aufgrund der hohen Individualität der Projekte so vielfältig wie die Ideen ihrer Initiatoren. Hierin liegt sowohl das große Potenzial als auch das für Investoren oder Städte vorhandene Risiko bei der Unterstützung: die Projekte und ihr Erfolg sind schwer einschätzbar und in ihrer Wirkungskraft abhängig von engagierten Akteuren.

---

[33]http://www.ebene0.de.

[34]http://www.communitieslivingsustainably.org.uk/project/middlesbrough-environment-city-trust-ltd/?tag=Growing.

[35]http://prinzessinnengarten.net.

4 Fazit

Die Betrachtung der Entwicklungsgeschichte von Landwirtschaft und Stadt im Hinblick auf Korrelationen von Veränderungen in der Stadtentwicklung und in der Nahrungsmittelproduktion lässt eine enge Wechselbeziehung von Landwirtschaft und Stadt erkennen. Ab dem 19. Jahrhundert wird die im Zuge der Ersten Industriellen Revolution[36] und der Technischen Revolution zunehmende Intensivierung der Landwirtschaft begleitet von sozialreformerischen Überlegungen wie Ebenezer Howards „garden city" (Howard 1902) oder Frank Lloyd Wrights „Broadacre City" (1932). Beide Konzepte beziehen sich eher auf Regional- als auf Stadtplanung und sehen *Stadt* als ungesund, unkontrollierbar und wider die Natur. Heute sehen wir dagegen die Stadt als natürliches Habitat und beschäftigen uns mit einer Integration von landwirtschaftlichen Produktionsräumen. Anstelle großer utopischer Gesten mit Satellitenstädten und Funktionstrennung geht es um realistische, maßstäbliche Eingriffe. Auch Valentin Thurn (2015) fasst in seinem Dokumentarfilm „10 Mrd." auf die Landwirtschaft bezogen zusammen: „Die Lösung der großen Probleme liegt ganz offenbar im Kleinen."

Gedanken des Eco-Communism, die sich verbreitende Bedeutung von Commons oder Gemeingütern sowie der in den vorgenannten Gemeinschaftsprojekten stark verbreitete Wunsch nach Mitgestaltung der Stadtlandschaft deuten an, dass Städter gemeinsam über ihren Lebensraum mitbestimmen und diesen gestalten möchten. Dieses Engagement und die damit verbundene Energie werden bereits in den genannten Beispielprojekten umgesetzt sowie durch gesellschaftliche und zunehmend politische Unterstützung gebündelt.

Ohne öffentlichkeitswirksame Maßnahmen und Impulsprojekte, die beispielhaft die Entwicklung hin zur produzierenden Stadt anstoßen, ist diese Entwicklung schwierig. So steigt zwar das Bewusstsein für die Probleme der Nahrungsmittelproduktion, der Flächennutzung und der städtischen Freiflächen, eine zunehmende Wertschätzung beinhaltet dies nicht selbstredend. Je mehr unterschiedliche Ansätze hierbei erprobt und verwirklicht werden, desto flexibler kann gehandelt werden und desto mehr Bevölkerungsgruppen werden angesprochen. Damit wird die Diskussion sowohl in Stuttgart als auch in anderen Städten angeregt; die entstehenden Projekte dienen als Wegbereiter oder Multiplikator für

---

[36]Die wissenschaftlich-technische Revolution mit ihrer verstärkten Hinwendung zu Technik und Wissenschaft hatte neben direkten Auswirkungen auf die Landwirtschaft (wie der Weiterentwicklung der Landmaschinen und weiteren züchterischen Optimierung von Nutzpflanzen) auch indirekt durch eine Veränderung der Lebensweise Folgen für die Nahrungsproduktion. Die zuvor agrarisch geprägte Gesellschaft wurde mehr und mehr zu industriell produzierenden.

weitere Projekte und Aktionen. Ähnlich fasst das Marco Clausen vom Prinzessinnengarten Berlin zusammen: „Wir können nicht die ganze [...] Bevölkerung mit Bio-Gemüse versorgen. Dafür gibt es die Landwirtschaft da draußen. Doch die muss sich wandeln, und das können Verbraucher fordern – wenn sie es vorher beim Wühlen in der Erde erfahren haben" (Clausen 2012).

Literatur

Birkenbeil, H. 1990 Birkenbeil, Helmut (Hrsg.) (1999): Schulgärten: Planen und anlegen. Erleben und erkunden. Fächerverbindend nutzen. Stuttgart. Eugen Ulmer Verlag.

BUND Baden-Württemberg 17.10.2010 BUND Baden-Württemberg (17.10.2010): Schaufenster des Landes. http://www.bund-bawue.de/index.php?id=936&tx_ttnews%5Btt_news%5D=2695&tx_ttnews%5BbackPid%5D=1996. Zugegriffen: 12.09.2015.

Bundesamt für Raumentwicklung ARE (2015). Anspruchsvolle Umsetzung der Siedlungsentwicklung nach innen. http://www.are.admin.ch/themen/recht/00820/05406/index.html?lang=de. Zugegriffen: 02.01.2016.

Bundesinstitut für Bau-, Stadt- und Raumforschung BBSR (2015). Gemeinschaftsgärten im Quartier. http://www.bbsr.bund.de/BBSR/DE/Veroeffentlichungen/BBSROnline/2015/ON122015.html. Zugegriffen: 02.12.2015.

Clausen, M. (14.4. 2012). In Martin, C., Steckt es in die Erde! http://www.taz.de/1/archiv/digitaz/artikel/?ressort=tz&dig=2012%2F04%2F14%2Fa0208. Zugegriffen: 12.09.2015.

Echternacht, C. nach jmr/dapd (15.11.2011). Drei Berliner planen größte Dachfarm der Welt. http://www.focus.de/wissen/natur/bio-anbau-in-millionenmetropole-drei-berliner-planen-groesste-dachfarm-der-welt_aid_684614.html. Zugegriffen: 12.09.2015.

Gorgolewski, M. & Komisar, J. & Nasr, J. (2011). Carrot City – Creating Places for Urban Agriculture. The Monacelli Press, New York.

Green City e. V. (2016). Grünpaten. https://www.greencity.de/projekt/gruenpaten/. Zugegriffen: 21.03.2016.

Howard, E. (1902). Garden Cities of Tomorrow – Experiments in Urban Planning. Swan Sonnenschein & Co., London.

Jessen, J. & Meyer, U & Schneider, J (2008). Stadtmachen.eu – Urbanität und Planungskultur in Europa. Karl Krämer Verlag, Stuttgart.

Künnemann, R. & Presse, M. (2011). Wir gründen einen Solidarhof – Leitfaden zur Solidarischen Landwirtschaft. Flyer.

Landeshauptstadt Stuttgart, Abteilung Kommunikation (2007). Für unsere Umwelt – Klima schützen, Ressourcen schonen, Energie sparen. http://www.stadtklima-stuttgart.de/stadtklima_filestorage/download/kliks/Fuer-unsere-Umwelt.pdf. Zugegriffen: 23.03.2016.

Landeshauptstadt Stuttgart, Amt für Liegenschaften und Wohnen, Koordinationsstelle Landwirtschaft (2009): Agrarstrukturelle Erhebung. Broschüre.

Landeshauptstadt Stuttgart, Amt für Liegenschaften und Wohnen (2012): Verpachtung städtischer Gartengrundstücke. http://www.stuttgart.de/item/show/265272. Zugegriffen: 14.04.2012.

Landeshauptstadt Stuttgart, Amt für Umweltschutz (2010): Netzwerk Schulgarten. Broschüre.

Landeshauptstadt Stuttgart, Stadtmessungsamt (2012). Flächennutzung in Stuttgart 2012. http://www.stuttgart.de/item/show/305805/1/publ/24216. Zugegriffen: 23.03.2016.

Landeshauptstadt Stuttgart (2012). Flächennutzung in Stuttgart 2012. http://service.stuttgart.de/lhs-services/komunis/documents/10179_1_Flaechennutzung_in_Stuttgart_2012. PDF. Zugegriffen: 23.03.2016.

Landeshauptstadt Stuttgart (2015). Park- und Grünanlagen. http://www.stuttgart.de/gruenanlagen. Zugegriffen: 02.01.2016.

Landeshauptstadt Stuttgart (2016). Spielflächenleitplan / Kinder- und Jugendgerechte Quartiersplanung in Stuttgart. http://www.stuttgart.de/item/show/199180Landwirtschafts- und Landeskulturgesetz Baden-Württemberg, § 26 Bewirtschaftungs- und Pflegepflicht (Fassung vom 14.3.1972, Änderung 1.7.2004). Zugegriffen: 02.02.2016.

Lloyd Wright, F. (1932). The Disappearing City. W. F. Payson, New York

Lohrberg, F. (2001). Stadtnahe Landwirtschaft in der Stadt- und Freiraumplanung. Books on Demand GmbH.

Meyer-Renschhausen, E. (2004). Unter dem Müll der Acker – Community Gardens in New York City. Ulrike Helmer Verlag, Sulzbach.

Paull, J. (2013). Case Study 10: „Please Pick me“: how Incredible Edible Todmorden is repurposing the commons for open source food and agricultural biodiversity. http://orgprints.org/24956/28/24956.pdf. Zugegriffen: 24.01.2016.

Rapunzel Naturkost GmbH: One World Award in Gold geht nach Südkorea und Indien. http://www.jedes-essen-zaehlt.de/impressum.html. Zugegriffen: 02.02.2016.

Sauerborn, J. & Asch, F. (2012). Skyfarming: Staple food for growing cities!?. In Rural 21, Band 03/2012.

Schmid, A. nach Rothfuss, F. (2015). Bürger machen sich die Stadt nutzbar. http://www.stuttgarter-nachrichten.de/inhalt.urban-gardening-in-stuttgart-buerger-machen-sich-die-stadt-nutzbar.6d2742cd-e887-42a1-b8e7-5cbc8182a97e.html. Zugegriffen: 12.09.2015.

Schmid, A. (2016). Gemeinschaftsgärten in Stuttgart – Grafik gezeigt im Rahmen der Gartenwerkstatt V. 06.04.2016.

Spitzer, H. (1971). Landnutzung in der Massenkonsumgesellschaft. Berichte zur Deutschen Landeskunde. Band 45, Heft 1.

Thimme, K. (2013). Lieber in der Natur als auf dem Spielplatz. http://www.stuttgarter-nachrichten.de/inhalt.naturerfahrungsraum-kluepfelstrasse-lieber-in-der-natur-als-auf-dem-spielplatz.7c7dd033-77c4-4c15-a879-0dff081ffbf2.html. Zugegriffen: 11.09.2015.

Thurn, V. (2015). 10 Milliarden – Wie werden wir alle satt? Dokumentarfilm 2015. Regie Valentin Thurn.

Töpfer (2010). Ein Hochhaus voller Reisfelder – Agrarwissenschaftler halten Zeit reif für eine alte Utopie. https://www.uni-hohenheim.de/pressemitteilung.html?&tx_ttnews[tt_news]=7029&cHash=c845477fccdfd7c7e43e159ec546476b. Zugegriffen: 03.09.2015.

Uekötter, F. (2012). Die Wahrheit ist auf dem Feld: Eine Wissensgeschichte der deutschen Landwirtschaft (Umwelt und Gesellschaft). Vandenhoeck & Ruprecht, Göttingen.

Umweltbundesamt (2008). Umweltbewusstsein der Deutschen auf hohem Niveau – Bundesumweltministerium und UBA legen neue Studie vor. http://www.umweltbundesamt.de/presse/presseinformationen/umweltbewusstsein-deutschen-auf-hohem-niveau. Zugegriffen: 24.01.2016.

Umweltbundesamt (2012). Umweltbundesamt verleiht Blauen Kompass für vorausschauende Maßnahmen zur Anpassung an den Klimawandel.

UN-Dekade „Bildung für nachhaltige Entwicklung" (2012). Die UN-Dekade in Deutschland. http://www.bne-portal.de/coremedia/generator/unesco/de/02__UN-Dekade_20BNE/02__UN__Dekade__Deutschland/Die_20UN-Dekade_20in_20Deutschland.html. Zugegriffen: 12.09.2015.

Universität Hohenheim (2012). Hohenheimer Gärten – Tätigkeitsprofil. https://gaerten.uni-hohenheim.de/wir_ueber_uns. Zugegriffen: 03.09.2015.

Verbraucherzentrale Nordrhein-Westfalen (2011). Informationsbroschüre: Woher kommt mein Essen? http://www.vz-nrw.de/Woher-kommt-mein-Essen. Zugegriffen: 03.09.2015.

vhs Stuttgart (2015). http://www.vhs-stuttgart.de/index.php?id=43&kathaupt=11&knr=161-58000&kursname=Der+Mitmachgarten. Zugegriffen: 24.01.2016.

Warhurst, P. (2012). How we can eat our landscapes. TED Talk London, aufgenommen im Mai 2012. http://www.ted.com/talks/pam_warhurst_how_we_can_eat_our_landscapes. Zugegriffen: 02.02.2016.

Solidarische Landwirtschaft: Verbraucher gestalten Land(wirt)schaft

Christoph Simpfendörfer

Zusammenfassung

Der Reyerhof in Möhringen auf den Fildern südlich von Stuttgart besteht seit vielen Generationen. Einst lag der Hof inmitten von Feldern und Streuobstwiesen, heute befindet er sich mitten in einer Wohnsiedlung. Die Wirtschaftsweise des Hofes ist bereits seit den 1950er Jahren biologisch-dynamisch und geprägt von einer engen Bindung zum Verbraucher gemäß dem Motto: ‚Landwirtschaft in der Stadt – für die Stadt'. In den 1990er Jahren wurde eine Kommanditgesellschaft (KG) mit 50 Familien gegründet, die die Zukunft des Hofes finanziell absicherten. Seit 2012 kooperiert der Reyerhof mit der Stuttgarter Solidarischen Landwirtschaftsinitiative (SoLaWiS). Der Beitrag will anhand der Geschichte dieses Hofes und seiner Integration in das städtische Umfeld, die Notwendigkeit einer Interaktion zwischen Verbraucher und Landwirt aufzeigen. Am Beispiel des Reyerhofs sollen die Potenziale der Gestaltung von Landwirtschaft – und damit auch von Landschaft – durch eine Gruppe von Verbrauchern aufgezeigt werden. Das Modell der Solidarischen Landwirtschaft findet in Deutschland immer weitere Verbreitung und ermöglicht unabhängig von Marktkräften Landwirtschaft vielseitig zu gestalten.

Schlüsselwörter

Solidarische Landwirtschaft · Biologisch-dynamische Landwirtschaft · Verbrauchernähe · Rent-a-cow · Landschaftsbild · Diversifizierung der Lebensmittelerzeugung · Reyerhof · Filderebene · Baden-Württemberg

C. Simpfendörfer (✉)
Stuttgart, Deutschland
E-Mail: christoph@reyerhof.de

© Springer Fachmedien Wiesbaden GmbH 2017
S. Kost und C. Kölking (Hrsg.), *Transitorische Stadtlandschaften,*
Hybride Metropolen, DOI 10.1007/978-3-658-13726-7_6

1   Die Lage des Hofes

Der Reyerhof liegt in Möhringen, einem Vorort von Stuttgart auf den Fildern. Die Filderebene ist eine Hochebene, die den Stuttgarter Talkessel im Südwesten begrenzt. Aufgrund der Mächtigkeit des angewehten Lößbodens gehört sie zu den fruchtbarsten Ackerflächen in Deutschland. Über Jahrhunderte war die landwirtschaftliche Nutzung prägend. Sie wurde jedoch durch die Autobahn A8 quer durchschnitten und viel Fläche ging durch den Flughafen Echterdingen, sowie daran angrenzende Gewerbegebiete verloren. Der letzte große Flächenverlust war der Bau der neuen Stuttgarter Messe, die zur Überbauung von mehr als hundert Hektar führte.

Trotz des hohen Bebauungsdrucks gibt es noch viele zusammenhängende, landwirtschaftlich genutzte Flächen. Die Fildern sind ein ziemlich ausgeräumter Landschaftsraum. Möhringen allerdings, eher am Rand der Fildern gelegen, weist eine sehr abwechslungsreiche Struktur auf mit Äckern, Wiesen, Streuobstwiesen, sowie Schrebergärten und bewachsenen Bachläufen.

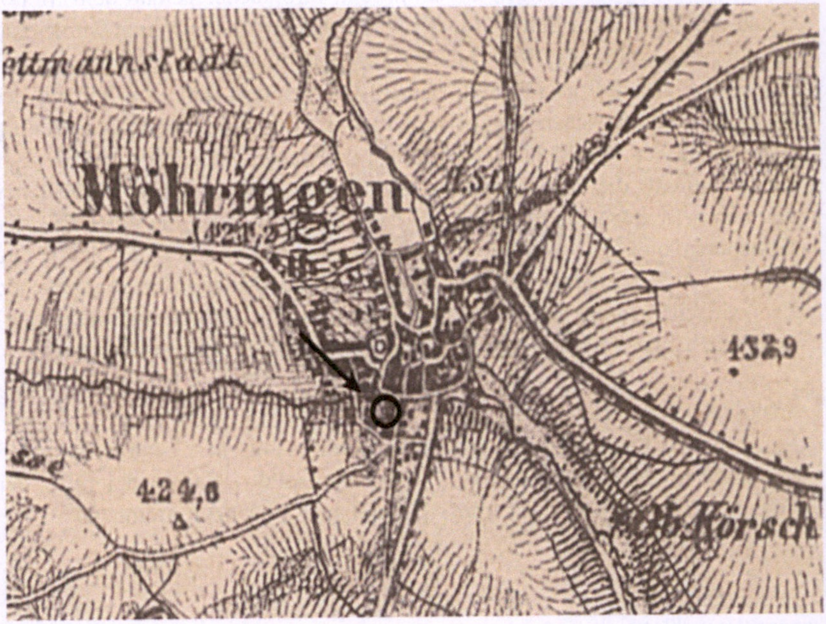

Abb. 1 Möhringen um das Jahr 1867, eingekringelt die Lage des Reyerhofes. (© Württembergische Landesbibliothek Stuttgart)

Den Reyerhof gibt es schon seit vielen Generationen. Das Wohnhaus ist sicher über 500 Jahre alt und weist noch alte Lehmstrohwände auf. Seit sechzig Jahren wird der Hof biologisch-dynamisch bewirtschaftet. Auf einer Karte aus der Mitte des 19. Jahrhunderts sieht man den Reyerhof außerhalb des Ortes zwischen Gärten und Streuobstwiesen liegen (Abb. 1 und 2).

Nur wenige weitere Häuser liegen an der Unteraicher Straße, die damals Möhringen mit der Nachbargemeinde verbindet.

Inzwischen ist die Stadt um den Hof herum gewachsen und ein paar hundert Meter müssen zurückgelegt werden, bevor man die nächstgelegenen Felder erreicht (Abb. 3). Wenn Besucher zum Hof kommen, zweifeln sie an der Wegbeschreibung, denn man erwartet mitten im Wohngebiet keinen Bauernhof. Der Reyerhof ist der letzte innerstädtische landwirtschaftliche Betrieb in Möhringen, der darüber hinaus sogar noch Milchkühe hält. Karl Reyer, der den Hof in den 20er-Jahren des letzten Jahrhunderts zu einem Haupterwerbsbetrieb aufbaute, arbeitete zeitweise nebenher noch als Milcherfasser in der nahe gelegenen Molkerei. Damals gab es fast zweihundert Milchanlieferer in Möhringen. Heute sind es nur noch zwei Betriebe.

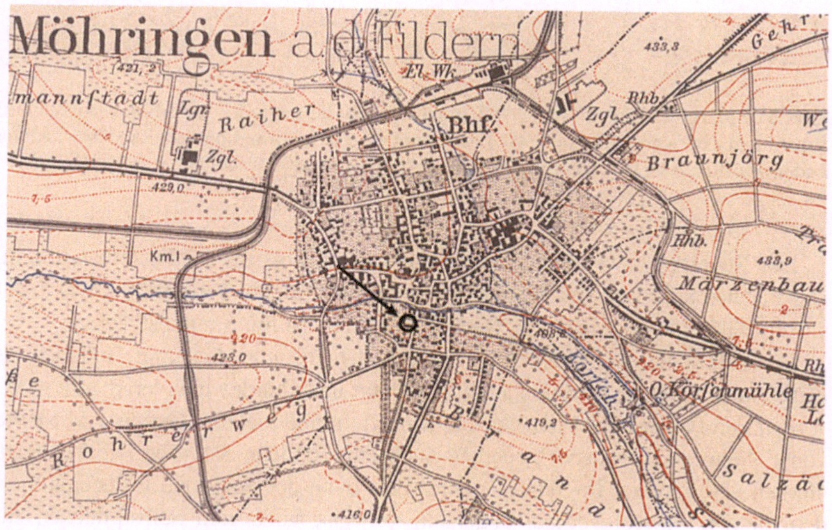

Abb. 2 Möhringen um das Jahr 1905, eingekringelt die Lage des Reyerhofes. (© Württembergische Landesbibliothek Stuttgart)

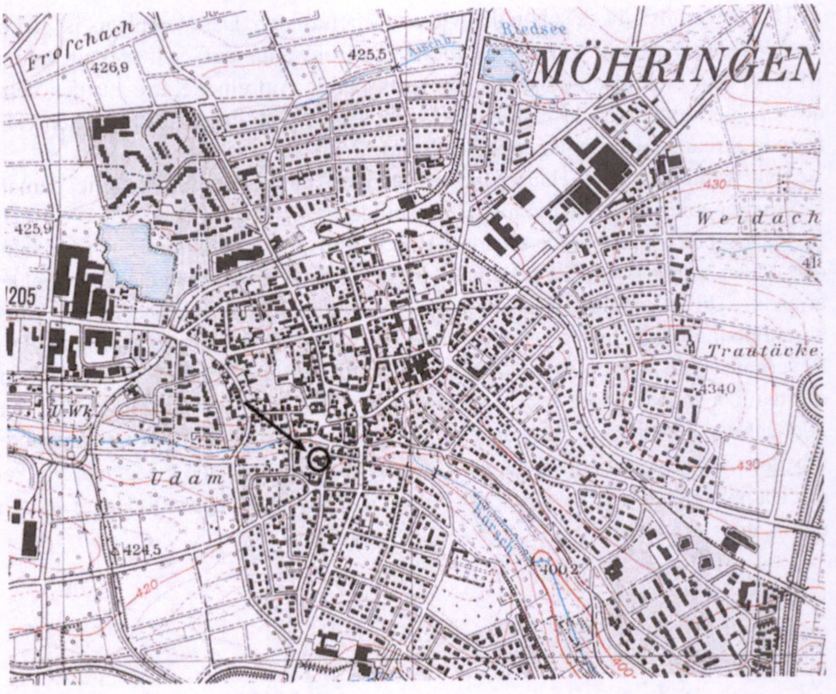

Abb. 3 Möhringen um das Jahr 1989, eingekringelt die Lage des Reyerhofes. Ausschnitt: Topographische Karte 1:25.000. (© Landesamt für Geoinformation und Landentwicklung Baden-Württemberg [www.lgl-bw.de], 30.03.2016, Az.: 2851.3-A/933)

Der Reyerhof bewirtschaftet knapp 40 ha auf ungefähr 80 Parzellen verteilt. Die Flächen sind von vielen verschiedenen Eigentümern gepachtet. Etwas mehr als die Hälfte ist Ackerland, der Rest Grünland, meist mit Streuobstbäumen.

Im Stall stehen 10 Milchkühe, deren Milch im angegliederten Hofladen als Frischmilch verkauft wird und auch zu Joghurt und Quark weiterverarbeitet wird.

Auf den Feldern wachsen Weizen, Kartoffeln und vielerlei Gemüse. Mit Hilfe von Foliengewächshäusern gedeihen auch empfindliche Kulturen wie Tomaten, Gurken und Paprika. Im Winter wächst dort dann der Feldsalat. Erdbeeren werden für den Ab-Hof-Verkauf angebaut, teilweise auch zum Selbstpflücken zur Verfügung gestellt.

Verschiedene Imker haben auf den Flächen des Hofes Bienen stehen.

2   Zusammenarbeit mit Verbrauchern

Der Reyerhof hat schon eine lange Geschichte der engen Verbindung mit Verbrauchern. Schon 1955 stellten Karl und Ursula Reyer ihren Betrieb auf die biologisch-dynamische Landwirtschaft um. Sie waren auf der Suche nach einer Alternative zur chemischen Landwirtschaft, die nach dem zweiten Weltkrieg sich zu entwickeln begann. Der Sohn Martin Reyer führte den Betrieb weiter. Als jedoch 1984 Daimler-Benz für seine Hauptverwaltung ein großes Gelände kaufte und damit viele landwirtschaftliche Flächen verloren gingen, entschloss er sich, von Möhringen wegzugehen. Er sah hier keine langfristige landwirtschaftliche Perspektive mehr. Als Dorothea Reyer-Simpfendörfer und Christoph Simpfendörfer 1986 den Hof von Dorotheas Bruder übernommen hatten, fehlte es an den nötigen Geldmitteln, um verschiedenste Anschaffungen machen zu können. Damals gab es eine große Milch-Kundschaft, denn in den Supermärkten gab es noch keine Biomilch. Die gesamte Milch des Hofes wurde direkt an die Kunden verkauft.

Da keine Banksicherheiten geboten werden konnten und weil die Beziehung zu den Kunden gefestigt werden sollte, wurden diese gefragt den Hof mit einem Kredit zu unterstützen. Es kamen über 100.000 DM zusammen, mit denen Vieh und Maschinen angeschafft werden konnten. In diesem Jahr verdeutlichte der Reaktorunfall in Tschernobyl vielen Menschen, dass es nicht selbstverständlich ist, aus der Region gesunde Lebensmittel erhalten zu können. Die Menschen wollten dazu beitragen, dass eine umweltschonende Landwirtschaft betrieben wird und die landwirtschaftlichen Flächen für die Versorgungssicherheit genutzt werden.

Um Milch verkaufen zu dürfen, muss ein Landwirt ein Milchkontingent besitzen, das ihm vom Staat zugewiesen wird oder das er sich von anderen Höfen kaufen muss. Martin Reyer übertrug sein Milchkontingent auf seinen neuen Hof, sodass der Reyerhof kein Milchkontingent mehr besaß, und somit eigentlich keine Milch verkaufen durfte.

Es wurde ein Modell entwickelt, das ‚rent-a-cow' genannt wurde. Die Milchkunden erwarben die Kühe und entlohnten den Landwirt dafür, dass er ‚ihre' Kuh versorgte, fütterte, mistete und molk und ihnen ihre Milch aushändigte. So kamen viele Eltern mit ihren Kindern in den Stall, um nach ‚ihrer Liesel' oder ‚ihrer Suse' zu schauen. Ein Nebeneffekt bestand darin, dass viele sich enger mit den Voraussetzungen für ihre Milcherzeugung beschäftigten.

Als dann 1990 die Hofstelle selbst vom Bruder abgekauft werden musste, fanden sich 50 Familien, die mit je 5000 DM in die Reyerhof Kommanditgesellschaft (KG) als Kommanditisten einstiegen, um so die Zukunft des Hofes zu sichern. Seither wird jährlich eine Gesellschafterversammlung abgehalten, auf der der Landwirt den Jahresabschluss erläutert, auf das vergangene Jahr zurückblickt und mit den Gesellschaftern die Zukunftsperspektiven und damit zusammenhängende Investitionen bespricht.

Dieses Modell hat sich als wirtschaftlich sehr solide herausgestellt, da die Gewinne vollständig im Betrieb reinvestiert werden können. Wenn der Gewinn auf so viele Gesellschafter verteilt wird, liegen die Einkünfte aus Landwirtschaft unter einer Freigrenze und es werden dann keine Steuern fällig. Dies hat dazu geführt, dass Gebäude errichtet und Maschinen angeschafft werden konnten. Für den Erwerb von nennenswerten Flächen reicht das allerdings nicht aus.

Die meisten Flächen des Hofes sind gepachtet. Obwohl es keine langfristigen Pachtverträge gibt, werden viele Flächen schon seit Jahrzehnten bewirtschaftet.

Diese Geschichte der Beziehung des Reyerhofs zu den Menschen seines Umfelds prägte das Selbstverständnis des Hofes, das im Slogan „Landwirtschaft in der Stadt – für die Stadt" seinen Ausdruck fand.

Der Hof versteht sich nicht nur als Nahrungsmittelproduzent, der biologisch-dynamisch erzeugte Lebensmittel anbietet, sondern auch als Vermittler von Erfahrungen und Kenntnissen, die mit dieser Lebensmittelerzeugung zusammenhängen. Dadurch wird der landwirtschaftliche Raum von den Menschen bewusster wahrgenommen und wertgeschätzt.

Viele Schulklassen und Kindergärten besuchen den Reyerhof, um etwas über die Kühe im Stall oder das Gemüse und die Kartoffeln auf dem Acker zu erfahren. Es gibt ein ‚Erfahrungsfeld‘, auf dem neben einem ‚grünen Klassenzimmer‘ aus Weiden mehrere kleine Äcker angelegt sind, auf denen die Kinder ihre eigenen ackerbaulichen Erfahrungen machen können. Diese Erfahrungen auf einem ‚echten‘ produzierenden Hof machen zu können, hat eine andere Qualität als das pädagogische Angebot auf einem ‚Schaubauernhof‘.

Seit drei Jahren gibt es eine Zusammenarbeit zwischen dem Reyerhof und der Solidarischen Landwirtschaft Stuttgart, kurz SolawiS. Jedes Jahr stoßen mehr Menschen dazu, im Jahr 2016 wurden ca. 250 Menschen mit Nahrungsmitteln versorgt.

2.1 Das Modell Solidarische Landwirtschaft

Das Modell der *Solidarischen Landwirtschaft* entstand in den 50er Jahren ausgehend von Japan, verbreitete sich aber weltweit, vor allem in den USA.

Konkret bedeutet das Modell, dass ein Hof so bewirtschaftet wird, wie die Mitglieder das wünschen. Anhand der Wünsche der Mitglieder stellt der Landwirt ein Budget auf, das die Bewirtschaftung des Hofes ermöglicht. Die Ernte wird dann an die Mitglieder verteilt. Es wird nur samenfestes Saatgut eingesetzt. Es wird alles verteilt, was geerntet wird, ungeachtet der ‚Marktfähigkeit‘. Wer käme auf den Gedanken, Gemüse aus dem eigenen Garten nach äußeren Kriterien zu beurteilen und auszusortieren?

Im Initiativkreis wird das Budget gemeinsam erarbeitet. Es umfasst sämtliche anfallenden Kosten, vom Saatgut, den Maschinenkosten bis zu den Lohnkosten. Alles ist aufgelistet und wird gemeinsam reflektiert.

Dieses Budget wird dann in einer sogenannten ‚Bieterrunde' verabschiedet. Jedes Mitglied bietet anonym eine bestimmte Summe als Beitrag für das kommende Jahr. Wenn in der ersten Runde nicht genug für das Budget zusammenkommt, dann gibt es eine zweite und dann eine dritte Runde, in der jeder sein Gebot noch erhöhen kann. Wenn dann noch nicht genug Geld da sein sollte, dann muss überlegt werden, welche Wünsche nicht ermöglicht werden können.

Diese Vorgehensweise ermöglicht eine transparente Gestaltung der Arbeitsweise und der Arbeitsbedingungen. Die Löhne werden gemeinsam angeschaut und verantwortet. So sind faire Löhne ganz direkt realisierbar. Und die Tätigkeiten auf dem Hof werden dadurch nicht nur an der Rentabilität orientiert, sondern an ihrem Wert. Jetzt wird es wieder möglich, Tafelobst von Hochstämmen zu pflücken und arbeitsaufwendige Gemüsespezialitäten anzubauen.

Ein weiterer Effekt dieses Modells der Lebensmittelerzeugung für eine konkrete Menschengruppe ist die Diversifizierung. Wenn ein Betrieb sich am Markt orientiert, dann wird er sich unweigerlich immer mehr spezialisieren. Denn nur so kann er immer wirtschaftlicher arbeiten. Bei der Solidarischen Landwirtschaft wird der Hof sich im Gegensatz dazu immer weiter differenzieren, immer vielfältiger werden, um die vielfältigen Bedürfnisse seiner Mitglieder zu befriedigen. Das schlägt sich dann letztendlich auch im Landschaftsbild nieder.

2.2   Die Umsetzung von SolawiS am Reyerhof

Ende 2012 kam eine Gruppe von Menschen auf den Hof zu mit der Frage, ob der Hof mit der Solidarischen Landwirtschaft kooperieren wolle. Die anfängliche Skepsis vonseiten des Landwirts wich bald der Begeisterung für die Motive der an der Initiative beteiligten.

Ein Auslöser für die Bewegung Solidarischer Landwirtschaft war sicher der Dokumentarfilm „Taste the waste" von Valentin Thurn, der das Ausmaß der Lebensmittelverschwendung in Deutschland dokumentiert hat. Fast die Hälfte der Lebensmittel wird auf dem Weg vom Acker auf den Teller aussortiert und weggeworfen.

So war eines der ersten Motive, die von den meist jungen Menschen genannt wurden, die Vermeidung dieser Verschwendung.

Eine große Rolle spielt auch die Verantwortungsübernahme für den Hof als Ganzes und somit auch eine Gestaltungsverantwortung:

Welches Saatgut wird verwendet? Wird die Arbeit fair entlohnt? Wie kann Vielfalt und Biodiversität sichergestellt werden?

Ein weiterer Aspekt ist die Frage nach anderen Wirtschaftsbeziehungen. Die Solidarität unter den Mitgliedern soll ermöglichen, dass auch Menschen mit schmalem Geldbeutel sich die guten Biolebensmittel leisten können. Und dann sollen die Produkte nicht dem Markt unterworfen werden: „Wenn die Lebensmittel ihren Preis verlieren, gewinnen sie ihren Wert zurück".

Aber auch die Frage der Saisonalität und des Wahrnehmens und Kennenlernens, wie die Lebensmittel entstehen, ist für die Beteiligten wichtig. So finden monatlich samstags Hofeinsätze statt, bei denen einerseits Arbeiten erledigt werden, die gut mit Laien durchgeführt werden können, und bei denen andererseits viele Informationen über Anbau, Witterung und Arbeitsabläufe gegeben werden können. 2014 wurden diese Hofeinsätze in Kooperation mit der Slow Food Gruppe Stuttgart durchgeführt, die diese Aktion in ihrem Programm mit „mit dem Bauern durch das Jahr" bewarb.

Als neues Angebot wird in diesem Jahr das ‚after work farming' angeboten, bei dem Menschen nach ihrer sonstigen Arbeit noch ein paar Stunden auf dem Hof helfen können. Meist werden Erntearbeiten gemacht, die dann am nächsten Tag in die Verteilung der Lebensmittel münden. In den ersten beiden Jahren wurde das Gemüse gegen einen monatlichen Festbetrag ausgeliefert.

Für das Jahr 2015 wurde dann zum ersten Mal ein Budget gemeinsam für den Hof erstellt. In der Vorbereitung wurde vor allem die Lohnsituation auf dem Hof diskutiert. Dies mündete in den Vorschlag, alle Stundenlöhne um einen Euro zu erhöhen. Des Weiteren wurde die Verteilung von Getreide, Mehl und Brot in das Angebot aufgenommen. Auf der Bieterrunde, an der über 200 Menschen teilnahmen, wurde die notwendige Summe schon im ersten Durchgang erreicht. So wird Planungssicherheit erreicht und das Risiko der Ernte gemeinsam getragen.

Der Anteil der Solidarischen Landwirtschaft am Gesamtbetrieb liegt inzwischen bei 30 %.

3   Ausblick

Die Freiflächen in der Stadt, die sich für landwirtschaftliche Aktivitäten eignen, können durch ein Modell wie der Solidarischen Landwirtschaft nachhaltig gesichert werden. Durch die direkte Gestaltungs- und Verantwortungsübernahme durch die Städter entsteht Bewusstsein und Wertschätzung.

Dies ist jedoch nur möglich, wenn auf diesen Flächen ökologisch und für die Bedürfnisse der Menschen produziert wird.

Literatur

Karte von dem Königreiche Württemberge (1867) nach der allgemeinen Landesvermessung im 1:50000 Maßstabe von dem Königlich Statistischen Landesamt. No. 24 Böblingen. Terrain Aufnahme v. E. Paulus und H.Bach.

Königlich Württembergisches Statistisches Landesamt (Hrsg.) (1899): Topographische Karte 1:25000. Blatt 69 Möhringen.

Landesvermessungsamt Baden-Württemberg, (Hrsg.) (1991): Topographische Karte 1: 25000 (TK 25).Blatt 7220 Stuttgart-Südwest. Stuttgart.

Städtische Landwirtschaft in, an und auf Gebäuden: Möglichkeiten für die Stadtentwicklung, Handlungsfelder und Akteure

Kathrin Specht und Rosemarie Siebert

Zusammenfassung

In den Diskussionen um eine nachhaltige Stadtentwicklung blieb das Thema der Lebensmittelproduktion und -versorgung lange Zeit ein wenig beachtetes Randthema. In den letzten Jahren hat diesbezüglich eine starke gesellschaftliche Veränderung stattgefunden und das Thema ‚Nahrung' rückt als Baustein einer nachhaltigen Stadtentwicklung immer mehr in den Fokus. Die stärkere Integration von Lebensmittelproduktion in städtische Räume wird auf vielen Ebenen als eine Strategie anerkannt, Städte der Zukunft besser und nachhaltiger zu versorgen und deren Anpassungsfähigkeit an den Klimawandel zu verbessern. Als eine neue und visionäre Sonderform urbaner Landwirtschaft wird das Thema der gebäudegebundenen urbanen Landwirtschaft (ZFarming) in dem folgenden Kapitel vorgestellt. Die Ergebnisse basieren auf Arbeiten, die im Kontext des Forschungsprojektes ‚ZFarm' durchgeführt wurden[1]. Mit einem Fokus auf der Stadt Berlin wurden die Möglichkeiten für städtische Landwirtschaft in, an und

---

[1]Das Vorhaben wurde mit Mitteln des Bundesministeriums für Bildung und Forschung gefördert (FKZ 16I1619). Das ZALF wird gefördert durch das Bundesministerium für Ernährung und Landwirtschaft (BMEL) und durch das Ministerium für Wissenschaft, Forschung und Kultur (MWFK) des Landes Brandenburg.

K. Specht (✉) · R. Siebert
Müncheberg, Deutschland
E-Mail: kathrin.specht@zalf.de

R. Siebert
E-Mail: rsiebert@zalf.de

© Springer Fachmedien Wiesbaden GmbH 2017

S. Kost und C. Kölking (Hrsg.), *Transitorische Stadtlandschaften,*
Hybride Metropolen, DOI 10.1007/978-3-658-13726-7_7

auf Gebäuden untersucht. Das Kapitel gibt einen Überblick über verschiedene Typen von ‚ZFarming', sowie über die Handlungsfelder für die Einführung und Umsetzung der Innovation. Darüber hinaus wird die Rolle unterschiedlicher Akteure dargestellt und mögliche Konfliktfelder aufgezeigt.

Schlüsselwörter
Urbane Landwirtschaft · Zero-acreage farming · Innovationen · Potenziale · Probleme · Akteure · Akzeptanz · Dachgewächshaus · Berlin

1 Hintergrund

Das 21. Jahrhundert wird oft als das ‚Jahrhundert der Städte' bezeichnet, denn global betrachtet lebt zum ersten Mal in der Geschichte der Menschheit mehr als die Hälfte der Weltbevölkerung in Städten (BMZ 2014). Der Trend von zunehmender Urbanisierung und Bevölkerungswachstum in den Städten und Metropolenregionen wird sich den bestehenden Prognosen nach in der Zukunft noch weiter verstärken (United Nations 2012). Für die zukünftige Entwicklung stehen die Städte damit vor großen Herausforderungen. Gleichzeitig werden sie aber auch als Orte des Wandels und der Innovation angesehen, in denen sich durch die Vielfalt der Akteure auch neue Chancen ergeben, nachhaltige Ideen umzusetzen (BMZ 2014).

Derzeit entfallen rund zwei Drittel des weltweiten Energieverbrauchs und der globalen Emissionen auf die Städte (UNFCCC 2015). Klassischerweise werden Städte als Systeme betrachtet, die nur durch einen permanenten Zufluss von Energie und Ressourcen aufrecht erhalten werden können (Villarroel et al. 2014). In den Diskussionen um eine nachhaltige Stadtentwicklung blieb das Thema der Lebensmittelproduktion und -versorgung lange Zeit ein wenig beachtetes Randthema. Jedoch hat hier besonders in den letzten Jahren ein Umdenken stattgefunden und neue Konzepte der Nahrungsmittelbereitstellung werden immer relevanter. Neue ‚Nexus-Ansätze' zielen darauf ab, den ganzen Wirkungskomplex ‚Wasser-Nahrung-Energie' verstärkter in seiner Gesamtheit zu betrachten (UNESCO 2013). Damit rücken die Themen ‚Nahrung' und ‚Nahrungsproduktion' als Bausteine einer nachhaltigen Entwicklung immer stärker in den Fokus.

Urbane Landwirtschaft wird dabei als eine von vielen möglichen Ideen angesehen, Städte der Zukunft besser und ressourceneffizienter zu versorgen und die Anpassungsfähigkeit an den Klimawandel zu verbessern (De Zeeuw et al. 2011; Opitz et al. 2015). Die meisten Lebensmittel, die städtische Verbraucher konsumieren, werden bislang auf langen Transportwegen importiert. Die Lebensmittel müssen dabei nicht nur gefahren oder geflogen, sondern während der Transportphasen auch gekühlt, gelagert und verpackt werden. Diese räumliche und zeitliche Trennung verbraucht viel Energie und CO_2 (Freisinger et al. 2013). Eine größere Nähe der Produktion zum Verbraucher hätte neben der Einsparung von Energie auch Vorteile in Hinblick auf eine zunehmende Sichtbarkeit und Transparenz der Produktion (Freisinger et al. 2013). Darüber hinaus fallen in der Stadt viele Ressourcen an, die für eine landwirtschaftliche Produktion gut genutzt werden könnten, wie Regenwasser, Abwärme von Häusern oder Fabriken oder organische Abfälle. Daher liegen die stärksten Argumente für städtischen Anbau neben der reinen Versorgungsleistung durch die Lebensmittelbereitstellung in der effizienteren Ausschöpfung vorhandener Energieressourcen und der Nähe der Produktion zum Konsumenten.

Neue konzeptionelle Ansätze, wie das der ‚essbaren Stadt‘ oder der ‚Continuous Productive Urban Landscapes (CPUL)‘ (Bohn und Viljoen 2010), greifen die Idee auf, Städte selbst in ‚produktive‘ Systeme zu verwandeln. Doch nicht nur auf der konzeptionellen Ebene, auch in der Praxis entwickelten sich in den letzten Jahren neue Ideen für die Lebensmittelherstellung mit alternativen Ansätzen und Zielstellungen, die auch aktuelle Trends hin zu einem nachhaltigeren Lebensstil widerspiegeln (Pourias et al. 2015). Damit verbunden ist auch ein zunehmendes Interesse an urbaner Landwirtschaft im privaten Bereich.

In gleichem Maße entwickelt sich auch der städtische Anbau von Lebensmitteln zunehmend vom Hobby zu einem möglichen Geschäftsmodell. Weltweit entstehen neue unternehmerische Projekte, beispielsweise auf Gemeinschaftsflächen, auf öffentlichen Grünflächen oder auf städtischen Brachen. Neben den bereits etablierten Formen des urbanen Gärtnerns (wie Schulgärten oder Schrebergärten) bilden sich neue Gruppen von Akteuren und Organisationsformen, z. B. in Gemeinschaftsgärten, neuen Formen von ‚social entrepreneurship‘ oder Geschäfts-Kooperationen im Bereich der urbanen Landwirtschaft, die über den privaten Bereich hinaus gehen (Berges et al. 2014).

Doch nicht nur die innerstädtischen Freiflächen bieten Möglichkeiten für den Anbau von Lebensmitteln. Auch der vorhandene Gebäudebestand bietet zahlreiche bislang wenig genutzte Potenziale. An verschiedenen Orten der Welt rückt deshalb der innerstädtische Gebäudebestand als möglicher Standort für städtische Lebensmittelproduktion immer mehr in den Fokus (Orsini et al. 2014; Sanyé-Mengual et al. 2015; Thomaier et al. 2015).

Die folgenden Ausführungen geben einen Überblick über das Thema der gebäudegebundenen urbanen Landwirtschaft (ZFarming). Zunächst werden verschiedene innovative Konzepte von ZFarming eingeführt. Darauf aufbauend werden die mit der Innovation verbundenen Handlungsbedarfe dargestellt. Abschließend wird die Rolle verschiedener Akteure für die Einführung und Umsetzung von ZFarming erläutert sowie Fragen der Akzeptanz und daraus entstehende mögliche Konfliktfelder aufgezeigt.

Das Kapitel basiert auf einer Zusammenstellung von Ergebnissen verschiedener vorangegangener Arbeiten zu dem Thema, die größtenteils im Kontext des BMBF-geförderten Forschungsprojekts ‚ZFarm' durchgeführt wurden. Eine Forschergruppe bestehend aus Mitgliedern des Leibniz-Zentrums für Agrarlandschaftsforschung (ZALF) e. V. Müncheberg, des Instituts für Stadt- und Regionalentwicklung ISR (TU Berlin) und inter 3, Institut für Ressourcenmanagement, ermittelte im Rahmen des von 2011 bis 2013 in Berlin durchgeführten Forschungsprojektes ‚ZFarm' unter anderem die Potenziale und Hemmnisse für Zero-acreage farming am Beispiel der Stadt Berlin. Die hier überblicksartig dargestellten Ergebnisse basieren auf einer Literaturstudie, einer Auswertung weltweiter ZFarming-Projekte, der Auswertung einer qualitativen Befragung lokaler Akteure sowie einer Workshop-Reihe mit dem Titel ‚Städtische Landwirtschaft der Zukunft', in der die vielfältigen Aspekte von ZFarming gemeinsam mit lokalen Stakeholdern erarbeitet wurden (Specht et al. 2015b).

2   ZFarming – Landwirtschaft mit ‚null' Flächenverbrauch

Die Idee, landwirtschaftliche Produktion mit städtischen Gebäuden zu kombinieren, kann unter dem Begriff Zero-acreage farming (ZFarming) zusammengefasst werden.

> Der Begriff ‚Zero-acreage farming' (Landwirtschaft mit ‚null' Flächenverbrauch) umfasst alle Formen urbaner Landwirtschaft bzw. des urbanen Gartenbaus, die durch die Nichtnutzung bzw. Nicht-Inanspruchnahme landwirtschaftlicher oder anderweitiger offener Flächen gekennzeichnet sind (Specht et al. 2014, S. 35, eigene Übersetzung).

Die Definition umfasst unter anderem Dachgärten, Dachgewächshäuser, essbare Fassaden sowie weitere innovative Formen, wie beispielsweise Indoor Farming oder vertikale Landwirtschaft. Der Begriff ‚ZFarming' grenzt somit die gebäudebezogenen Formen urbaner Landwirtschaft von solchen ab, die ‚auf dem Boden' stattfinden (z. B. in Parks, Gärten oder auf städtischen Brachen). ZFarming wird als eine Sonderform und somit als ein Subtyp der urbanen Landwirtschaft betrachtet.

In verschiedenen Städten weltweit werden Ansätze erprobt, bei denen die Produktion von Nahrungsmitteln in den vorhandenen städtischen Gebäudebestand integriert wird. Trotz zunehmender Aufmerksamkeit befindet sich die Idee aber noch immer in der Pionierphase. Die Idee, Lebensmittelproduktion mithilfe von ZFarming-Ansätzen auf verschiedenen Ebenen in die Städte zu integrieren, wird von vielen Akteuren im internationalen Kontext als sehr zukunftsweisend angesehen und entsprechend positiv bewertet (Ackerman 2011; Astee und Kishnani 2010; Orsini et al. 2014; Rodriguez 2009; Sanyé-Mengual 2015). Gleichzeitig handelt es sich aber bei ZFarming um ein neues Phänomen, und es wurde bereits deutlich, dass es insgesamt ein sehr junges Forschungsfeld ist, in dem in vielen Bereichen die Erfahrungen fehlen. Viele existierende Studien basieren bislang nur auf Schätzungen und Annahmen. Hinzu kommt, dass die Ergebnisse geografisch sehr ungleich verteilt sind. Die meisten Publikationen und auch Erfahrungen stammen aus den USA und Kanada und die Übertragbarkeit der dort gewonnenen Erkenntnisse ist nicht unbedingt sichergestellt. Der Erfolg von ZFarming-Projekten hängt sehr stark von standortspezifischen Faktoren ab, die geografisch sehr stark variieren können. Hierzu zählen unter anderem die lokalen klimatischen Bedingungen, die Verfügbarkeit lokaler Ressourcen (wie Regenwasser oder organische Abfälle) oder die unterschiedlichen Vegetationsperioden. Aber auch andere gesellschaftliche Rahmenbedingungen, wie rechtliche Regelungen oder die Akzeptanz der Bevölkerung, spielen eine entscheidende Rolle. Beispielsweise sind die Regelungen hinsichtlich des Baurechts in den USA weniger strikt als in Deutschland, sodass potenzielle Betreiber eines Dachgewächshauses dort mit weniger Hürden und Auflagen konfrontiert sind.

Die Forschung zu den tatsächlichen Wirkungen konkreter ZFarming-Projekte steht insbesondere für Städte in Europa noch am Anfang und ist sehr lückenhaft.

3 Innovative Konzepte – Von Dachfarmen bis Vertical Farming

Die Konzepte und Ideen, die sich unter dem Dach des Begriffes ‚ZFarming' zusammenfassen lassen, haben sehr unterschiedliche Ausprägungen. Ein mögliches Differenzierungsmerkmal liegt zwischen offenen (outdoor) und geschlossenen (indoor) Systemen. Basierend auf dieser Unterscheidung werden die verschiedenen ZFarming-Konzepte im folgenden Abschnitt dargestellt. Zusätzlich lassen sich die unterschiedlichen Typen nach ihren jeweiligen Zielsetzungen klassifizieren. Nach einer Typisierung von Thomaier et al. (2015) umfassen die

Zielsetzungen von ZFarming-Projekten: 1) kommerzielle Produktion; 2) Lebensqualität; 3) Bildung und Soziales; 4) Innovation und 5) Image.

3.1 Offene Systeme

Dachfarmen Dachfarmen haben im Unterschied zu privaten Dachgärten eine unternehmerische Ausrichtung. Sie gehen als gewinnorientierte Betriebe hinsichtlich der Produktionsmenge einen Schritt weiter. Hierbei geht es tatsächlich um einen kommerziellen landwirtschaftlichen bzw. gartenbaulichen Betrieb. Die Produkte werden meist über Direktvermarktung oder über Abnahmeverträge an lokale Restaurants oder Supermärkte vertrieben (Abb. 1).

Essbare Fassaden Das Konzept der essbaren Fassaden (edible facades) ist an die Idee der Fassadenbegrünung angelehnt. Nur werden hierbei im Unterschied zu den herkömmlichen Begrünungen keine Zierpflanzen, sondern essbare Pflanzen (z. B. Erdbeeren) vertikal von außen an den Hausfassaden angebracht.

Abb. 1 Auf der Dachfarm von Brooklyn Grange (USA) wird seit 2010 Gemüse angebaut, das erfolgreich über Direktvermarktung (Abokisten) an Konsumenten sowie an lokale Restaurants und Catering-Unternehmen vertrieben wird. Darüber hinaus werden zahlreiche Veranstaltungen, Workshops und Bildungsmaßnahmen auf der Fläche angeboten. (Foto: R. Berges)

3.2   Geschlossene Systeme

Dachgewächshäuser Etablierte Dachgewächshäuser finden sich bislang vor allem in den Großstädten Nordamerikas und Kanadas. Die existierenden Dachgewächshäuser dienen vorrangig Bildungszwecken (z. B. als grünes Klassenzimmer auf Schulen oder anderen Bildungseinrichtungen) sowie dem kommerziellen Betrieb (Abb. 2).

Gebäudehüllen Gebäudehüllen (buidling skins) können als vertikales Gewächshaus konzeptioniert werden. Dabei dient der Raum zwischen der eigentlichen Hausfassade und der lichtdurchlässigen Außenhülle als vertikale Anbaufläche. Dieses Konzept befindet sich momentan noch in der Phase der Prototyp-Entwicklung.

Abb. 2 Das kommerzielle Unternehmen ‚Gotham Greens' betreibt Dachgewächshäuser in New York, unter anderem auf dem Dach dieses Supermarktes in Brooklyn. Die über 200 t der hier jährlich produzierten Lebensmittel werden direkt im darunter liegenden Supermarkt verkauft. (Foto: K. Specht)

Ein bekanntes Beispiel sind die Entwürfe eines ‚vertically integrated greenhouse‘ der Architekten Kiss and Cathcart.

Innenräume/Indoor-Farming Beim Indoor-Farming werden vor allem alte Industriegebäude dem neuen Zweck der (Pflanzen)-Produktion zugeführt. In stillgelegten Industriehallen oder Fabriken werden vor allem schattentolerante Produkte (wie Pilze) aber auch Salate, Sprossen oder Kräuter unter Einsatz von LEDs angebaut (Abb. 3).

Vertikale Farmen Die Idee einer vertikalen Farm (Vertical farming) besteht darin, in mehrstöckigen Gebäuden unter kontrollierten Produktionsbedingungen Lebensmittel für die Versorgung von Großstädten zu produzieren. Noch vor wenigen Jahren existierten vertikale Farmen nur als architektonische Visionen (Despommier 2010). In den vergangenen sieben Jahren wurden die ersten Prototypen in verschiedenen asiatischen Megacitys errichtet und getestet (z. B. von ‚Skygreens‘ in Singapur, die seit 2012 eine kommerzielle vertikale Farm betreiben).

Abb. 3 In einem stillgelegten Industriegebäude in Chicago experimentiert ein Start-up-Unternehmen in dem Projekt ‚The Plant‘ mit dem Anbau von Lebensmitteln unter Anwendung von LED-Technologie und aquaponischen Systemen. (Foto: I. Opitz)

4   Landwirtschaft auf städtischen Gebäuden – Handlungsfelder für die Umsetzung am Beispiel Berlins

In der Stadt Berlin wurde im Rahmen des Projektes ‚Zfarm' zwischen 2011 und 2013 ein partizipativer Prozess mit wichtigen Akteuren durchgeführt (Specht et al. 2015b). Die Gruppe bestand aus ca. 50 Experten, die für die Umsetzung von ZFarming in Berlin relevant sind (vgl. Kap. 5). Das Ziel dieses Prozesses war es zunächst, die Probleme und Potenziale der einzelnen ZFarming-Konzepte zu ermitteln. Darauf aufbauend wurde ausgewählt, welches ZFarming-Konzept am vielversprechendsten für die zukünftige Umsetzung in der Stadt Berlin ist. Die Akteure verständigten sich auf Dachgewächshäuser, da sie in diesem Konzept die größten Potenziale sahen. Aufgrund der Neuheit von ZFarming besteht jedoch in vielen Bereichen noch Handlungsbedarf. In dem partizipativen Prozess, der aus mehreren ganztägigen Workshops bestand, wurden die Chancen und Probleme in den einzelnen Themenfeldern detailliert ausgearbeitet und anschließend in einem Praxisleitfaden zusammengefasst (Freisinger et al. 2013).

Der Prozess hat gezeigt, dass mehrere große Handlungsfelder bestehen. Diese reichen von der praktischen Umsetzung über Fragen der Ressourceneffizienz, und der Integration in städtische Räume bis hin zu Anpassungen in den rechtlichen und politischen Rahmenbedingungen (Tab. 1).

Grundsätzlich existieren potenzielle Synergien mit großen Politik- und Planungsstrategien. Auf politischer Ebene ließe sich das Thema ZFarming sehr gut an bestehende städtische oder globale Strategien, wie z. B. im Bereich der Klimaanpassung, anknüpfen. Sowohl auf regionaler als auch auf nationaler Ebene existieren bereits Programme, in die sich das Thema ZFarming als ein Baustein strategisch integrieren lassen würde. Bisher fehlt jedoch eine langfristige strategische Verankerung und politische Perspektive. Jedoch gibt es zahlreiche thematische Anknüpfungspunkte, wie beispielsweise in den Bereichen ‚grüne Infrastruktur', ‚ökologisches Bauen', ‚Klimaanpassung' oder ‚Förderung regionaler Wertschöpfung'. Darüber hinaus passt ZFarming zu gesellschaftlichen und urbanen Trends (wie Lokalität oder nachhaltiger Konsum). Im Übergangsbereich von Forschung und Politik angesiedelt sind somit Fragen, inwieweit ZFarming-Konzepte in Zukunft Bestandteil städtischer Strategien sein können und wie dies wirkungsvoll in Planung und Politik verankert werden kann.

Tab. 1 Probleme und Handlungsfelder für die Umsetzung der Innovation ZFarming aus Sicht lokaler Akteure in Berlin. (basierend auf Freisinger et al. 2013; Specht et al. 2015b)

Problembeschreibung	Handlungsbedarf
Praktische Umsetzung	
Im Bereich der lokalen Ökonomie kann ZFarming dazu beitragen, regionale Wertschöpfung zu steigern und Innovationen zu fördern. Bislang bestehen jedoch große Unsicherheiten bezüglich der wirtschaftlichen Tragfähigkeit von Projekten. Besonders im Bereich der geschlossenen Systeme ist die benötigte Technologieausstattung relativ kostenintensiv. Hinzu kommt, dass viele Betreiber oft keine ausgebildeten Landwirte oder Gärtner sind	Die *ökonomische Tragfähigkeit* zukünftiger Projekte muss sichergestellt sein. Die Erfassung von Best-Practices bereits erfolgreicher Projekte sowie gezielte Bildungs- und Qualifizierungsangebote könnten hier zu einer Verbesserung beitragen
In Bezug auf die Produktqualität besteht einerseits die Erwartung, dass die starke Verbrauchernähe und Sichtbarkeit die Möglichkeiten der Kontrolle einer verbesserten Nahrungsmittelqualität geben. Andererseits bestehen auch Bedenken zu potenziellen Gesundheitsrisiken von Produkten aus ZFarming-Projekten (z. B. durch Luftschadstoffbelastung oder bei Grauwassernutzung). Es ist daher essenziell, zu ermitteln, welche Mechanismen zur Qualitätssicherung angewendet werden können und wie die Qualität der Produkte gewährleistet werden kann	*Qualitätssicherung und Zertifizierung* von Produkten muss gewährleistet und an die Verbraucher kommuniziert werden
Ressourceneffizienz	
Potenzielle Vorteile von ZFarming bestehen vor allem in Hinblick auf Ressourcen- und Energieeffizienz durch die Verkürzung der Transportwege für Lebensmittel. Es existieren jedoch bislang erst wenige Studien, die diese verbesserte ökologische Gesamtbilanz wissenschaftlich belegen	Die CO_2- *Gesamtbilanz* von ZFarming Projekten muss wissenschaftlich untersucht werden, um hierzu verlässliche Aussagen treffen zu können
Untersuchungen im Bereich der Energieeffizienz von Gebäuden haben bereits belegt, dass durch die Kopplung von Energieflüssen zwischen städtischen Gebäuden mit landwirtschaftlicher Produktion Energie eingespart werden kann, insbesondere für Dachgewächshäuser. Im Fall des Indoor-Farming führt ein zu hoher Energie-Input für die Beleuchtung bislang jedoch noch zu einer negativen Gesamtbilanz	Die *Energieoptimierung* der angewendeten Technologien muss weiterhin getestet und kontinuierlich verbessert werden, um eine bessere Energieeffizienz zu bieten

(Fortsetzung)

Tab. 1 (Fortsetzung)

Problembeschreibung	Handlungsbedarf
Nachgewiesene Vorteile von ZFarming bestehen in Hinblick auf gesteigerte Ressourceneffizienz vor allem im Bereich verbesserter Wassereffizienz, sowie einer verbesserten Nutzung organischer Reststoffe. Im Bereich der Technologien zur Ressourcenoptimierung (wie beispielsweise der Grauwasseraufbereitung) ist noch zu erproben, wie die benötigten Technologien gut eingesetzt und gekoppelt werden können, um zu einer besseren ökologischen Gesamtbilanz zu kommen	Die *Ressourceneffizienz* von ZFarming-Projekten muss weiterhin wissenschaftlich untersucht und verbessert werden
Integration in städtische Räume	
Ökonomisch betrachtet kann ZFarming potenziell eine Nutzungsstrategie für leerstehende, ungenutzte (Industrie-)Gebäude sein. Trotzdem stellt die Identifikation geeigneter Standorte und Flächen für ZFarming in der Praxis eine der größten Herausforderungen dar. Hier könnte die Standortsuche durch Informationsangebote über verfügbare Flächen erleichtert werden	Zur *Identifikation geeigneter Flächen* für ZFarming sollten Informationen zentral gebündelt werden (z. B. über eine Plattform oder ein Leerstandskataster)
Auf der positiven Seite entstehen für Betreiber von ZFarming-Projekten neue Vermarktungsoptionen, denn eine hohe Nachfrage nach regionalen Produkten ist grundsätzlich vorhanden. Dennoch ergeben sich aus der Neuartigkeit auch Schwierigkeiten, geeignete Produkte zu identifizieren. Es gibt noch keinen bestehenden Markt und die potenziellen Konsumenten sind ZFarming gegenüber teilweise skeptisch eingestellt	Im Bereich der *strategischen Marketingplanung* ist es notwendig, neue Strukturen und Vermarktungswege aufzubauen
Als Form regionaler Produktion kann ZFarming zur Stärkung der lokalen Wertschöpfung beitragen. Es bestehen große Potenziale hinsichtlich möglicher Synergien mit Produzenten aus dem Umland, beispielsweise über Vermarktungs-Kooperationen. Gleichzeitig könnte ZFarming auch eine Konkurrenz für andere regionale Produzenten darstellen	Zukünftige Betreiber von ZFarming-Projekten sollten *Kooperationen* mit Landwirten aus dem Umland anstreben. Die Vernetzung sollte gezielt gefördert werden

(Fortsetzung)

Tab. 1 (Fortsetzung)

Problembeschreibung	Handlungsbedarf
Rahmenbedingungen	
Über zahlreiche Förderprogramme (wie ESF, EFRE, ELER,…) wäre eine Förderung von ZFarming-Projekten theoretisch möglich. Eine große Planungsunsicherheit für Betreiber besteht darin, dass bislang unklar ist, welche Förderungen für ZFarming-Projekte tatsächlich in Anspruch genommen werden können, da die meisten landwirtschaftlichen Förderprogramme sich auf den ländlichen Raum beschränken	Hinsichtlich der *Fördermöglichkeiten* muss von den zuständigen Behörden überprüft werden, ob ZFarming-Projekte zukünftig in diese Förderungen aufgenommen werden können
Die bestehende Gesetzgebung beinhaltet bislang keine bzw. unklare Regelungen zum rechtlichen Umgang mit ZFarming. Insbesondere im Bereich des Bau- und Planungsrechts ist die rechtliche Situation für potenzielle Betreiber schwer zu erfassen	Der Umgang mit ZFarming muss in den *rechtlichen Rahmenbedingungen* aufgenommen und geregelt werden

5 ZFarming-Akteure im urbanen Raum und darüber hinaus

Zur Einführung und Etablierung von ZFarming ist es wichtig, von Beginn an alle relevanten Akteursgruppen im urbanen Raum anzusprechen und in den Innovationsprozess mit einzubeziehen. In Berlin gibt es bereits zahlreiche Akteure der urbanen Landwirtschaft, die zum Teil einzeln oder in kleinen Gruppen aktiv sind (siehe Abb. 4). Vor diesem Hintergrund wurde im Rahmen des ZFarm-Projektes in Berlin ein Prozess initiiert, der zum Ziel hatte, die relevanten Akteursgruppen der urbanen Landwirtschaft zusammenzubringen und die verschiedenen Akteure möglichst langfristig zu vernetzen, um Ideen auszutauschen und zu bündeln, unterschiedliche Kenntnisse in den Umsetzungsprozess von ZFarming-Projekten einzuspeisen und noch vorhandene Hemmnisse der Umsetzung gemeinsam zu überwinden. Die Vernetzung der verschiedenen Akteure und die Etablierung eines Netzwerkes sind von hoher Relevanz für die Umsetzung von ZFarming-Projekten.

Zentrale Akteure für die weitere Etablierung von ZFarming sind Vertreterinnen und Vertreter der Stadtplanung und der öffentlichen Verwaltung, wie die Bezirksämter in Berlin, aber auch Stadtgärtner-Vereine und Initiativen, also Praxisakteure, die eigene Projekte bereits betreiben oder planen. Darüber hinaus wird die

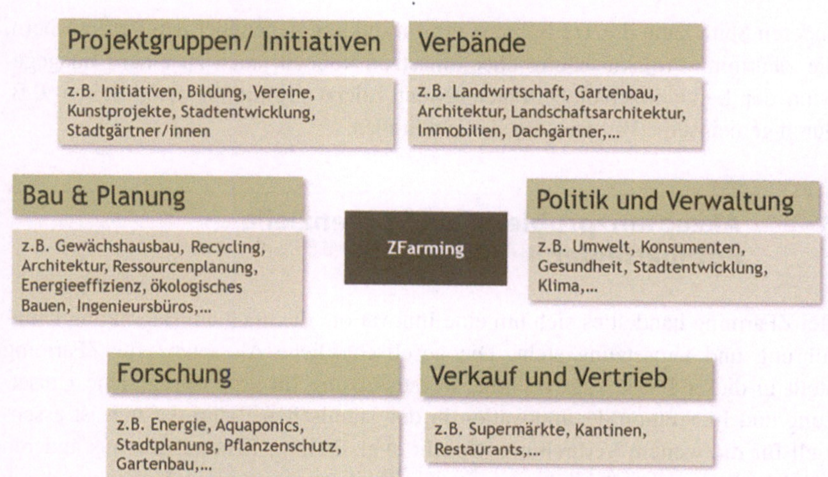

Abb. 4 Relevante Akteure für die Umsetzung von ZFarming in Berlin. (Nach Specht et al. 2015b)

Expertise von Fachleuten aus dem Bereich Bau und Planung, wie z. B. Akteuren aus Architektur, Landschaftsarchitektur, Gewächshausbau, benötigt. Wichtig ist es auch, dass Wissenschaftler, z. B. aus den Bereichen Gartenbau, Energietechnik und Stadtentwicklung, vertreten sind sowie potenzielle Abnehmer und Vertreiber von Produkten im Lebensmittelbereich. Das können Betreiber einer Uni-Mensa, einer Markthalle oder eines Supermarktes sein (siehe Abb. 4).

Von Relevanz für die Umsetzung von ZFarming-Projekten sind aber nicht nur die städtischen Akteure. Um Synergien statt Konkurrenz zwischen ZFarming und der Landwirtschaft im ländlichen Raum herzustellen, gewinnen neue Allianzen zwischen Akteuren der urbanen Landwirtschaft und der ländlichen Räume zunehmend an Bedeutung. Zum einen kann diese Zusammenarbeit über die Einbeziehung der berufsständigen Verbände der Landwirte erfolgen (z. B. Deutscher Bauernverband), zum anderen kann das aber auch durch konkrete Projekte der Zusammenarbeit städtischer Akteure mit einzelnen Landwirten realisiert werden (vgl. Abb. 4). Wenn diese neuen Formen der Zusammenarbeit erfolgreich sind, sind beide Seiten Nutznießer dieser neuen Allianzen. Die Landwirte, die im ländlichen Raum wirtschaften, verfügen über Kenntnisse, die städtischen Akteuren im Bereich von ZFarming zum Teil fehlen, beispielsweise langjährige Kenntnisse über Anbauverfahren sowie Erfahrungen mit der Direktvermarktung. Auf der anderen Seite kann die Transparenz der Produktion gegenüber den Verbrauchern, die ZFarming-Projekte häufig eher umsetzen können, auch zu einem Imagegewinn der Landwirtschaft beitragen. Nicht zuletzt profitieren beide Seiten z. B. durch gemeinsame Vermarktungskooperationen.

6 Akzeptanzprobleme und potenzielle Konfliktfelder

Bei ZFarming handelt es sich um eine Innovation, die noch am Beginn ihrer Einführung und Umsetzung steht. Die gesellschaftliche Akzeptanz für ZFarming stellt in dieser Phase eine wichtige Voraussetzung für eine erfolgreiche Umsetzung und Integration der Innovation in den städtischen Raum dar und ist essenziell für die weitere Verbreitung (Specht et al. 2015a). Erfahrungen aus anderen Ländern haben eindrücklich gezeigt, wie Pilotprojekte an der Ablehnung durch Medien und Öffentlichkeit scheitern können. Ein bekanntes Beispiel ist das eines geplanten Agroparks in den Niederlanden, der letztlich aufgrund des starken öffentlichen Widerstandes nicht umgesetzt werden konnte (Wilt und Dobbelaar 2005). Der Agropark, in dem stadtnah mehrere landwirtschaftliche Produktionszweige in räumlicher Nähe aneinander gekoppelt werden sollten, wurde als eine zu ‚technokratische‘ und ‚unnatürliche‘ Art der Lebensmittelproduktion wahrgenommen und kritisiert. In dieser frühen Innovationsphase ist es daher wichtig, zu ergründen, welche positiven und negativen Attribute mit der Innovation ZFarming assoziiert werden.

Insbesondere die Wahrnehmung von mit ZFarming verknüpften Risiken kann zu Ablehnungsreaktionen führen. Existierende Studien zur Akzeptanz und Wahrnehmung von ZFarming in Berlin und Barcelona haben gezeigt, dass auf verschiedensten Ebenen Akzeptanzprobleme bestehen (Sanyé-Mengual et al. 2016; Schulz et al. 2013; Specht et al. 2015a; Specht und Sanyé-Mengual 2015). Die Studien deuten auf potenzielle Konfliktfelder hin, die in der Planung, Konzeption und vor allem der Kommunikation von Projekten berücksichtigt werden müssen, um negativen Reaktionen vorzubeugen.

In Bezug auf die offenen Systeme, wie Dachgärten oder essbare Fassaden, stellt die Wahrnehmung von potenziellen Gesundheitsrisiken eines der größten Akzeptanzprobleme dar. Dieses Risiko wird vor allem dadurch gesehen, dass in der Stadt eine hohe Schadstoffbelastung herrscht. Befragungen von lokalen Akteuren und potenziellen Konsumenten haben gezeigt, dass die Erwartung besteht, dass Produkte aus städtischer Produktion stärker durch Luftschadstoffe belastet sind als Produkte aus dem ländlichen Raum (Schulz et al. 2013; Specht et al.).

Untersuchungen zu dem Thema zeigen zwar, dass das Belastungsrisiko minimiert werden kann, indem bestimmte Produktionsbedingungen eingehalten werden. Dazu gehören unter anderem das Einhalten von Mindestabständen zu Hauptverkehrsstraßen und sorgfältiges Waschen der Produkte (Antisari et al. 2015; Säumel et al. 2012). Tatsächlich sind die bisherigen Untersuchungen aber nur punktuell durchgeführt worden und es besteht in dieser Fragestellung noch großer Forschungsbedarf. Es ist auch bislang unklar, inwieweit sich die Belastung auf Dächern von der auf dem Boden unterscheidet. Eine strenge Sicherung und Kontrolle der Produktqualität ist aufgrund der bestehenden Vorbehalte der potenziellen Konsumenten daher mittelfristig unabdingbar.

Weitere mögliche Konfliktfelder ergeben sich besonders für geschlossene Systeme – wie Dachgewächshäuser oder Indoor-Farming – aus der geringen gesellschaftlichen Akzeptanz für erdlose Anbauverfahren. Insbesondere für die Produktion in Etagen und auf Dächern haben sich erdlose Anbauverfahren, wie z. B. hydroponischer Anbau oder Anbau in Substraten, bewährt, da diese weniger Gewicht haben und besser kontrollierbar sind. Obwohl diese Verfahren den ‚Status Quo‘ der Gemüseproduktion in Europa darstellen, stoßen sie bei potenziellen Konsumenten im Zusammenhang mit urbaner Produktion oft auf Widerstand (Specht und Sanyé-Mengual 2015).

ZFarming wird darüber hinaus oftmals als eine ‚unnatürliche‘ Art der Lebensmittelherstellung wahrgenommen und steht für viele im Widerspruch zu gängigen Vorstellungen von ‚echter‘ landwirtschaftlicher Produktion im ländlichen Raum (Sanyé-Mengual et al. 2016; Specht et al. 2015a). Die klassischen Bilder von Landwirtschaft haben entweder eine starke Konnotation von Feldern und Weiden in einer weiten Landschaft mit großen Flächen und Maschinen oder sie bestehen aus romantisierten Vorstellungen von traditionellen, kleinbäuerlichen Wirtschaftsweisen, wie sie oft von der Werbung und den Medien reproduziert werden. Das Konzept von ZFarming lässt sich häufig mit keinem dieser Bilder von Landwirtschaft vereinbaren.

Neben diesen Konflikten mit vorherrschenden Bildern von Landwirtschaft gibt es auch Befürchtungen, dass die Lebensqualität in der Stadt durch die Integration oder Re-Integration von landwirtschaftlicher Produktion beeinträchtigt werden könnte (Specht et al. 2015a). Dies betrifft gleichermaßen die offenen wie die geschlossenen Systeme. Zum Beispiel wird eine potenzielle Gefahr in dem Anstieg von Licht-, Lärm- oder Geräuschemissionen im Umfeld von Produktionsstätten gesehen. Insbesondere jegliche Form von Tierhaltung im städtischen Raum stößt auf starke Ablehnung (Specht et al. 2015a).

7 Fazit

Die verschiedenen Forschungsarbeiten im Themenbereich ZFarming haben gezeigt, dass ZFarming von vielen unterschiedlichen Akteuren national und international als eine Idee mit hohem Potenzial für die Gestaltung und Entwicklung zukünftiger Städte gesehen wird. ZFarming-Projekte können einen Beitrag zur Sicherung von urbanem Freiraum leisten, da diese Projekte keinen Anspruch auf städtische Freiflächen erheben, sondern ausschließlich gebäudegebundene Formen der urbanen Landwirtschaft umfassen. Damit haben sie keinen weiteren Flächenverbrauch zur Folge. Gleichzeitig handelt es sich aber bei diesen Projekten auch um neue Ansätze, bei denen noch große Wissenslücken und Unsicherheiten bestehen. Um die zahlreichen offenen Fragen von Umsetzung, Planung und der strategischen Verankerung zu lösen, ist es wichtig, dass Planung, Wissenschaft, Praxis und Politik, wie bisher, auch in Zukunft weiterhin kooperativ zusammenarbeiten, um die noch bestehenden Wissens- und Regelungslücken zu schließen.

Trotz vieler offener Fragen, die vor allem technische Aspekte auf der Umsetzungsebene betreffen, gibt es viele Potenziale. Ein hohes Potenzial dieser Projekte wird im Bereich der Energieoptimierung durch die Kopplung von Energieflüssen zwischen städtischen Gebäuden mit landwirtschaftlicher Produktion besonders bei Dachgewächshäusern gesehen. Vorteile gibt es auch bezüglich der Verkürzung der Transportwege für Lebensmittel, allerdings fehlen hier noch Studien, die eine verbesserte ökologische Gesamtbilanz belegen. Nachgewiesene Vorteile gibt es im Hinblick auf gesteigerter Wassereffizienz sowie einer verbesserten Nutzung von Reststoffen.

ZFarming-Projekte sind darüber hinaus durch die Re-Integration der Produktion in die Stadt sehr gut geeignet, zur Transparenz der Produktion bei den Verbrauchern, zur Bewusstseinsbildung und zur Wertschätzung der Produktion sowie der natürlichen Ressourcen beizutragen. Wichtig ist es, dabei einen gerechten Zugang aller Bevölkerungsgruppen zu den ZFarming-Projekten und -Produkten zu sichern sowie Exklusivität möglichst zu vermeiden. Durch die leichte Erreichbarkeit und Kundennähe können ZFarming-Projekte als Lernorte dienen, um Kindern und Erwachsenen Zusammenhänge der Lebensmittelproduktion zu vermitteln. Das fördert nicht nur neue Allianzen zwischen den städtischen Akteuren, sondern auch die Akzeptanz von ZFarming-Projekten in der städtischen Bevölkerung.

Literatur

Ackerman, K. (2011) (Hrsg.). *The potential for urban agriculture in New York City – Growing capacity, food security, and green infrastructure.* New York: Columbia University.

Antisari, L. V., Orsini, F., Marchetti, L., Vianello, G., & Gianquinto, G. (2015). Heavy metal accumulation in vegetables grown in urban gardens. *Agronomy for Sustainable Development*, 35(3), 1139–1147.

Astee, L. Y., & Kishnani, N. T. (2010). Building integrated agriculture: Utilising rooftops for sustainable foodcrop cultivation in Singapore. *Journal of Green Building*, 5(2), 105–113.

Berges, R., Opitz, I., Piorr, A., Krikser, T., Lange, A., Bruszewska, K., Specht, K., & Henneberg, C. (2014). *Urbane Landwirtschaft – Innovationsfelder für die nachhaltige Stadt?*. Müncheberg: Leibniz-Zentrum für Agrarlandschaftsforschung (ZALF) e. V.

BMZ. (2014). *Perspektiven der Urbanisierung- Städte nachhaltig gestalten.* BMZ Informationsbroschüre No. 3/2014. Bundesministerium für wirtschaftliche Zusammenarbeit und Entwicklung.

Bohn, K., & Viljoen, A. (2010). The edible city: Envisioning the continuous productive urban landscape (CPUL). *Field: A Free Journal for Architecture*, 4(1), 149–161.

Despommier, D. (2010) (Hrsg.). *The vertical farm: feeding the world in the 21st century.* Thomas Dunne books, New York.

De Zeeuw, H., Van Veenhuizen, R., & Dubbeling, M. (2011). The role of urban agriculture in building resilient cities in developing countries. *The Journal of Agricultural Science*, 1(-1), 1–11.

Freisinger, U. B., Specht, K., Sawicka, M., Busse, M., Siebert, R., Werner, A., Thomaier, S., Henckel, D., Galda, A., Dierich, A., Wurbs, S., Große-Heitmeyer, J., Schön, S., & Walk, H. (2013). *Es wächst etwas auf dem Dach. Dachgewächshäuser. Idee, Planung, Umsetzung.* Müncheberg: Leibniz-Zentrum für Agrarlandschaftsforschung (ZALF) e. V.

Opitz, I., Berges, R., Piorr, A., & Krikser, T. (2015). Contributing to food security in urban areas: Differences between urban agriculture and peri-urban agriculture in the Global North. *Agriculture and Human Values*, Online first. doi:10.1007/s10460-015-9610-2.

Orsini, F., Gasperi, D., Marchetti, L., Piovene, C., Draghetti, S., Ramazzotti, S., Bazzocchi, G., & Gianquinto, G. (2014). Exploring the production capacity of rooftop gardens (RTGs) in urban agriculture: the potential impact on food and nutrition security, biodiversity and other ecosystem services in the city of Bologna. *Food Security*, 6(6), 781–792.

Pourias, J., Aubry, C., & Duchemin, E. (2015). Is food a motivation for urban gardeners? Multifunctionality and the relative importance of the food function in urban collective gardens of Paris and Montreal. *Agriculture and Human Values*. Online first. http://doi.org/10.1007/s10460-015-9606-y.

Rodriguez, O. (2009). *London Rooftop Agriculture: A Preliminary Estimate of Productive Potential.* Dissertation. Welsh School of Architecture, UK.

Sanyé-Mengual, E. (2015). *Sustainability assessment of urban rooftop farming using an interdisciplinary approach*. Dissertation. Institute of Environmental Science and Technology (ICTA) at Universitat Autònoma de Barcelona (UAB), Bellaterra, Spain.

Sanyé-Mengual, E., Cerón-Palma, I., Oliver-Solà, J., Montero, J. I., & Rieradevall, J. (2015). Integrating Horticulture into Cities: A Guide for Assessing the Implementation Potential of Rooftop Greenhouses (RTGs) in Industrial and Logistics Parks. *Journal of Urban Technology*, 1–25. Online first. http://doi.org/10.1080/10630732.2014.942095.

Sanyé-Mengual, E., Anguelovski, I., Oliver-Solà, J., Montero, J. I., & Rieradevall, J. (2016). Resolving differing stakeholder perceptions of urban rooftop farming in Mediterranean cities: promoting food production as a driver for innovative forms of urban agriculture. *Agriculture and Human* Values, 33 (1), 101–120.

Säumel, I., Kotsyuk, I., Hölscher, M., Lenkereit, C., Weber, F., & Kowarik, I. (2012). How healthy is urban horticulture in high traffic areas? Trace metal concentrations in vegetable crops from plantings within inner city neighbourhoods in Berlin, Germany. *Environmental Pollution*, 165, 124–132.

Schulz, K., Weith, T., Bokelmann, W., & Petzke, N. (2013). *Urbane Landwirtschaft und ‚Green Production' als Teil eines nachhaltigen Landmanagements*. Leibniz-Zentrum für Agrarlandschaftsforschung (ZALF) e. V.

Specht, K., & Sanyé-Mengual, E. (2015). *Urban rooftop farming in Berlin and Barcelona: Which risks and uncertainties do key stakeholders perceive?* In: Proceedings of the 7th international AESOP Sustainable Food Planning Conference.

Specht, K., Siebert, R., Hartmann, I., Freisinger, U. B., Sawicka, M., Werner, A., Thomaier, S., Henckel, D., Walk, H., & Dierich, A. (2014). Urban agriculture of the future: an overview of sustainability aspects of food production in and on buildings. *Agriculture and Human Values*, 31(1), 33–51.

Specht, K., Siebert, R., & Thomaier, S. (2015a) Perception and acceptance of agricultural production in and on urban buildings (ZFarming): A qualitative study from Berlin, Germany. *Agriculture and Human Values*, Online first. doi:10.1007/s10460-015-9658-z.

Specht, K., Siebert, R., Thomaier, S., Freisinger, U., Sawicka, M., Dierich, A., Henckel, D., & Busse, M. (2015b). Zero-Acreage Farming in the City of Berlin: An Aggregated Stakeholder Perspective on Potential Benefits and Challenges. *Sustainability*, 7(4), 4511–4523.

Specht, K., Weith, T., Swoboda, K., & Siebert, R. (2016) Socially acceptable urban agriculture businesses. *Agronomy for Sustainable Development* 36 (17), 1–14. doi: 10.1007/s13593-016-0355-0.

Thomaier, S., Specht, K., Henckel, D., Dierich, A., Siebert, R., Freisinger, U. B., & Sawicka, M. (2015). Farming in and on urban buildings: Present practice and specific novelties of Zero-Acreage Farming (ZFarming). *Renewable Agriculture and Food Systems*, 30(1), 43–54.

UNESCO. (2013). *Wasser, Nahrung, Energie. Zusammenhänge erkennen heißt Ressourcen nachhaltig nutzen*. Deutsche UNESCO-Kommission e. V. https://www.unesco.de/wissenschaft/2013/uho-03-2013-nexus.html. Zugegriffen: 03. Oktober 2015.

UNFCCC. (2015). *United Nations framework convention on climate change*. http://unfccc.int/2860.php. Zugegriffen: 03. Oktober 2015.

United Nations. (2012). *World Urbanization Prospects – The 2011 Revision* (Final Report) (p. 302). New York: United Nations, Department of Economic and Social Affairs, Population Division. http://esa.un.org/unpd/wup/pdf/FINAL-FINAL_REPORT%20 WUP2011_Annextables_01Aug2012_Final.pdf; Zugegriffen: 03. Oktober 2015.

Villarroel Walker, R., Beck, M. B., Hall, J. W., Dawson, R. J., & Heidrich, O. (2014). The energy-water-food nexus: Strategic analysis of technologies for transforming the urban metabolism. *Journal of Environmental Management, 141*, 104–115.

Wilt, J. de, & Dobbelaar, T. (2005). *Agroparks: the concept, the response, the practice.* Utrecht.

ROOF WATER-FARM – Ein Baustein klimasensibler und kreislauforientierter Stadtentwicklung

Grit Bürgow, Vivien Franck, Jürgen Höfler, Angela Million, Tim Nebert und Anja Steglich

Zusammenfassung

ROOF WATER-FARM untersucht Wege der urbanen Landwirtschaft gekoppelt mit der gebäudeintegrierten Wasseraufbereitung. Die RWF-Technologie zielt auf die hygienisch sichere Nutzung relevanter Wasserflüsse wie etwa Grau- und Regenwasser im Gebäude kombiniert mit dem wasserfarmbasierten Anbau von Nahrungsmitteln im oder am Gebäude. Zusätzlich wird als innovativer Ansatz des Urban Mining nährstoffreiches Toilettenabwasser zu einem städtischen Flüssigdünger aufbereitet. Die technologische Forschung findet am Standort der Pilotanlage in Berlin-Kreuzberg statt. Das integrierte Wasserkonzept des Gebäudekomplexes Block 6 – ein zwischen Eigentümer und Land Berlin kooperativ entwickeltes Projekt – bietet geeignete Voraussetzungen:

G. Bürgow (✉) · V. Franck · J. Höfler · A. Million · T. Nebert · A. Steglich
Berlin, Deutschland
E-Mail: g.buergow@isr.tu-berlin.de

V. Franck
E-Mail: kubus@zewk.tu-berlin.de

J. Höfler
E-Mail: j.hoefler@isr.tu-berlin.de

A. Million
E-Mail: a.million@isr.tu-berlin.de

T. Nebert
E-Mail: t.nebert@isr.tu-berlin.de

A. Steglich
E-Mail: a.steglich@isr.tu-berlin.de

© Springer Fachmedien Wiesbaden GmbH 2017
S. Kost und C. Kölking (Hrsg.), *Transitorische Stadtlandschaften,*
Hybride Metropolen, DOI 10.1007/978-3-658-13726-7_8

Häusliches Grauwasser aus Badewannen, Duschen, Waschbecken und Küchen wird vom Toilettenabwasser (Schwarzwasser) getrennt abgeleitet. Parallel zur technologischen Forschung wird die Übertragbarkeit der RWF-Technologie in den Stadtraum getestet. Modellgebiete und Gebäudetypologien werden auf ihre Umsetzungspotenziale untersucht und mögliche Anwendungen visualisiert. Für den Gebäudetyp Wohnen werden kommerzielle und nicht-kommerzielle Nutzungsstrategien als erste Entwürfe für mögliche Betreibermodelle vorgestellt. Durch die multifunktionale Flächennutzung können Häuser und Quartiere in Zukunft statt Abwasser hochwertiges Betriebswasser und frische Nahrungsmittel produzieren. Die RWF-Technologie bietet so einen Baustein klimasensibler und kreislauforientierter Stadtentwicklung.

Schlüsselwörter

Kreislaufstadt · Multifunktionale Flächennutzung · Blau-grüne Infrastruktur · Dezentrale Abwasserverwertung · Gebäudeintegrierte Landwirtschaft · Urban Mining · Urban Farming · Water-Farming · Ökosystemleistungen · Klimasensible Stadtentwicklung

1 Einleitung

Klimasensible Stadtentwicklung und urbane Ernährungs- und Ressourcensicherheit sind aktuelle Bedarfsfelder des nachhaltigen Stadtumbaus. Die Themen Klima, Nahrung und Ressourcen, in erster Linie frisches Wasser, sind dabei unmittelbar miteinander verwoben. So bringt die Produktion von frischen Nahrungsmitteln und sauberem Wassers in der Stadt vergleichsweise kurze Transportwege und dementsprechend weniger CO_2-Emissionen mit sich und liefert damit einen Beitrag zum Klimaschutz. Auch die Aktivierung versiegelter Stadtflächen (z. B. bisher ungenutzte Dächer, Parkplatz- oder Brachflächen) zur urbanen Nahrungsmittelproduktion trägt zur Verbesserung des Kleinklimas und des Wasserhaushaltes bei. Mit der Lust am Gärtnern und dem wachsenden Trend des „Stadt-Selbermachens" (Ferguson 2006) erfahren Dächer, Fassaden, ungenutzte Gebäude und Brachflächen als Orte gemeinschaftlicher Produktion, Teilhabe und Erholung eine neue gesellschaftliche Wertschätzung.[1] Eine derart multifunktionale

---

[1]http://www.himmelbeet.de; http://www.klunkerkranich.de; http://prinzessinnengarten.net (Zugegriffen: 25. September 2015).

Flächennutzung verringert zudem die zunehmende Flächeninanspruchnahme und fördert den Ressourcenschutz.

Im Zusammenhang mit vorhandenen Wasser- und Grünflächen wird sichtbar, dass diese Aktionsräume zunehmend in ihrer alltagskulturellen Dimension, als Lieferer wertvoller Ressourcen und Ökosystemleistungen und als Bestandteile menschlichen Wohlbefindens (Groot et al. 2010; Schröter-Schlaack und Schmidt 2015) wahrgenommen werden. Dies umso mehr, wenn blau-grüne Infrastrukturfunktionen, d. h. wasser- und nahrungsmittelbezogene Serviceleistungen, wie etwa das Recycling häuslicher Regen- und (Ab-)Wässer und die Bewässerung urbaner Landwirtschaftsprodukte, räumlich verknüpft und verwirklicht sind (Bürgow 2014, S. 19). Eine aussichtsreiche Möglichkeit und Chance zur Inwertsetzung städtischer Freiräume und versiegelter Flächen kann daher im innovativen Umbau von Wasserinfrastruktur gesehen werden, so wie es bereits ansatzweise im Bereich der urbanen Regenwasserbewirtschaftung passiert (vgl. Hoyer et al. 2011; Kruse 2011; SENSTADT & TUB 2010). Gleichzeitig wird eine weitere Dimension erschlossen, in dem Schwarzwasser (bisher in die Kanalisation abgeleitetes Toilettenabwasser) zu einem hygienisch-sicheren Flüssigdünger (vgl. Nolde et al. 2016) aufbereitet wird. Indem dieser urbane Dünger für die Pflanzenproduktion anstelle fossilen Düngers nutzbar gemacht wird, verknüpft sich das Zukunftsstadtthema des Urban Farming mit dem Handlungsfeld des Urban Mining aus städtischen Abwasserressourcen.

ROOF WATER-FARM (RWF)[2] als Baustein klimasensibler Stadtentwicklung fokussiert den nachhaltigen Stadtumbau in Richtung der Kreislaufstadt (Verbücheln et al. 2013) „von der Schraube zur Gesamtstadt" (Bürgow et al. 2015; Million et al. 2014). Ansetzend an der Umgestaltung des städtischen Raumes, forscht und entwickelt das vom Bundesministerium für Bildung und Forschung geförderte Verbundvorhaben auf den beiden Ebenen der Technologie- und Stadtentwicklung das bewusste Wiederverwenden bzw. Aufwerten alltäglicher Nahrungs-, Produkt- und (Ab-)Wasserflüsse.

Die technologische Forschung setzt dabei an der konkreten Entwicklung und Beforschung der RWF-Testanlage mit den beiden RWF-Modulen „Aquaponik mit Grauwassernutzung" und „Hydroponik mit Schwarzwasseraufbereitung/urbaner Flüssigdüngerproduktion" an. Parallel und ergänzend nimmt die angewandte Stadtforschung die potenzielle Übertragbarkeit und stadträumliche Diffusion ins Visier. Sie arbeitet dabei stufenweise über Prototypstudien auf den Ebenen von

---

[2]http://www.roofwaterfarm.com/ (Zugegriffen: 25. September 2015).

Gebäude und Quartier mit jeweils typischen Nutzungskontexten (z. B. Wohnen, Gewerbe, Bildung) und Raumkontexten (z. B. Innenstadt, Stadtrand, Transformationsraum). Dabei werden Nutzungsstrategien als erste Entwürfe für mögliche kommerzielle und nicht-kommerzielle Betreibermodelle an potenziellen Umsetzungsstandorten entwickelt. Im Folgenden werden aktuelle Ergebnisse und Herausforderungen auf den beiden Forschungsebenen von Technologie und Stadtraum vorgestellt.

2 Technologische Herausforderungen: RWF-Kreislaufprinzipien

Existierende Wasserinfrastrukturen stehen zunehmend unter Innovationsdruck: In städtischen und ländlichen Räumen Europas wird die Sanierung und der Umbau der vorhandenen zentralen, monofunktionalen Systeme zu dezentralen, möglichst multifunktionalen Infrastruktursystemen notwendig (BMBF 2013; Raber et al. 2013; Libbe et al. 2010). Einige der Knackpunkte seien hier zusammengefasst:

- eine Vermischung und Verdünnung von (Ab-)Wässern unterschiedlicher Qualität und Herkunft; dadurch erschwerte Reinigung in Kläranlagen bzw. Abschläge von ungereinigtem bzw. nur mechanisch gereinigtem Mischwasser direkt in die Gewässer;
- der Verlust hochwertiger Nährstoffe (insbesondere Stickstoff, Phosphor, Kalium);
- die Schaffung einer Reststoffproblematik, u. a. (belasteter) Klärschlamm;
- zunehmende Antibiotikaresistenzen, die vermutlich durch kommunale Kläranlagen begünstigt werden;
- hoher Verbrauch von Energie zu Transportzwecken von Trink- und Abwasser;
- hohe Anfälligkeit der zentralen Systeme gegenüber Katastrophen (z. B. Erdbeben, Überschwemmungen);
- aufwendige Infrastruktur mit hoher Personal- und Materialintensität (Kosten) und geringer Flexibilität;
- geringe Tauglichkeit in wasserarmen Regionen;
- hohe Investitions- und Betriebskosten.

Während urbane Landwirtschaft in einigen Schwellen- und Entwicklungsländern auf die Verwertung von Abwasser zurückgreift und eine Vielzahl an Lösungen für den Umgang mit technischen und hygienischen Herausforderungen in diesem

Zusammenhang publiziert wurden (GTZ 2001; Jana 1998; Bürgow 2014), ist eine kreislauforientierte Abwasserverwertung in Kombination mit Water-Farmtechnologie wie Hydroponik (Pflanzen) und Aquaponik (kombinierte Fisch- und Pflanzenkultur) in Deutschland bislang kaum erprobt. Dabei sind derartige blau-grüne Infrastrukturtypologien wie z. B. *Wastewater-Aquaculture Greenhouses* oder *Living Machines* im Kontext des anwendungsorientierten Disziplin des *Ecological Designs/Ecological Engineerings* nicht neu (Bürgow 2014, S. 59 ff.).

Gegenüber erprobter Water-Farmtechnologie ist die Besonderheit von ROOF WATER-FARM die Kombination von (Ab-)Wasserrecycling im Gebäude mit dem Farming von Nahrungsmitteln auf dem Dach oder im Hof des Gebäudes. Ziel der RWF-Technologieentwicklung ist es, durch einzelne und kombinierte Verfahren Regen-, Grau- und Schwarzwasser hygienisch sicher aufzubereiten und im Sinne des UpCyclings in hochwertige Produkte wie Betriebswasser und Flüssigdünger sowie im Folgeschritt frischen Fisch, Obst und Gemüse zu verwandeln (Berliner Zeitung 04.08.2015; WiWoGreen 20.09.2015). Damit werden Bewässerungswasser und Dünger anstelle von Trinkwasser und fossilem Dünger für die Roof-Water-Farm aus den städtischen Alltagsprozessen selbst reproduziert. Praktiken und Technologien des Water-Farming und Urban Mining finden ihren Platz somit direkt im bzw. am Gebäude.

Mit Blick auf die stadträumliche Übertragbarkeit seien deshalb im Folgenden die wichtigsten Ziele der ROOF WATER-FARM Kreislaufprinzipien beschrieben (Abb. 1):

- **Kreislauf 1 – Urban Mining: Wasser vom Gebäude ernten**
  Grauwasser oder Regenwasser werden gesammelt und zu Badewasserqualität mit Mindeststandard EU-Badegewässerqualität aufbereitet, um es unbedenklich als Betriebswasser im Gebäude (z. B. für Toiletten, Wasch- und Spülmaschinen) und für das Water-Farming auf dem Dach oder im Hof wiederverwenden zu können (Nolde 2014; EU 2006; SENSTADT 1995). Bei durchschnittlich 70 % Anteil Grauwasser am gesamten häuslichen Abwasserstrom unterstützt dieser Ansatz dezentraler (Ab-)Wasserverwertung die Substitution wertvollen Trinkwassers und damit einhergehend den Schutz landschaftlicher Wassereinzugsgebiete in der Stadt. Letzteres v. a. bedingt durch die Einsparung der Fördermengen und des Transportaufwandes von Trinkwasser (Bürgow 2014, S. 47 ff.).
- **Kreislauf 2 – Water-Farming: Nahrung für das Gebäude**
  Das aufbereitete Abwasser kann in Form von Betriebswasser für Zwecke der Freiraum- und Gartenbewässerung, der pflanzlichen Gebäudekühlung bis hin

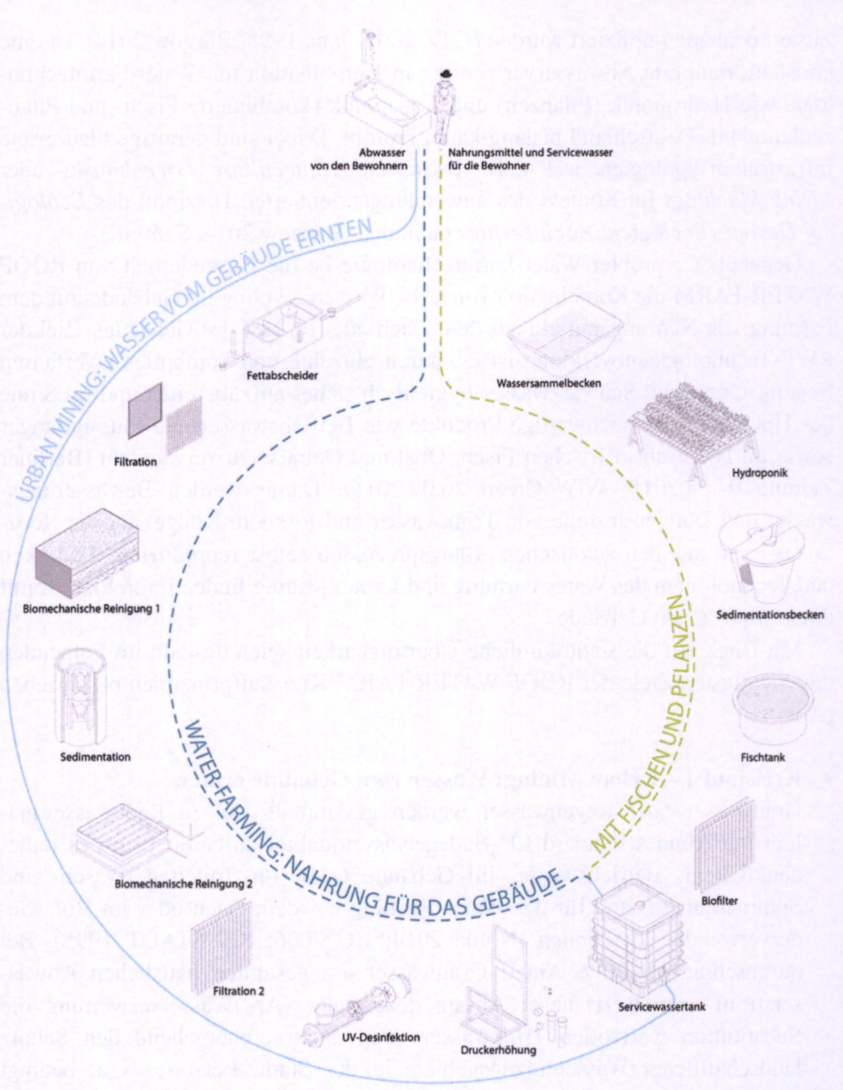

Abb. 1 RWF-Kreislaufprinzipien am Beispiel der Grauwasseraufbereitung. (© ROOF WATER-FARM, Grafik: Jürgen Höfler, Tim Nebert, TU Berlin/ISR. In: ARCH+ 2015, Team AM 2107)

zur wasserfarmbasierten Nahrungsmittelproduktion wiederverwendet werden. Als Leichtbausysteme sind Water-Farm-Typen im Vergleich zu erdbasierten Farmsystemen geeigneter und dadurch einfacher an oder auf Gebäudeoberflächen zu integrieren (Dächer, Fassaden) (Bürgow 2014, S. 158 ff.). Zudem sind Water-Farmtechnologien eine in Bezug auf Wasser, Fläche und Nährstoffe ressourcenfreundliche Nahrungsmittelanbaustrategie hoher Produktivität. Das Water-Farming über Hydroponikanbau ist im Bereich gebäudeintegrierter Landwirtschaft besonders vielversprechend, da es ca. 8–10-mal produktiver ist als gängige bodenbasierte Anbauformen und im Vergleich zu diesen nur 10 % des Bewässerungswassers bedarf. Zudem benötigt die hydroponische Pflanzenproduktion weniger als 2 % des Wasserbedarfs konventioneller industrialisierter Landwirtschaft, welche weltweit 70 % des Frischwassers für die Bewässerung beansprucht. Zu guter Letzt kann durch ein gewächshausbasiertes Water-Farming die Flächeninanspruchnahme für die Nahrungsmittelproduktion um den Faktor 5 bis 10 reduziert werden (Ibid.).

Zur angewandten Beforschung beschriebener technologischer Herausforderungen wurde mit Projektauftakt im Jahr 2013 eine RWF-Pilotanlage als Test-Gewächshaus auf dem Grundstück des sog. *Block 6* in Berlin-Kreuzberg aufgebaut. *Block 6* [3] ist ein Wohnbau-Projekt mit innovativem Wasserkonzept, das im Rahmen der Internationalen Bauausstellung (IBA) 1987 in Berlin realisiert wurde und ist heute eine Wohneinheit für rund 250 Menschen. Das Test-Gewächshaus mit den beiden RWF-Teststrecken Aquaponik und Hydroponik wurde mit entsprechenden RWF-Abwasseraufbereitungsmodulen inkl. notwendiger Messtechnik in dem seit 2006 existierenden Wasserhaus gekoppelt. Der folgende Abschnitt beschreibt wichtige Zwischenergebnisse in Bezug auf die Wasser- und Produktqualitäten, die von den RWF-Technologiepartnern Nolde & Partner (Grauwasser)[4], Fraunhofer Umsicht[5] (Schwarzwasser) sowie Terra Urbana[6] (Aquaponik, Hydroponik) im Pilotbetrieb ermittelt wurden.

---

[3]http://www.roofwaterfarm.com/block-6-in-berlin-kreuzberg/ (Zugegriffen: 25. September 2015).

[4]http://www.nolde-partner.de (Zugegriffen: 29. September 2015).

[5]http://www.umsicht.fraunhofer.de (Zugegriffen: 29. September 2015).

[6]http://www.terraurbana.de (Zugegriffen: 29. September 2015).

2.1 Zwischenergebnisse: RWF-Teststrecke Aquaponik mit Grauwasseraufbereitung

In den RWF-Anbausaisons 2014 und 2015 wurde nachgewiesen, dass die Grauwasseraufbereitung störungsfrei, ohne hygienisches Risiko und wirtschaftlich betrieben wird. Die Wasserqualität bezüglich der organischen Bestandteile inkl. Stickstoff, sowie die Hygienewerte, Schwermetall- und Spurenstoffkonzentrationen liegen niedriger als Werte in Abläufen von Großkläranlagen. Problemstoffe, die in Großkläranlagen bisher nicht biologisch zu eliminieren sind (z. B. Acesulfam, Diclofenac), werden hier deutlich reduziert. Im nächsten Schritt sollten über Wärmerückgewinnung ca. 400 kWh Abwärme nutzbar gemacht werden (RWF 2016, S. 34–35; Nolde et al. 2016).

Im Test-Gewächshaus wurde der Einsatz von Betriebswasser aus der Grauwasseraufbereitung in der Aquaponik getestet (Abb. 2). Bewässerungswasser und Produkte wurden auf Parameter der Hygiene, auf relevante Schwermetalle und

Abb. 2 RWF-Aquaponik mit Betriebswasserbewässerung aus Grauwasser. (© DAAD, Foto Marius Schwarz)

Spurenstoffe analysiert. Die Zwischenergebnisse zeigen, dass das aufbereitete Grauwasser für die Fisch- und Pflanzenzucht unbedenklich einsetzbar ist und die Produkte frei von Schadstoffen sind. Fisch und Pflanze sind nach erfolgter sensorischer Überprüfung für den menschlichen Verzehr geeignet (Ibid.).

Die Nutzung von Fischproduktionswasser aus der Produktion von Wels *(Clarias gariepinus)* und Schlei *(Tinca tinca)* als biologischer Dünger für die hydroponische Pflanzenproduktion funktioniert stabil. Gute Erfahrungen wurden mit dem Anbau schnell wachsender Gemüsesorten wie Salat (Batavia, Endivie, Kopfsalat, Lollo) und Pak Choi aber auch geeigneter Obstsorten wie etwa mehrjährige Erdbeeren (z. B. *Senga sengana*) gemacht.

2.2 Zwischenergebnisse: RWF-Modul Hydroponik mit Schwarzwasseraufbereitung

Die Entwicklung des Verfahrens zur Aufbereitung von Schwarzwasser wurde abgeschlossen. Seit Sommer 2015 liefert die installierte Schwarzwasseraufbereitungsanlage mit 50 angeschlossenen Einwohnern täglich mehrere 100 L NPK-Flüssigdünger. Darin enthaltene Konzentrationen an Stickstoff, Phosphor und Kalium düngen Pflanzen in der Hydroponik-Teststrecke des RWF-Gewächshauses. Die Analytik auf Hygieneparameter, Schwermetalle und Spurenstoffe ergab, dass der NPK-Flüssigdünger hygienisch unbedenklich und schadstofffrei ist. Aus Schwarzwasser wird somit ein hochwertiger Flüssigdünger gewonnen, der von den RWF-Projektpartnern „Goldwasser" getauft wurde (Berliner Zeitung 04.08.2015).

Der Einsatz des RWF-Goldwassers wurde in der Hydroponik getestet. Bewässerungswasser und Produkte wurden auf Parameter der Hygiene und auf Spurenstoffe analysiert. Erste Messergebnisse zeigen, dass das Goldwasser für die Pflanzenzucht geeignet ist (RWF 2016, S. 34–35; Nolde et al. 2016). Die in den Anbauzyklen Sommer und Herbst 2015 produzierten Salat-Pflanzen (Abb. 3) unterscheiden sich in puncto Wachstum und Qualität *nicht* von der Referenz-Teststrecke Hydroponik, gedüngt mit handelsüblichem (fossilen) Kunstdünger. Die Laborergebnisse zeigen, dass die Pflanzen frei von Schwermetallen und Spurenstoffen, hygienisch unbedenklich und nach erfolgter sensorischer Überprüfung für den menschlichen Verzehr geeignet sind (RWF 2016, S. 34–35; Nolde et al. 2016).

Abb. 3 RWF-Hydroponik: Salat gedüngt mit RWF-Flüssigdünger aus aufbereitetem Schwarzwasser („Goldwasser"). (© ROOF WATER-FARM, Foto Grit Bürgow)

3 Stadtgestalterische Herausforderungen: RWF-Typologien und Nutzungsstrategien

Im Zeitalter der Urbanisierung haben auch Städte nur begrenzte Flächenressourcen. Die global fortschreitende Versiegelung von jährlich 12 Mio. ha[7] sowie die tägliche Versiegelung von 70 ha Flächen und die Abnahme verfügbarer Anbauflächen in Deutschland (BBSR 2012) verlangen nach multifunktionalen Strategien der Flächennutzung. Das gilt insbesondere im städtischen Raum, wo Bedarfe der Produktion, Konsumption und des Recyclings alltäglicher Ressourcen kleinräumlich verknüpft werden können.

Für den kreislauforientierten Stadtumbau gewinnt hier v. a. das Konzept grüner Infrastruktur (EC 2010; Tzoulas 2007) zur Regeneration urbaner Ökosystemleistungen (Schröter-Schlaack und Schmidt 2015) an Bedeutung. Verknüpft mit dem RWF-Ansatz des kombinierten Urban Mining und Water-Farming rücken alle Gebäude mit ihren bisher ungenutzten Oberflächen (Dach, Fassade) ins Blick- und Handlungsfeld. Dies im Besonderen in Verbindung mit den

---

[7]http://www.landraub.com/Der-Film/ (Zugegriffen: 22. September 2015).

alltäglichen Lebensprozessen ihrer Bewohner/Nutzer. Die dadurch offensichtlich werdenden Synergiepotenziale ökologischer, ökonomischer und sozialer Art lassen Gestaltungstypologien nach dem ROOF WATER-FARM Ansatz aussichtsreich erscheinen (Bürgow et al. 2015; Million et al. 2014).

Auf Ebene eines Gebäudes ergeben sich weitere alltagsrelevante Fragestellungen, die auch für die weitere Übertragbarkeit und Diffusion des Konzeptes im Stadtraum bedeutsam sind. Abhängig vom Maßstab, Größe und Zweck der Produktion sind verschiedene Gewächshaustypologien möglich: mobile Strukturen, Nachbarschaftsräume oder auch kommerzielle Dachgewächshäuser (Abb. 4). Anhand ausgewählter Berliner Modellquartiere und durch Festlegung stadträumlich relevanter RWF-Gebäudetypologien wurden Potenziale der Übertragbarkeit ermittelt. Dazu gehören auf nutzbare Wasserströme (Regen-, Grau- und Schwarzwasser) abgestimmte RWF-Varianten (mit Fisch, ohne Fisch). Anwendungsuntersuchungen der Typologien Wohnungs-, Gewerbe- und Bildungsbau wurden durchgeführt und belegen die baulich-gestalterische Machbarkeit und Anpassungsoptionen des flexiblen RWF-Ansatzes. Im Zuge der standortspezifischen Umsetzung sind weitere Fragen zu klären: Welche Bedarfe, Akteure und Aktivitäten gibt es vor Ort? Wie steht es um Fragen der Genehmigung und Akzeptanz in den relevanten RWF-Sektoren von Planung und Bau, dezentraler Lebensmittelproduktion und Abwasserverwertung? Weitere Fragen und Handlungsfelder ergeben sich im Prozess und Austausch zwischen den Initiatoren und Akteuren vom Immobilienbesitzer, Farmbetreiber bis zur Genehmigungsbehörde und dem geeigneten Betreibermodell vor Ort. Angedachte kommerzielle und nicht-kommerzielle Nutzungsstrategien als erste Entwürfe für mögliche Betreibermodelle lassen dabei den klimasensible Stadtumbau greifbarer erscheinen (RWF 2016, S. 34–35; Bürgow et al. 2015).

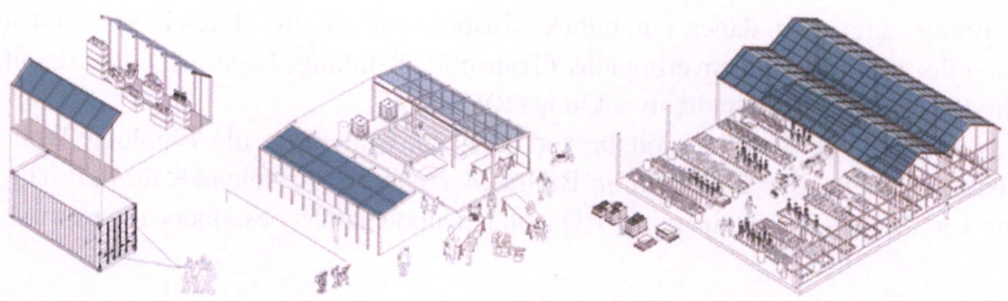

Abb. 4 Gewächshaustypologien mit Regen-, Grau- oder Schwarzwassernutzung. (© ROOF WATER-FARM, Grafik: Tobias Birkefeld, Jürgen Höfler, Tim Nebert, TU Berlin/ISR. In: ARCH+ 2015, Team AM 2107)

3.1 Potenziale und Beispiele für kommerzielle und nicht-kommerzielle Nutzungsstrategien

Im Rahmen des ROOF WATER-FARM Forschungsprojektes wurde zunächst eine quantitative Abschätzung der Potenzialflächen für Dachgewächshäuser vorgenommen. Übertragen auf die Stadtfläche Berlins ergab die vom Institut für Ressourcenmanagement (inter 3)[8] und dem Kartographieverbund der TU Berlin[9] durchgeführte Dachflächenanalyse, dass lediglich 13 % der Stadtfläche über Flachdächer von größer 50 m^2 und mehr Bruttofläche zur möglichen Integration des RWF-Konzeptes verfügen. Diese Zahl erscheint zunächst nicht vielversprechend, jedoch zeigten weitere Analysen, dass ca. 57 % der 3,4 Mio. Einwohner Berlins in diesen Gebäuden leben. Demzufolge werden dort auch relevante Mengen (Ab-)Wasser produziert und Nahrung, v. a. Fisch und Gemüse von den Bewohnern konsumiert (Million et al. 2014). Eine erste beispielhafte RWF-Gebäudestudie ergab, dass eine ca. 400 m^2 große Dachfläche mit einem RWF-Gewächshaus den Bedarf an frischem Fisch und Gemüse (z. B. als saisonaler Mix aus Salat, Kräuter, Spinat, Paprika, Aubergine) von 70 Einwohnern zu 80 % decken kann (Bürgow et al. 2015, S. 58).

Vergleicht man den Gemüsebedarf in Deutschland, so wurden 2012/13 ca. 61 % importiert (Le Monde diplomatique 2012/2013). Der durchschnittliche Transportweg frischer Nahrungsmittel liegt bei 1640 km (Weber et al. 2008) und ca. 70 % des globalen Frischwassers werden zur landwirtschaftlichen Bewässerung genutzt. Die Berlin-weite Simulation der RWF-Dachgewächshauspotenziale zeigt hohe Potenziale für die RWF-Regenwasservarianten von bis zu 2000 ha. Die Grauwasservarianten (inkl. Betriebswassernutzung für WC) könnten auch bei geringeren Flächenpotenzialen (1100 ha) berlinweit den häuslichen Trinkwasserverbrauch um bis zu 15 % und die häusliche Abwasserproduktion um bis zu 20 % reduzieren. Durch die Umstellung auf gebäudeintegriertes Roof-Water-Farming zeigt sich daher ein hohes Einsparpotenzial im Bereich städtischen Energie- und Ressourcenverbrauchs (Transport, Kühlung, Lagerung), und damit für die klimasensible Stadtentwicklung (RWF 2016).

Um mögliche Betreibermodelle vorzudenken, wurden für die Typologie Wohnen im Modellgebiet Stadtrand, in Berlin-Marzahn und beispielhaft für dort häufig vorkommende und in puncto Dachflächenpotenziale besonders interessante

---

[8]http://www.inter3.de (Zugegriffen: 29. September 2015).

[9]https://www.planen-bauen-umwelt.tu-berlin.de/menue/einrichtungen/kartographieverbund/ (Zugegriffen: 29. September 2015).

Typenbauten („Plattenbauten") Nutzungsstrategien entwickelt. Im Falle einer nicht-kommerziellen Variante käme eine anwohnerorientierte Nutzung des RWF-Gewächshauses infrage. Als Betreiberkonstellation würde eine Kooperation zwischen der kommunalen Wohnungsbaugesellschaft als Eigentümer und Vermieter der Dachfläche und einem gemeinnützigen Betreiber wie z. B. einem ‚ROOF WATER-FARM Kompetenzzentrum' angestrebt. Als nachbarschaftliches Produktions- und Ausbildungszentrum betreibt es die ROOF WATER-FARM auf dem Dach, in dem es Mieterbeete in Form von Hydroponik-Modulen pro m^2 vermietet. Je nach Bedarf der Mieter sind teurere Mietmodelle (mit Serviceangebot) aber auch preisgünstigere Angebote (Selbstmach-Varianten) zu unterschiedlichen Konditionen und Größen (Single, Pärchen, Familien/Freundeskreise) vorstellbar (Abb. 5). Für den Beispielstandort eines 5-geschossigen Plattenbaus mit ca. 520 Einwohnern dienen bei einer Dachfläche von 2500 m^2 50 %dem Anbau von Gemüse. Bei einer vorgeschlagenen ‚Starter-Kit-Produktpalette' mit Kräutern und Salat, könnten 19 kg Kräuter (Rakocy et al. 2006) und 42 Salatköpfe (Al-Hafedh et al. 2008) pro m^2 Hydroponik-Modul geerntet werden. Über das Jahr hinweg könnten die Mieter ihren Bedarf an diesen Produkten zu 100 % decken.

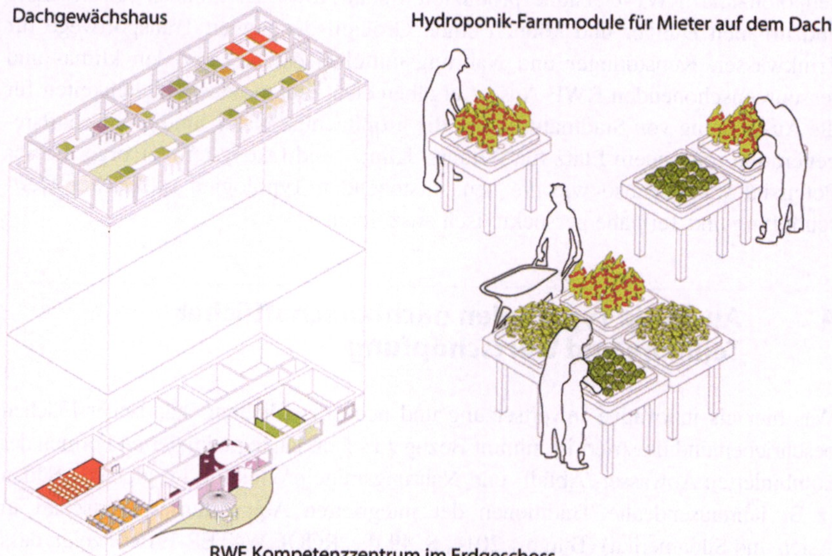

Abb. 5 ROOF WATER-FARM Betreibermodell-Beispiel „Hydroponik-Mieterbeete", Grafik. (© ROOF WATER-FARM, Grafik: Jürgen Höfler, Tim Nebert, TU Berlin/ISR)

Zudem ergibt sich hier ein Potenzial für die weitere lokale Verwertung, z. B. über den Verkauf auf Stadtteilmärkten oder aber für Spenden und Tafeln.

Im Falle einer kommerziellen Nutzung könnte der Betrieb des Dachgewächshauses ebenfalls durch das RWF-Kompetenzzentrum erfolgen, welches die Produkte an Innenstadtrestaurants mit Vorliebe für zertifizierte Qualitätsware vertreibt. Das Farmdesign fokussiert hier die Aquaponik zusammen mit dem gebäudeintegrierten Grauwasseraufbereitung und Nutzung als Betriebswasser für Spül- und Waschzwecke in den Haushalten. Zudem dient dieses der Bewässerung und Fischhälterung in der Roof Water-Farm, deren Produkte frisch gefangenen Fisch sowie essbare Blüten und Mini-Gemüse aus dem Hochpreissegment beinhalten würden.

Zusammenfassend soll an dieser Stelle festgehalten werden, dass das vorgestellte gebäudeintegrierte Water-Farming eine komplementäre Ergänzung zum bodenbasierten Anbau mit geeigneten Gemüsesorten wie Kartoffeln, Möhren, Zwiebeln oder aber auch Baum- und Beerenobstsorten bietet. Kurzum, es geht um die Inklusion eines technologischen RWF Farming-Ansatzes, der saisonale, gesunde weil pestizidfreie und regionale Produktion anwendet. Die RWF-Typologien blau-grüner Infrastruktur eröffnen neue städtische Flächen- und Ressourcenpotenziale. RWF-Gebäude produzieren statt Abwasser urbanes Frischwasser und urbanen Dünger und können einen Großteil der langen Transportwege für Trinkwasser, Kunstdünger und Nahrungsmittel ersetzen. Über den klima- und ressourcenschonenden RWF-Ansatz ergäben sich zudem neue Möglichkeiten für die Ausprägung von Stadtnatur sowie die großflächige Natur- und Landschaftsregeneration mit neuem Platz für Wildnis, Klima- und Ökosystemvorsorge. Dieses Potenzial wäre ebenso wie die neu entstehenden Typologien städtischer Wertschöpfung und Teilhabe perspektivisch auszuloten.

4   Ausblick: Typologien nachbarschaftlicher Teilhabe und Wertschöpfung

Was hier als innovative Inwertsetzung und neue Erschließung städtischer Flächen beschrieben und illustriert ist, nimmt Bezug zu schon lange praktizierten Formen der kombinierten Abwasser-/Abfall- und Nahrungsmittelproduktion im globalen Süden (z. B. jahrtausendealte Traditionen der integrierten Aquakulturfarmwirtschaft in Asien und Südamerika) (Bürgow 2014, S. 49 ff.). ROOF WATER-FARM zeigt, dass der vorgestellte Water-Farming-Ansatz erfolgreich an die Bedarfe in europäischen Städten angepasst werden kann. Eine zentrale Motivation von ROOF WATER-FARM ist es ferner, wachsende Bedürfnisse nach zivilgesellschaftlicher Teilhabe und Bildung in die Gestaltung von Frei- bzw. Stadtraum zu integrieren. Auch hier zeigt sich vielversprechendes Potenzial. Die Diffusion blau-grüner Infrastrukturen kann durch Praktiken der Teilhabe und Bildungsstrategien im stadträumlichen Kontext unterstützt, und der Metabolismus der Stadt entwickelt und qualifiziert werden. Offen ist, inwiefern ein UpScaling auf schnell-wachsende globalen Metropolen des 21. Jahrhunderts möglich ist. Die innerhalb des RWF-Projektes erfolgreich erprobten Kommunikations- und Partizipationsformate, wie z. B. RWF-Erntefeste, Führungen oder Workshops und nicht zuletzt die breite Presseresonanz[10] belegen ein hohes Interesse an der RWF-Technologie und einer grundlegende Akzeptanz des Ansatzes durch das Fachpublikum und die breite Öffentlichkeit.

Um die europäische Stadt in Richtung einer Kreislaufstadt umzugestalten, müssen nicht nur Ressourcenflüsse, sondern auch Kommunikationsflüsse innerhalb städtischer Nachbarschaften umgestaltet werden. Netzwerk- und Quartierspläne (Abb. 6), welche die verschiedenen ‚Flüsse‘ und Typologien blau-grüner Infrastruktur vom RWF-Gewächshaus bis zum Regenwasserschwimmteich visualisieren und verknüpfen sind dabei ein innovatives Planungs- und Gestaltungswerkzeug. Sie zeigen das Potenzial des städtischen Ressourcenmetabolismus auf der Quartiersebene und beinhalten gleichzeitig notwendige Planungs- und Gestaltungsschritte auf dem Weg zur Umsetzung (Bürgow et al. 2015; Bürgow 2014). Der ‚Kiez‘ kann als Prototyp für spezifische Dynamiken, Interessensgruppen und städtische Bauformen interpretiert werden, welche typisch für europäische Städte sind. Durch die Anwendung der Wasserfarmtechnologien erwächst ein räumliches Szenario. Charakteristische Gebäudetypologien und -nutzungen, soziales Leben und Stadtgestaltung verschmelzen mit den verschiedenen Technologieformen und Daten über potenzielle Wasserflüsse und Ressourcenkreisläufe. Ein derartiger Einblick in den Kiez simuliert die kulturelle und alltägliche Dimension der gebäudeintegrierten Wasser- und Nahrungsproduktion. Dezentrale Strukturen, z. B. typische Wertschöpfungsprozesse, Bewirtschaftungs- und Monitoringsysteme, lokale Investitionen, Akteurskonstellationen und Eigentumsrechte sowie saisonal angepasste Ernte-, Produktions- und Konsumptionsmuster werden als soziale und technische Herausforderungen transparent.

Abb. 6 illustriert ein derartiges Szenario für die Berliner Innenstadt, unweit des Potsdamer Platzes ‚vom Dach bis zum Fluss‘. Die Grafik basiert auf den ROOF WATER-FARM Forschungsergebnissen und zeigt, dass die aktive Integration blau-grüner Infrastrukturen in die Zukunftsstadt (z. B. bei Neubau-und

---

[10]vgl. RWF-Pressespiegel; http://www.roofwaterfarm.com/; https://www.facebook.com/roofwaterfarm (Zugegriffen: 25. September 2015).

Abb. 6 Zukunftslandschaft Berliner Innenstadt mit Typologien blau-grüner Infrastruktur. (© ROOF WATER-FARM, Grafik: Tobias Birkefeld, Jürgen Höfler, Tim Nebert. In: Arch+ 2015, Team AM 2107)

Stadtumbauprojekten) neben dem ,bottom-up-Engagement' der Akteure, auch einer zukunftsweisenden Flächen- und Infrastrukturpolitik seitens der Stadt, Kommunen und Unternehmen der öffentlichen Daseinsvorsorge als ,top-down-Strategie' bedarf. Kooperative Formen des Managements und der Teilhabe sind gefragt, sodass RWF-Infrastrukturtypologien zu einem wichtigen Baustein des kreislauforientierten Stadtumbaus werden und dabei zur Inwertsetzung blau-grüner Infrastruktur innerhalb einer klimasensiblen Stadtentwicklung beitragen können.

Planer, Architekten und Gestalter urbaner Räume und Landschaften sind sowohl als Schlüsselakteure der Veränderung als auch Brückenbauer in die Zukunftsstadt gefragt. Ihre Rolle besteht in der kreativen Verknüpfung von altem und neuem Wissens sowie der Integration ganzheitlichem Denken und Handeln. Wichtige Schnittstellen auszuloten und zu vermitteln, und dabei praktische Werkzeuge für die breite Kommunikation, Gestaltung und Umsetzung zu entwickeln, sind nur einige Beispiele des Aufgabenportfolios. Dabei besteht die Herausforderung in der Integration und Diffusion verschiedener blau-grüner Infrastrukturtypologien. Diese kreieren und regenerieren wiederum lokale Wasser- und Ernährungskreisläufe und setzen somit Impulse für eine lebenswerte Stadt mit lokaler Wertschöpfung, welche eine integrierte Nutzung städtischer Räume, seiner Ressourcen und der Kreativität seiner Bewohner einschließt.

Literatur

Al-Hafedh, Y. S., Aftab Alam, M.& Salaheldin, B. (2008) Food production and water conservation in a recirculating aquaponic system in Saudi Arabia at different ratios of fish feed to plants. *Journal of the world aquaculture society.* 39.4:510–520. doi:10.1111/j.1749-7345.2008.00181.x

ARCH+ (2015): Planetary Urbanism – Kritik der Gegenwart im Medium des Imformation Design. Internationaler Wettbewerb im Kontext der UN-HABITAT III Konferenz. http://www.archplus.net/download/files/Competition_Outline_DE.pdf?name=Competition_Outline_DE.pdf. Zugegriffen: 15. September 2015.

BBSR (2012). *Trends der Siedlungsflächenentwicklung: Status Quo und Projektion 2030.* Hoymann, J., Dosch, F., Beckmann, G. (Hrsg.) – Bundesinstitut für Bau-, Stadt-und Raumforschung (BBSR) im Bundesamt für Bauwesen und Raumordnung (BBR).

BMBF (2013). Förderschwerpunkt „Nachhaltiges Wassermanagement" (NaWaM), Fördermaßnahme „INIS". Bundesministerium für Bildung und Forschung (BMBF) Berlin. http://www.bmbf.nawam-inis.de/. Zugegriffen: 3. Mai 2015.

Bürgow, G. (2014): *Urban Aquaculture – Water-sensitive transformation of cityscapes via blue-green infrastructures.* Dissertation 25.11.2013. Technische Universität Berlin. Schriftenreihe der Reiner-Lemoine-Stiftung. Herzogenrath: Shaker Verlag. doi:10.2370/9783844032628

Bürgow, G., Million, A., Steglich, A. (2014). ROOF WATER-FARM. Frisches Wasser und frischer Fisch vom Dach bis zum Fluss. *Stadt + Grün 7/2014,* 35–38.

Bürgow, G., Million, A., Steglich, A. (2015). Urbane (Ab-)Wasser- und Nahrungsmittelproduktion – Neue partizipative und multifunktionale Infrastrukturen in der Stadt. *RaumPlanung 180/4–2015,* 54–63. Informationskreis für Raumplanung e. V. (IfR). Dortmund.

EC (Hrsg.) (2010). LIFE Building up Europe's Green Infrastructure: Addressing connectivity and enhancing Ecosystem functions. Luxembourg: European Commission. http://ec.europa.eu/environment/life/publications/lifepublications/lifefocus/documents/green_infra.pdf. Zugegriffen: 6. März 2015.

EU (2006). RICHTLINIE 2006/7/EG DES EUROPÄISCHEN PARLAMENTS UND DES RATES vom 15. Februar 2006 über die Qualität der Badegewässer und deren Bewirtschaftung und zur Aufhebung der Richtlinie 76/160/EWG. Europäische Union. http://eur-lex.europa.eu/LexUriServ/LexUriServ.do?uri=OJ:L:2006:064:0037:0051:DE:PDF. Zugegriffen: 1. März 2015.

Ferguson, F. (Hrsg.) (2006). *Talking Cities: The Micropolitics of Urban Space*. Basel: Birkhauser-Publishers for Architecture.

Groot, R. S., Alkemade, R., Braat, L., Hein, L., Willemen, L. (2010). Challenges in Integrating the Concept of Ecosystem Services and Values in Landscape Planning, Management and Decision Making. *Ecological Complexity 7 (3)*, 260–272.

GTZ (Hrsg.) (2001). *Ecosan – Closing the Loop: Proceedings of the International Symposium*, 30–31 Oktober 2000. Bonn.

Hoyer, J., Dickhaut, W., Kronawitter, L., Weber, B. (2011). *Water Sensitive Urban Design: Principles and Inspiration for Sustainable Stormwater Management in the City of the Future*. Berlin: Jovis.

Jana, B. B. (1998). Sewage-fed Aquaculture: The Calcutta Model. *Ecological Engineering 11*, 73–85.

Kruse, E. (2011). *Integriertes Regenwassermanagement großräumig planen. Potentiale und Entwicklungsmöglichkeiten für Hamburg.* Abschlussbericht des William Lindley-Stipendiums, ausgelobt durch HAMBURG WASSER zur Förderung des innovativen, interdisziplinären Denkens junger Nachwuchskräfte. Hamburg.

Le Monde diplomatique (2012/13). *Atlas der Globalisierung Postwachstumsgesellschaften.* Berlin: taz Entwicklungs GmbH & Co.Medien KG.

Libbe, J., Beckmann, K. (2010). *Infrastruktur und Stadtentwicklung: Technische und soziale Infrastrukturen – Herausforderungen und Handlungsoptionen für Infrastruktur- und Stadtplanung.* Berlin: Deutsches Institut für Urbanistik.

Million, A., Bürgow, G., Steglich, A., Raber, W. (2014). ROOF WATER-FARM. Participatory and Multifunctional Infrastructures for Urban Neighborhoods. In R. Roggema, R., Keffe, G. (Hrsg.) *Proceedings – 6th AESOP Food Planning Conference Leuuwarden, the Netherlands, 5–7 November,* 659–678. Leeuwarden.

Nolde, E. (2014). Das ROOF WATER-FARM Projekt, Energie und Stoffkreisläufe dezentral mittels Abwasserrecycling schließen. *fbr-wasserspiegel 3/14, 16–17.*

Nolde, E./Katayama, V./Berling, R./Gehrke, I./Maga, D./Dinske, J./Million, A. (2016): The WATER-FOOD-ENERGY-NEXUS Future City: ROOF WATER-FARM as a multidisciplinary urban approach linking water resource management with building-integrated farming options. In: Environmental Earth Sciences, Special Issue: Water Resources and Research in Germany. (Eingereichte Veröffentlichung)

Raber, W., Wendt-Schwarzburg, H., Dierich, A. (2013). Vom Abwasser und anderen Rohstoffen – Unternehmerisches Denken für eine nachhaltige Entwicklung. In S. Schön, S. Mohajeri, M. Dierkes (Hrsg.), *Machen Kläranlagen glücklich? Ein Panorama grenzüberschreitender Infrastrukturforschung.* Berlin: inter 3 Institut für Ressourcenmanagement 2013.

Rakocy, James E., Michael P. Masser, and Thomas M. Losordo (2006). Recirculating aquaculture tank production systems: aquaponics – integrating fish and plant culture. *SRAC publication 454 (2006),1–16.*

RWF (2016): ROOF WATER-FARM – Sektorübergreifende Ressourcennutzung durch gebäudeintegrierte Landwirtschaft. In DIfU (2016). *INIS – Intelligente und multifunktionale Infrastruktursysteme für eine zukunftsfähige Wasserversorgung und Abwasserentsorgung* (S. 34–35). Berlin: Deutsches Institut für Urbanistik.

SENSTADT, TUB (Hrsg.) (2010). *Konzepte der Regenwasserbewirtschaftung, Gebäudebegrünung, Gebäudekühlung: Leitfaden für Planung, Bau, Betrieb und Wartung.* Berlin: Senatsverwaltung für Stadtentwicklung Berlin und Technische Universität Berlin.

SENSTADT (Hrsg.) (1995). *Merkblatt Betriebswassernutzung in Gebäuden: Auswertung der Berliner Modellvorhaben und der Betriebswassertagung vom 9. Februar 1995.* Berlin: Senatsverwaltung für Stadtentwicklung Berlin.

Schröter-Schlaack, C., Schmidt, J. (2015). Ökosystemleistungen grüner Infrastruktur. Erfassung, Bewertung, Inwertsetzung. *RaumPlanung 180/ 4–2015,* 17–21. Informationskreis für Raumplanung e. V. (IfR). Dortmund

Tzoulas, K., Kazmierczak, A., Korpela, K., Venn, S., Niemela, J., Yli-Pelkonen, V., James, P. (2007). Promoting Ecosystem and Human Health in Urban Areas Using Green Infrastructure: A Literature Review. *Landscape and Urban Planning 81,*167–178.

Verbücheln, M., Grabow, B., Uttke, A., Schwausch, M., Gaßner, R. (2013). *Szenarien für eine integrierte Nachhaltigkeitspolitik – am Beispiel: Die nachhaltige Stadt 2030 Band 2: Teilbericht „Kreislaufstadt 2030 ".* Dessau-Roßlau: Umweltbundesamt.

Weber, C. L., Matthews, S. H. (2008). Food-miles and the relative climate impacts of food choices in the United States. *Environmental Science & Technology 42.10: 3508–3513.* doi: 10.1021/es702969f

Internetseiten

ROOF WATER-FARM – Sektorübergreifende Wasserressourcennutzung durch gebäudeintegrierte Landwirtschaft: http://www.roofwaterfarm.com und https://www.facebook.com/roofwaterfarm (Zugegriffen: 25. September 2015)

ROOF WATER-FARM Verbundpartner:

Verbundkoordination, Städtebau und Kommunikation: Fachgebiet Städtebau und Siedlungswesen an der TU Berlin – Forschungsprojekte: http://urbandesign.staedtebau.tu-berlin.de/ (Zugegriffen: 30. August 2015)

Projektmanagement/Administration: ZEWK kubus – Kooperationsstelle für Umweltfragen: http://www.tu-berlin.de/?49335/ (Zugegriffen: 30. August 2015)

Technologieforschung Grauwasser: http://www.nolde-partner.de (Zugegriffen: 29. September 2015)

Technologieforschung Schwarzwasser: http://www.umsicht.fraunhofer.de (Zugegriffen: 29. September 2015)

Technologieforschung Gewächshaus: http://www.terraurbana.de (Zugegriffen: 29. September 2015)

Akteurs und Innovationsforschung: Institut für Ressourcenmanagement – http://www.inter3.de (Zugegriffen: 29. September 2015)

Assoziierter Kommunaler Partner: Senatsverw Senatsverwaltung für Stadtentwicklung und Umwelt, Abteilung Z: http://www.stadtentwicklung.berlin.de (Zugegriffen: 29. September 2015)

Filmdokumentation „Landraub" – http://www.landraub.com/Der-Film/ (Zugegriffen: 22. September 2015)

Urban Farming Projektinitiativen: http://www.himmelbeet.de; http://www.klunkerkranich.de; http://prinzessinnengarten.net (Zugegriffen: 25. September 2015)

Kartographieverbund der TU Berlin – https://www.planen-bauen-umwelt.tu-berlin.de/menue/einrichtungen/kartographieverbund/ (Zugegriffen: 29. September 2015)

Pressespiegel

Berliner Zeitung (04.08.2015): Goldwasserfarmer aus Kreuzberg. Wie die Toilettenspülung Gewächshäuser auf Hausdächern unterstützen kann.

taz.de (15.06.2015): Umweltproblem Kanalisation. Starkregen verpestet Landwehrkanal.

bz-berlin.de (25.06.2015): Drama in der Spree. Tausende tote Fische treiben im Wasser.

WiWoGreen (20.09.2015). Urban Farming: Gemüsezucht mit Recyclingwasser. http://green.wiwo.de/urban-farming-gemuesezucht-mit-recycling-wasser/ Zugegriffen: 25. September 2015

Teil III

Perspektiven der urbanen Land(wirt)schaft

Städtische Landwirtschaft als integrativer Faktor einer Klima- und Energie-optimierten Stadtentwicklung: Das Beispiel Casablanca

Maria Gerster-Bentaya

Zusammenfassung

Zwischen 2005 und 2014 lag der Fokus des Projektes ‚Städtische Landwirtschaft als integrativer Faktor einer Klima- und Energie-optimierten Stadtentwicklung, Casablanca/Marokko' auf der städtischen Landwirtschaft, ihr Beitrag zu einer Klima- und Energie-effizienten Stadtentwicklung, die Gestaltung und nachhaltige Verankerung in der Stadtplanung Casablancas. Die Landwirtschaft im Großraum Casablanca ging in den vergangenen Jahren überwiegend aufgrund von Klimaveränderungen stark zurück und leistete der rasanten Bebauung Vorschub. In den acht Jahren Projektlaufzeit konnten über die Arbeit in Pilotprojekten konkrete Möglichkeiten identifiziert und getestet werden, wie Synergien zwischen dem städtischen und ländlichen Raum in der Großstadtregion aussehen können. Vier Subkonzepte und die Idee multifunktionaler Raumsysteme ergaben neun Stadt-Land-Morphologien, die verschiedene Typen städtischer Landwirtschaft in Abhängigkeit der vorherrschenden Raumstruktur darstellen. Empfehlungen zu einer Verankerung in der Stadtplanung wurden erarbeitet. Als Megastadt von Morgen weist Casablanca alle Eigenschaften einer großen Herausforderung auf, mit seiner hohen Komplexität, seinen widersprüchlichen und teilweise fehlenden Daten und daher großen Unsicherheit, hohen Informalität und permanenten und schnellen Veränderungen.

M. Gerster-Bentaya (✉)
Stuttgart, Deutschland
E-Mail: m.gerster-bentaya@uni-hohenheim.de

© Springer Fachmedien Wiesbaden GmbH 2017
S. Kost und C. Kölking (Hrsg.), *Transitorische Stadtlandschaften,*
Hybride Metropolen, DOI 10.1007/978-3-658-13726-7_9

Schlüsselwörter
Periurbane Landwirtschaft · Stadt-Land-Beziehung · Multifunktionalität · Transdisziplinarität · Casablanca · Megacities

1 Hintergrund

1.1 Casablanca: eine Megastadt von morgen

Casablanca ist die am schnellsten wachsende Stadt in Marokko. Das wirtschaftliche Herz des Landes zieht jährlich tausende Menschen aus den ländlichen Regionen des Landes an. Mit einer (legalen) Einwohnerzahl von 3,8 Mio. im Jahre 2011 (HCP 2013, S. 6) ist Casablanca mehr als doppelt so groß als noch vor 30 Jahren. Es wird geschätzt, dass bis im Jahr 2030 die Einwohnerzahl auf weit über 5 Mio. Einwohner angestiegen sein wird (AUC 2008). Die Zuwanderer aus den ländlichen Gebieten suchen nach besseren Lebensbedingungen, vor allem Gesundheitsdienste und Bildungseinrichtungen für ihre Kinder. Viele Familien leben in Slums ohne Zugang zu Einrichtungen der Grundversorgung. Die Stadt breitet sich nicht nur vom Zentrum in die Peripherie aus, sondern die verschiedenen Subzentren in der Großregion Casablanca dehnen sich in das Hinterland aus. Dadurch entstehen viele verschiedene Raummuster mit unterschiedlichen Lebensbedingungen für die Menschen und sehr ungleich verteiltem Zugang zu Einrichtungen der Grundversorgung. Der informelle, nicht planbare Landkonsum für Bebauung oder Industrie verändert nicht nur das Bild der Stadt, sondern auch die landwirtschaftliche Nutzung des peri-urbanen Raums ganz erheblich (Abb. 1).

Obwohl Casablanca am Atlantik liegt, wo im Hochsommer Aufwinde ins Landesinnere strömen, heizen sich Luft und Gebäude vor allem in den dicht bebauten Stadtteilen, wo sich weniger Vegetation befindet, auf. Der dichte Verkehr, Abgase und Lärm sowie der Hitzestress machen den Bewohnern zusätzlich zu schaffen. Die Klimaveränderungen der vergangenen Jahre (lange Dürreperioden, Überflutungen) beeinflussten und beschleunigten den Wandel in der Landwirtschaft rund um und in Casablanca (Scherer et al. 2015).

1.2 Peri-urbane Landwirtschaft in der Großregion Casablanca

Die Großregion Casablanca besteht aus den 16 Arrondissements der Stadt Casablanca, weiteren sechs städtischen Gemeinden der Präfektur Mohammedia und der

Abb. 1 Karte Großraum Casablanca. (Quelle: verändert nach: Google Earth, 28.1.2016)

beiden Provinzen Médoiuna und Nouaceur sowie 10 ländlichen Gemeinden der Präfektur Mohammedia und der beiden Provinzen Médoiuna und Nouaceur (HCP 2010, S. 15)[1]. Obwohl auch in diesen Gemeinden die Industrialisierung zunimmt und die nicht-landwirtschaftliche Bevölkerung überwiegt, zeichnet die Landwirtschaft das Landschaftsbild. Im Jahre 2010 waren offiziell 11.119 landwirtschaftliche Betriebe registriert, die insgesamt 67.874 ha im Großraum Casablanca (117.398 ha) bewirtschafteten. Die durchschnittliche Flächengröße liegt bei 9,2 ha, doch besitzen über 77 % der Landwirte weniger als 5 ha (siehe Tab. 1). Die landwirtschaftliche Bevölkerung beträgt 1,8 % der Erwerbstätigen[2] Casablancas (HCP 2010).

---

[1]Offizielle Zahlen über Landwirtschaft, landwirtschaftliche Aktivitäten werden nur in den ländlichen Gemeinden erhoben und können daher bezogen auf den Großraum Casablanca unvollständig sein.

[2]Nicht eingeschlossen sind die informell im landwirtschaftlichen Sektor Tätigen, z. B. als Saisonarbeiter und Erntehelfer auf den Betrieben, oder Familien, die vom Land teilweise mit ihren Tieren in informelle Siedlungen des Großraums Casablanca ziehen und dort weiterhin Subsistenzlandwirtschaft betreiben.

Tab. 1 Betriebsgröße und Flächenanteil. (HCP 2010, S. 38)

Flächengröße (in ha)	Anzahl Betriebe		Fläche	
	abs.	%	ha	%
0–5	8621	77,5	16.424	24,2
5–10	1301	11,7	11.243	16,6
10–20	782	7,0	12.869	19,0
20–50	288	2,6	10.548	15,5
50 und mehr	127	1,2	16.790	24,7
Total	11.119	100,0	67.874	100,0

Tab. 2 Landnutzung für landwirtschaftliche Kulturen. (HCP 2010, S. 39)

	Fläche	
Anbaukulturen	abs.	%
Getreide	40.530	72,0
Hülsenfrüchte	760	1,4
Gemüse	4802	8,5
Futterpflanzen	9645	17,1
Obstbäume	575	1,0
Total	56.312	100,0

Noch vor 50 Jahren galt die Region um Casablanca als wichtiges Anbaugebiet für Getreide. Sinkende und unregelmäßige Niederschläge zwangen die Landwirte, die Bewirtschaftung aufzugeben. Auch bisher bewässerte Flächen vor allem für Gemüse mussten wegen des sinkenden Grundwasserspiegels aufgegeben werden. Dies hatte nicht nur eine Verarmung der landwirtschaftlichen Bevölkerung rund um Casablanca zur Folge, sondern leistete dem spekulativen Landaufkauf großen Vorschub (Mdafai et al. 2015). Auf den verbliebenen Flächen werden über 70 % der landwirtschaftlichen Flächen für den Anbau von Getreide (Gerste, Hart- und Weichweizen) genutzt. Der Anbau von Futterpflanzen (Mais, Kleegras) hängt ab vom Niederschlag bzw. der Möglichkeit zur Bewässerung und wurde im Jahr 2008 knapp auf über 17 % der Flächen angebaut, und für Gemüseproduktion wurden 8,5 % der Flächen eingesetzt (siehe Tab. 2).

Landwirtschaft in der Großregion Casablanca wird sehr isoliert betrachtet. Bis 2008 wurde die Landwirtschaft in keinem Stadtentwicklungsplan erwähnt und die im Stadtgebiet landwirtschaftlich genutzten Flächen vom Stadtplanungsamt als Bauland betrachtet[3]. Bei Veränderungen des Landnutzungsplans wird die regionale Landwirtschaftsverwaltung zwar angehört, jedoch deren Einwände nie beachtet[4]. Im ‚Plan Maroc Vert' stellte im Jahr 2008 das Ministerium für Landwirtschaft und Fischerei seine Strategie zur Förderung der marokkanischen Landwirtschaft vor mit dem Ziel, die landwirtschaftliche Produktivität insgesamt zu erhöhen und Kleinbauern (Landwirte mit weniger als 5 ha) über verschiedene Förderprogramme besser an den Markt anzubinden (MDA 2008). Für jede Region Marokkos wurde gemäß den speziellen klimatischen Bedingungen und agronomischen Potenzialen ein Plan entwickelt; auch für die Großregion Casablanca. Dieser Plan nimmt jedoch keinerlei Bezug zu den besonderen Bedingungen und Herausforderung der Großstadtregion (Stadtnähe und Vermarktung, mögliche Synergien, Bodenkontamination, Verschmutzung, Wasserkonkurrenz, -knappheit und -qualität). Stadtverwaltung und Landwirtschaftsverwaltung arbeiteten weiterhin nebeneinander her.

1.3   Das Forschungsprojekt

Diese oben geschilderten und überaus komplexen Vorgänge in Casablanca waren Ausgangspunkt des Forschungsprojektes, das vom Bundesministerium für Bildung und Forschung (BMBF) von 2005 bis 2014 gefördert wurde. Das Casablanca-Projekt war eines der neun Forschungsprojekte, das zur Thematik ‚Megastädte von Morgen' innovative Lösungen für energie- und klimaeffiziente Strukturen in urbanen Wachstumszentren forschte[5] (BMBF 2008). In der wirtschaftlichen Hauptstadt Marokkos ging es um die Frage, wie städtische Landwirtschaft aussehen muss, damit sie wie andere Gestaltungselemente einer Stadt ebenbürtig als Baustein einer nachhaltigen Stadtentwicklung eingesetzt werden und Lösungen zu den zentralen Herausforderungen einer künftigen Megastadt beitragen kann. Die Bereitstellung von adäquatem Wohnraum für die zunehmende Bevölkerung, der

---

[3]Kaioua, M. 2008, Deutsch-marokkanischer Planungsworkshop, (persönliche Kommunikation, 28.6.2008).

[4]Hassani, M. 2008, Deutsch-marokkanischer Planungsworkshop, (persönliche Kommunikation, 28.6.2008).

[5]weitere am Programm beteiligten Städte waren: Addis Abeba (Äthiopien), Hefei (China), Ho-Chi-Minh-Stadt (Vietnam), Johannisburg/Provinz Gauteng (Südafrika), Teheran/ Karadsch (Iran), Lima (Peru), Shanghai und Urumqi (China).

steigende und der im peri-urbanen Raum verstreute Landkonsum, die Versorgung einer stetig wachsenden Bevölkerung mit gesunden Nahrungsmitteln, der Klimawandel, Wasser- und Energieknappheit waren daher die zentralen Themen bei gleichzeitiger Betrachtung der Machbarkeit bzw. Umsetzung im politischen und administrativen Feld. Die konkreten Fragen des Forschungsprojektes lauteten:

1. Welche Rolle kann die städtische Landwirtschaft bei der Anpassung an die Konsequenzen des Klimawandels, beim Klimaschutz und im Hinblick auf Energieeffizienz einnehmen?
2. Wie kann städtische Landwirtschaft als eine innovative Strategie für nachhaltige Landkonservierung in den städtischen Ballungsräumen von Morgen aussehen?
3. Wie kann städtische Landwirtschaft zur Armutsminderung beitragen?
4. Wie kann eine städtische Landwirtschaft als Element/Baustein in die Stadtplanung eingebunden werden – unter Berücksichtigung der lokalen Bedingungen?

Im Projekt arbeiteten sechs universitäre Einrichtungen aus Deutschland, vier aus Marokko sowie 12 Praxispartner aus Casablanca zusammen.

2 Konzepte, Ansatz und Methoden

2.1 Transdisziplinarität

Der WBGU (2011) beschreibt die Urbanisierung als einen Megatrend der globalen Wirtschaft und Gesellschaft. Die Entwicklung einer Megastadt und somit Casablancas kann durchaus als eine der ‚Grand Challenges' (EU 2012) betrachtet werden: Die Vielzahl und unterschiedlichen Akteure (die sich zudem im Verlauf des Projektes innerhalb der beteiligten Partnerorganisationen immer wieder änderten), komplexe Zusammenhänge, die hohe Informalität, fehlende und unklare Daten und eine daraus resultierende große Unsicherheit verlangten nach einem flexiblen Forschungsansatz. Das gesellschaftliche Problem musste so real wie möglich und nötig definiert werden, um relevante und tragfähige Lösungen entwickeln zu können. Daher lag ein transdisziplinäres Vorgehen nahe. Die Handlungsempfehlungen nach Hirsch Hadorn et al. (2008) wurden als Grundlage nicht nur für das Projektdesign herangezogen, sondern waren Leitlinien während der gesamten Projektdauer und lieferten die Struktur für die Publikation, mit der die Ergebnisse und Erkenntnisse des 9-jährigen Forschungsprojektes aufbereitet wurden (siehe Giseke et al. 2015).

2.2 Multifunktionalität und Synergiebildung

Wichtiger Ausgangspunkt für die inhaltliche Bearbeitung war das Konzept der Multifunktionalität der Landwirtschaft und deren Anwendung auf den Kontext einer Megastadt (siehe Abb. 2).

Ausgewählte Elemente multifunktionaler Landwirtschaft wurden in Beziehung gesetzt mit speziell für Casablanca relevanten Herausforderungen der künftigen Stadtentwicklung: Daraus sollten Synergien identifiziert und möglichst umgesetzt werden zwischen den sektoralen Aspekten, unter der die Stadt betrachtet wird:

- Freiraum/Urbanismus/städtische Ökonomie,
- Klima/Umwelt,
- nachhaltiges Wasser- und Energiemanagement,
- Sozioökonomie und Landwirtschaft sowie
- Zivilgesellschaft/Geschlechtergerechtigkeit.

Abb. 2 Multifunktionalität städtischer Landwirtschaft. (Ergänzt nach Duchemin et al. 2008, S. 44)

Die Kombination der sektoralen mit den multifunktionalen Aspekten erbrachte Ansatzpunkte für die Identifizierung von Synergien mit vier verschiedenen Schwerpunkten: Industrie, informelle Siedlungen, Naherholung, gesunde Produktion (vgl. Abb. 3).

Zentrales Element im Projekt war die Vertiefung dieser vier ausgewählten Synergie-Komplexe in *Pilotprojekten.* Da in den folgenden Abschnitten immer wieder auf die Ergebnisse der Pilotprojekte Bezug genommen wird, werden sie im Folgenden kurz charakterisiert.

2.3 Die Pilotprojekte

Zentraler Aspekt des Forschungsprojektes war das Entwickeln und Testen von Lösungen, um die Transformation der bestehenden landwirtschaftlichen Praktiken zu befördern und zu demonstrieren, wie eine multifunktionale Landwirtschaft in der Stadt aussehen kann. Zu diesem Zweck wurden spezielle Gebiete ausgewählt,

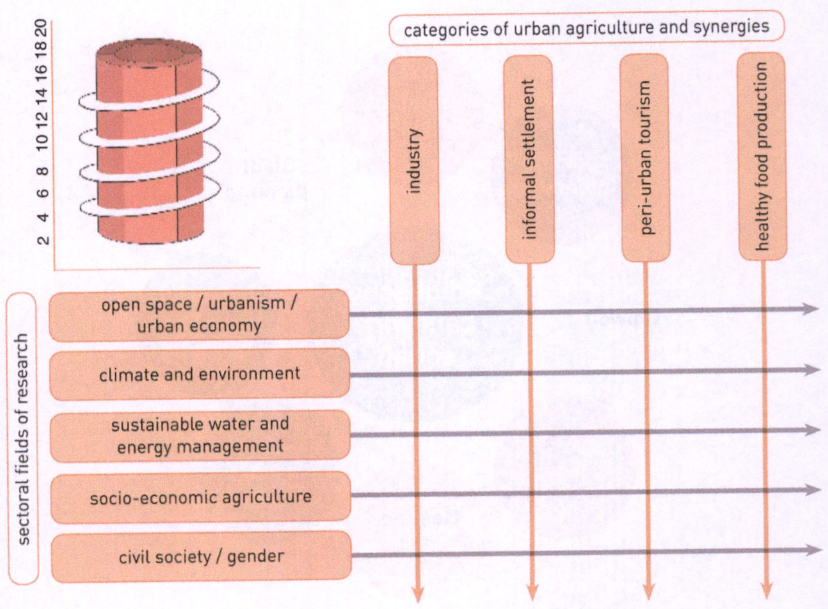

Abb. 3 Kombination sektoraler Themen mit ausgewählten Aspekten multifunktionaler Landwirtschaft. (UAC-Projekt 2007, S. 25)

in denen eine bestimmte Kombination möglicher Synergien zwischen den städtischen und ländlichen/landwirtschaftlichen Funktionen weiter entwickelt und getestet werden konnten (siehe Abb. 4).

Im *Pilotprojekt 1 Technopol, Médiouna* wurden Synergien zwischen behandeltem industriellen Abwasser und dem Nutzen für die Nahrungsmittelproduktion in der Landwirtschaft im peri-urbanen Raum erforscht. Mithilfe einer zusätzlichen dritten Reinigungsstufe in einer Destillieranlage im Industriegebiet am Flughafen (Technopol) kann nun aus Abwasser Wasser für die Bewässerung erzeugt werden, das weitaus weniger Schwermetalle enthält als das von den Landwirten benutzte Brunnenwasser. Ein privates Wasserversorgungsunternehmen übernahm die Technologie in einem von ihm betriebenen Klärwerk und ist nun in der Lage, gereinigtes Wasser in einen ausgetrockneten Flusslauf einzuspeisen und für die Bewässerung zugänglich zu machen.

Das *Pilotprojekt 2 Ouled Ahmed* arbeitete zu Synergien zwischen städtischer Landwirtschaft und der Verbesserung der Lebensbedingungen von Bewohnern in informellen Siedlungen. Neben einem Schulgarten zur Unterstützung des Unterrichts

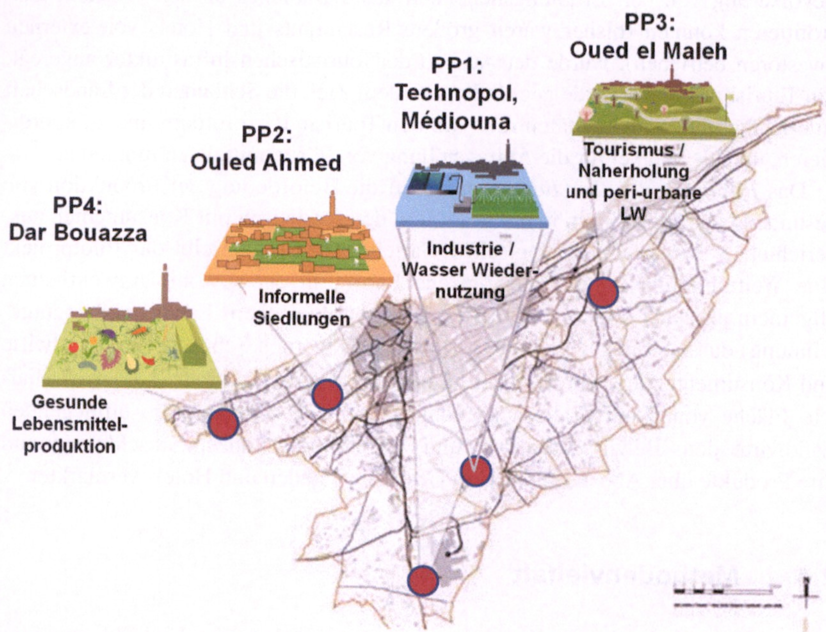

Abb. 4 Verortung der vier Pilotprojekte im Großraum Casablanca. (UAC-Projekt 2010, S. 4–5)

entstand eine sog. ‚ferme solidaire' (Solidaritäts-Farm), in der Frauen aus dem Stadtviertel sich als Verein zusammenschlossen und ein Stück Land bewirtschafteten. Unterstützt wurden sie von einer lokalen NRO (Nicht-Regierungs-Organisation) in Form von Ausbildung in ökologischer Landwirtschaft und Saatgutherstellung. Durch die gemeinsame Arbeit auf dieser Solidaritäts-Farm konnten soziale Netzwerke geknüpft werden, die Frauen sahen sich in ihrem Status verbessert und entwickelten selbstständig Ideen zur Verbesserung ihrer Situation. Zentral war auch die Errichtung einer Pflanzenkläranlage auf dem Farmgelände, die das Wasser aus dem benachbarten Hammam reinigte, und das Wasser für die Bewässerung lieferte.

Im *Pilotprojekt 3 Oued le Maleh* waren an den Synergien zwischen Tourismus und peri-urbaner Landwirtschaft zunächst nur die Frauen daran interessiert, mit dem Projekt die Qualität ihrer am Wegrand vermarkteten landwirtschaftlichen Produkte sowie die Vermarktung insgesamt zu verbessern (Verkaufsstände, Präsentation und Verkauf von Produkten), und die Produktpalette über Verarbeitung zu erweitern. So sollte die kleinteilige Landwirtschaft, die das Flusstal in eine pittoreske Landschaft verwandelt, erhalten bleiben. Die Frauen gründeten einen Verein, der ihnen Zugang zu nationalen Fördermitteln ermöglichte. Damit auch die lokale Bevölkerung von den Erholungsuchenden aus Casablanca an den Wochenenden profitieren konnten (bisher waren größere Restaurants und Hotels von externen Investoren betrieben), wurde der Ausbau der touristischen Infrastruktur angeregt. Ein Tourismusverein wurde gegründet, mit dem Ziel, die Schönheit der Landschaft zu erhalten und die Aktivitäten rund um den Tourismus zu fördern und zu koordinieren, und als Vehikel für die Antragstellung von Fördermitteln zu fungieren.

Das *Pilotprojekt 4 Dar Bouazzah* ist auf die Beförderung der Produktion von gesunden Nahrungsmitteln in der Stadt und den Austausch mit Konsumenten ausgerichtet. Neben einem ökologischen Gartenbaubetrieb betreibt das Pilotprojekt eine Weiterbildungsstätte (Pädagogische Farm), in der sowohl Umweltthemen allgemein als auch konkrete Kurse (z. B. in ökologischem Landbau, Saatgutgewinnung) durchgeführt werden. Als Zielgruppen werden Schulklassen, Landwirte und Konsumenten angesprochen. Im Laufe des Projektes konnte die bewirtschaftete Fläche von 5 auf 80 ha ausgedehnt werden, indem sich die umliegenden Landwirte dem Bewirtschaftungs- und Vermarktungskonzept anschlossen und ihre Produkte über Abo-Kisten und in Gesundheitsläden und Hotels vermarkten.

2.4 Methodenvielfalt

Neben der Aufarbeitung vorhandener Literatur wurden eine Vielzahl von Studien zu sozialen Praktiken, landwirtschaftlichen Produktionssystemen, Bodenanalysen mithilfe qualitativer und quantitativer Methoden durchgeführt. Für das

Gesamtprojekt und jedes Pilotprojekt wurden Stakeholder-Analysen erstellt und immer wieder aktualisiert. Workshops zur Bearbeitung spezieller Forschungsfragen, zur Erstellung von Entwicklungsszenarien sowie Wettbewerbe und Zukunftswerkstätten wurden durchgeführt (Giseke et al. 2015, S. 38–53, 90–99).

Im Rahmen von Aktionsforschung wurden mit den Akteuren innovative Konzepte und Instrumente entwickelt und getestet. Aus diesen im lokalen Kontext gewonnen Erkenntnissen wurden Schlussfolgerungen und Handlungsempfehlungen sowohl für die Großregion Casablanca als auch für Megastädte allgemein abgleitet. Umgekehrt wurden Forschungserkenntnisse, die sich entweder auf die Region oder andere Pilotprojekte bezogen, in die Aktivitäten der Pilotprojekte eingespeist.

In den folgenden Abschnitten werden die Erkenntnisse aus dem Forschungsprojekt zu den zentralen Fragen des Forschungsprojektes vorgestellt.

3 Ergebnisse

3.1 Klima, Energieeffizienz und städtische Landwirtschaft

Industrie und Landwirtschaft konkurrieren stark um Wasser. Aufgrund der Wasserknappheit wurde dieses Problem besonders intensiv behandelt. Die Synergien zwischen gereinigtem Abwasser und städtischer Landwirtschaft konnten mehrfach und sehr konkret aufgezeigt werden:

Die traditionellen Hammam sind in jedem marokkanischen Stadtviertel für die Bewohner nicht wegzudenken. Allerdings verbrauchen sie extrem viel Wasser (ca. 125 m³/Tag) und Energie (bis zu 1,5 t Holz täglich) und produzieren damit große Mengen an Abwasser und Treibhausgasen. Das Pilotprojekt 2 errichtete eine dezentrale Pflanzenkläranlage für das Abwasser des Hammam in Ouled Ahmed auf dem Gelände der Solidaritätsfarm. Mit dem gereinigten Wasser für die Bewässerung der ‚ferme solidaire' wurde die Bewirtschaftung durch die Frauen erst möglich (Dass das gereinigte Wasser auch auf Interesse des Betreibers des benachbarten Obstgartens und Stifter des Grundstückes der Solidaritätsfarm gestoßen ist und die Frauen daher das Wasser nicht mehr nutzen konnten, ist zwar schade, aber auch ein Beweis für das Interesse an lokalen Lösungen).

Im Technopol (Pilotprojekt 1) wurde durch den Einbau einer dritten Reinigungsstufe mit Membrantechnologie das Wasser so stark gereinigt, dass das Industrieunternehmen an der Wiedernutzung des Wassers selbst interessiert ist, da es dadurch Wassereinsparungen realisieren und mit dem Überschuss die umgebenden Grünanlagen bewässern kann. Dadurch steht nun mehr Wasser aus den

Brunnen für die Bewässerung der Felder zur Verfügung. In Médouna wird das gereinigte Abwasser in einen trocken gefallenen Fluss geleitet, der nicht nur zur Bewässerung genutzt wird, sondern auch die Wasserfälle im Oued el Maleh-Tal speist, die im Sommer ansonsten versiegen.

Für die Gesamtregion Casablanca konnten mit Hilfe von Klimadaten Gebiete identifiziert werden, die über produktive grüne Infrastruktur eine Minderung des Hitzestresses bewirken, zur Regulierung von Überflutung bei Starkregen geeignet sind oder in denen eine klimaangepasste landwirtschaftliche Nutzung angeraten ist (Feiertag et al. 2015).

3.2 Städtische Landwirtschaft als eine innovative Strategie für nachhaltige Landkonservierung in den städtischen Ballungsräumen von Morgen

Was innovativ ist, hängt vom Kontext ab. Technologien, Ansätze, Arbeitsweisen können an einem Ort längst gute Praxis sein, während sie an anderen Stellen unbekannt und daher (noch) nicht umgesetzt sind bzw. noch nicht in einer bestimmten Kombination oder Verwendung Einzug gefunden haben (Hoffmann et al. 2009). Innovativ im Casablanca-Projekt ist weniger die Tatsache, dass städtische und peri-urbane Landwirtschaft durch vielfältige Produktionssysteme vertreten ist, als vielmehr die Art, wie diese Produktionssysteme mit anderen städtischen Funktionen und Konzepten verknüpft und so langfristig gesichert werden können.

Die Verknüpfung von industrieller Wassernutzung, Reinigung und Nutzung für landwirtschaftliche Produktion (wie z. B. im Pilotprojekt 1) oder die Verbindung eines Hammams mit der Wasseraufbereitung in einer benachbarten sehr kleindimensionierten Pflanzenkläranlage und die Nutzung des gereinigten Wassers für einen Gemeinschaftsgarten (in Pilotprojekt 2) waren in Casablanca Neuerungen.

Innovativ war in Pilotprojekt 4 die Einführung eines Abokisten-Systems und die Belieferung von Gesundheitsläden der Stadt: initiiert und unterstützt durch die NRO ‚Terre et Humanisme Maroc' schloss sich eine Gruppe von ökologisch wirtschaftenden Landwirten und Konsumenten der Stadt Casablanca zu einem Verein zusammen. Die Konsumenten erhalten wöchentlich einen Korb saisonaler Lebensmittel, deren Kosten höher als die konventionellen Lebensmittel vom Markt sind. Dank dem direkten Kontakt mit den Produzenten und dem Wissen, ökologisch erzeugte Lebensmittel zu erhalten, sind die Konsumenten bereit, den höheren Preis zu bezahlen. Die Nachfrage ist größer als das Angebot. Die Bauern sind sehr an einer Mitgliedschaft interessiert, brauchen jedoch Zeit, um die Auflagen des Vereins zu erfüllen (vgl. dazu ausführlicher Brand et al. 2015; Prystav et al. 2015; Gerster-Bentaya et al. 2015a; Naneix et al. 2015).

Die geschilderten Aktivitäten bewirken, dass landwirtschaftliche Aktivitäten Ausgangspunkt für weitere ökonomisch rentable Betriebszweige sein und gleichzeitig in einem städtischen Kontext ausgeübt werden können.

Landwirtschaft allgemein und städtische in noch größerem Maße ist abhängig vom Standort – nicht nur physisch, sondern auch von den speziellen Gegebenheiten des städtischen, räumlichen und sozialen Umfelds. Eine breite Palette möglicher Formen städtischer Landwirtschaft kann daher infrage kommen. Diese hängt im Wesentlichen auch ab von der Struktur der Stadt selbst und der Rolle, die in der Stadtentwicklung/ -planung der Landwirtschaft zugesprochen wird und durchgesetzt werden kann. Ist eine permanente landwirtschaftlich/gärtnerische Nutzung von urbanen bzw. peri-urbanen Flächen möglich, können andere Produktionssysteme und Modelle erfolgreich sein, als auf zeitlich begrenzten als Übergangsnutzung verfügbaren Flächen. Einer biologischen/organischen Produktion ist aus ökologischen Gründen der Vorrang zu geben. Wie stark sie sich entwickeln kann, hängt jedoch auch ab von der Nachfrage der Stadtbewohner nach diesen Lebensmitteln. Zudem sind Bodenbeschaffenheit und Umwelteinflüsse (Abgase, Altlasten, etc.) zu prüfen, ob eine solche Produktion möglich ist und welche Alternativen ggf. infrage kommen (z. B. Hydroponics).

Diese Überlegungen waren die Grundlage für das innovative Denken in integrierten Konzepten, die über die enge und sektorale Definition urbaner Landwirtschaft hinausgehen: die fünf integrativen Subkonzepte (Städtische Landwirtschaft und 1) regionale Lebensmittelproduktion, 2) schöne, produktive Landschaft, 3) Ressourcen-effiziente urban-rurale Kreisläufe, 4) klimaregulierende Dienstleistungen, 5) rurbaner[6] Lebensraum), die für Casablanca vorgeschlagen wurden (Kasper et al. 2015, S. 356) und die urbane Landwirtschaft im nicht klassischen Sinne mit der Stadtplanung zusammenbrachte, weckten das Interesse des Direktors und seiner Mitarbeiter des Stadtplanungsamtes.

Innovativ war auch die Entwicklung multifunktionaler Raumsysteme über neun Stadt-Land-Morphologien (Abb. 5). In Abhängigkeit der dominanten Struktur (z. B. dichte Bebauung, verstreute Siedlungen, vereinzelte Residenzen in landwirtschaftlich genutzten Flächen, etc.) werden in den Raum landwirtschaftlich/ gärtnerische Elemente gebracht, die eine neue Stadtlandschaft ergeben und gleichzeitig produktiv und klimawirksam sind (siehe ausführlicher dazu Kasper et al. 2015). In diesen neun Morphologien sind alle Arten von städtischer

---

[6]ein Ort, der sowohl städtische als auch ländliche Merkmale aufweist.

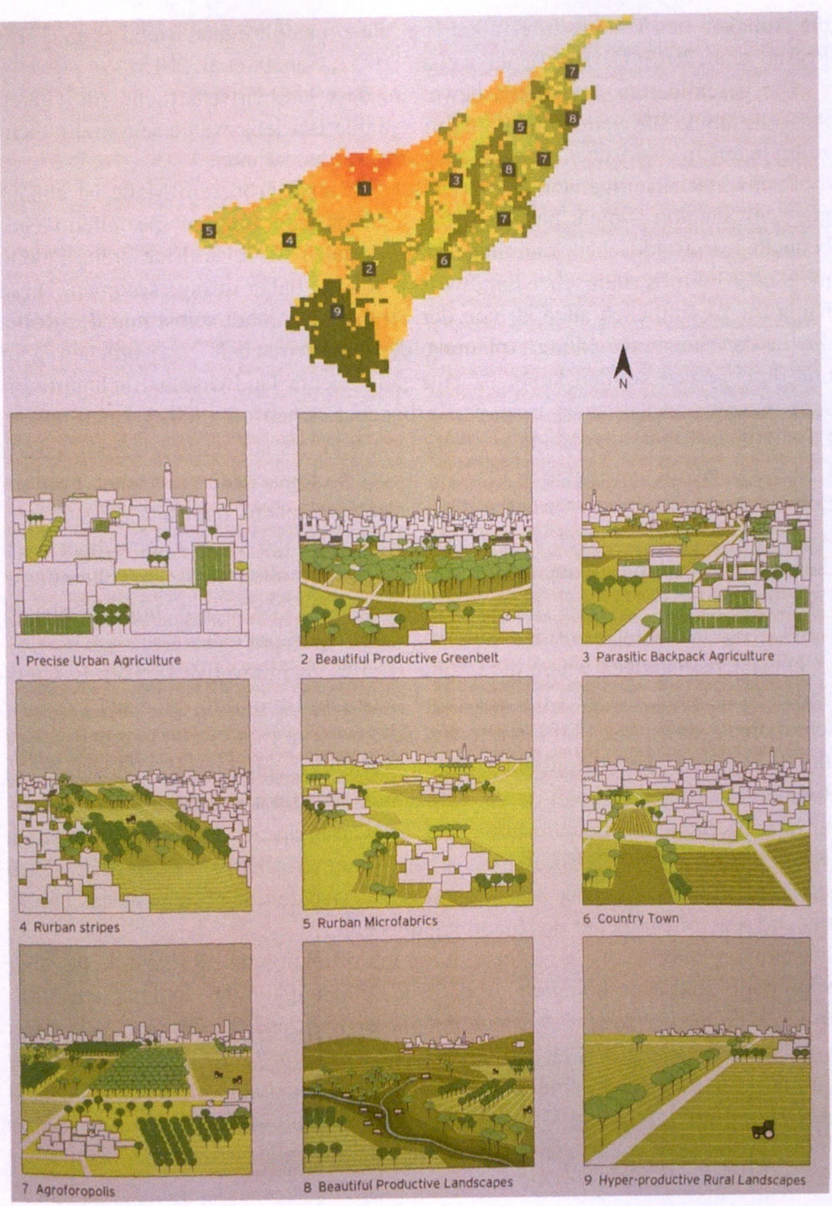

Abb. 5 Die neun Stadt-Land-Morphologien. (Giseke et al. 2015a, S. 319)

Landwirtschaft vertreten: von intensiver Landwirtschaft (hyperproductive agriculture) bis hin zu kleinen, nur wenige Elemente umfassende Grünflächen an Gebäuden.

Die Produktion aus Gemeinschaftsgärten ist überwiegend für den Eigenkonsum, gelegentliche Überschüsse können auf lokalen Märkten (im Stadtteil oder direkt an der Straße) verkauft werden. Wichtiger als die Produktion war für die Betreiberinnen des Gemeinschaftsgartens in Casablanca die Möglichkeit, sich außerhalb des Hauses zu treffen und auszutauschen. Durch die zusätzliche Ausbildung in ökologischem Anbau und das soziale Netzwerk konnten die Frauen mehr Selbstbewusstsein gewinnen und ihre soziale Stellung in der Gemeinschaft verbessern.

Auch lässt sich leicht die Produktion von Nischenprodukten einbauen, die sich aus sich verändernden Ernährungsgewohnheiten ergeben (wie z. B. Pilze, Schnecken, ...) und daher einen Absatzmarkt finden und rentabel betrieben werden können. Sie sind Alternativen vor allem für kleinere städtische Flächen und werden in Casablanca zunehmend umgesetzt. Dabei können Synergien mit nicht-landwirtschaftlichen, städtischen Aktivitäten erzielt werden, wie die Produktion und der Einsatz von kompostiertem urbanem Bioabfall.

Schulgärten sind eine weitere Möglichkeit, um vor allem bei jungen Menschen Aufklärung zu betreiben und Wissen um natürliche Prozesse, Umweltschutz, nachhaltige Entwicklung zu vermitteln. Art, Größe und Nutzung hängt stark vom Engagement der Betreuer ab.

Das Beispiel des dritten Pilotprojektes hat gezeigt, dass die Verbindung von landwirtschaftlicher Produktion, Weiterverarbeitung, Direktvermarktung und Tourismus wichtige Faktoren für den Bestand der städtischen Landwirtschaft sind. Die Schaffung einer lokalen Identität (Logo auf Tüchern und den Schürzen der Frauen beim Verkauf, Etiketten auf verarbeiteten Produkten) sowie die Garantie guter Qualität bei der Verarbeitung sind dabei essenziell. Broschüren, die über Inhalte und gesundheitliche Wirkung der Produkte informieren, klären Touristen zusätzlich auf. Ein Kochbuch mit Rezepten der Frauen aus der Region unter Verwendung der lokalen Lebensmittel weckt zudem das Interesse.

3.3 Städtische Landwirtschaft als Beitrag zur Armutsminderung

Armut wird häufig als große Entbehrung im bzw. fehlendes Wohlergehen (pronounced deprivation in well-being) bezeichnet (WB 2000, S. 15). Armut erstreckt sich jedoch nicht nur auf fehlendes Einkommen, sondern beschreibt nach Sen

(1987) das Fehlen von Schlüsselfähigkeiten, in der Gesellschaft zu funktionieren und schließt auch Bildung, Gesundheit, Sicherheit und Selbstwertgefühl ein und ist folglich sehr vielschichtig.

Daher ist es zwar wichtig, die ökonomische Rentabilität der verschiedenen produktiven Systeme zu bewerten, die allerdings schwer zu berechnen ist. Viele Produkte werden direkt vermarktet, über informelle Händler am offiziellen Markt vorbei geschleust, Löhne für Saisonarbeiter werden bar bezahlt und nicht deklariert, um Steuern und Abgaben zu vermeiden. Durch diese hohe Informalität wird der ökonomische Beitrag eher niedriger geschätzt als er tatsächlich ist (Berdouz 2012).

Die urbane Landwirtschaft, d. h. die Produktion von Lebensmitteln ist für die knapp über 11.000 Betriebe (und damit schätzungsweise für 45.000 Menschen) die Lebensgrundlage und damit unmittelbar die Grundlage ihrer Nahrungsmittelsicherheit. Weiter ist anzunehmen, dass durch die hohe informelle Beschäftigung weitere 45.000 Menschen über Aktivitäten in der städtischen Landwirtschaft einen Beitrag zu ihrem Lebensunterhalt verdienen[7]. Ebenso wenig ist die Wertschöpfung der landwirtschaftlichen Produkte erfasst (Verarbeitung, Direktvermarktung über informelle Verkaufsstände und Mittelspersonen etc.). Es ist aber anzunehmen, dass die Infrastrukturkosten der urbanen Landwirtschaft im Vergleich zu einer Konzentration auf die gewerblich-industrielle Nutzung geringer ausfallen. Im Falle eines hohen Nutzungsdruckes auf die zu entwickelnden Flächen fallen aber die Opportunitätskosten der urbanen Landwirtschaft im Sinne von nicht entstandenen Arbeitsplätzen stärker ins Gewicht und müssen bei der ökonomischen Bewertung der urbanen Landwirtschaft berücksichtigt werden (Heinze et al. 2015).

Der Zusammenschluss landwirtschaftlicher Betriebe zu einem Netz lokaler Nahrungsmittel-Produzenten mit gemeinsamer Vermarktung schafft Wettbewerbsvorteile. Wenn Konsumenten Mitglieder des Netzwerkes sind und über regelmäßige Treffen im Austausch mit den Produzenten sind, indem sie von ihnen ihre Lebensmittel beziehen, entsteht so ein lokales Nahrungssystem. In Casablanca stieg die Nachfrage nach ökologischen Lebensmitteln (auch durch die Beteiligung der lokalen Umweltorganisation) stark an, die über ein Abokistensystem wöchentlich an Konsumenten verkauft werden. Mit ihren Produkten befüllten sie

---

[7]Berdouz (2012) hat in seiner Studie einen AK (Arbeitskräfte)-Besatz von 2,06 errechnet. Bei der Annahme, dass Frauen mit 0,5 AK auf dem landwirtschaftlichen Betrieb arbeiten, kann angenommen werden, dass die fehlenden 0,56 AK familienexterne Arbeitskräfte sind. Da häufig nur Saisonarbeiter eingesetzt werden, die überdies oft stundenweise arbeiten (Omar 2006, persönliche Kommunikation 18.12.2006), erhöht dies die Zahl erneut.

80 Abo-Körbe mit Gemüse (Stand 2014). Zudem beliefern sie zwei Gesundheitsläden der Stadt. Es konnte dabei klar gezeigt werden, dass diese Art der städtischen Landwirtschaft rentabel und zukunftsfähig ist.

Die Verarbeitung lokal erzeugter Nahrungsmittel trägt nicht nur zum Erhalt der Landwirtschaft bei, sie leistet auch einen Beitrag zur Verbesserung des Einkommens (vor allem der Frauen), wie die Ergebnisse aus Pilotprojekt 3 zeigen. Obst und Gemüse kann mittels verschiedener Konservierungstechniken haltbar gemacht werden. Veredelt können sie als Imbiss bzw. lokale Spezialitäten entweder vor Ort oder zum Mitnehmen konserviert und verpackt angeboten werden (Sauermilch, *Saykok* [gekochte Gerste mit Sauermilch übergossen], *Harissa* [Scharfe Paprikapaste] etc.). Und sie werden von Stadtbewohnern stark nachgefragt, vorausgesetzt sie erfüllen die hygienischen Standards.

Andererseits zeigen die verschiedenen Beispiele und Erfahrungen des Projektes, dass auch nicht-monetäre Wirkungen der städtischen Landwirtschaft für die Betreiber wichtig sind.

Die Verbindung von Produktion, Veredlung und Direktvermarktung ermöglicht auch, dass die Stadtbewohner beim Kauf der Produkte in Kontakt mit den Bäuerinnen und Bauern kommen. Die Bauernmärkte, Stände zur Direktvermarktung an der Straße oder auf den Höfen sind Treffpunkt und Austausch zur Schaffung gegenseitigen Verständnisses. Aufenthalte der Stadtbewohner auf Betrieben ermöglichen die jeweils andere Lebenswelt kennen (und schätzen) zu lernen.

Der Verkauf von selbst erzeugten Produkten (roh und/oder verarbeitet) stellt ein wichtiges Instrument dar, um den Frauen zu einer verbesserten Stellung in der Gemeinschaft zu verhelfen (Verbesserung der Lebensqualität, soziale Netzwerke, lokale Identität, Weiterbildung), d. h. die Effekte gehen weit über den Erhalt einer urbanen Landwirtschaft und bessere Versorgung mit Nahrungsmitteln hinaus.

3.4 Einbindung der städtischen Landwirtschaft als Planungselement in die Stadtplanung

Landwirtschaft darf nicht isoliert, sondern muss als Teil einer multidimensionalen Stadtentwicklungsstrategie gesehen werden, die die verschiedenen Sphären des städtischen und ländlichen Raumes miteinander verbindet (Giseke et al. 2015, S. 287–387). Dafür muss zunächst Bewusstsein bei Planern und administrativen und politischen Entscheidungsgremien geschaffen werden. Multifunktionale Raumsysteme führen zu sehr vielfältigen Formen und neuen Möglichkeiten der Raumnutzung, d. h. z. B. Wohnen und Infrastruktur für die Wassersammlung, -aufbereitung, Energiegewinnung müssen zusammen mit der Produktion von

Nahrungsmitteln standortbezogen entwickelt und ästhetisch umgesetzt werden (siehe ausführlicher dazu Giseke 2011). Die Vorteile einer so gestalteten Landschaft und der Wiederverwendung von Ressourcen müssen sichtbar gemacht und damit eine Akzeptanz in der Gesellschaft geschaffen werden: Einsparpotenziale, zusätzliche Ressourcen sowie bessere Wasserqualität für Industrieunternehmen und Landwirtschaft eröffnen neue Produktionsmöglichkeiten.

Der Nutzen für einzelne Gruppen, aber auch für die Gesellschaft muss verdeutlicht werden. Die Arbeit der pädagogischen Farm in Casablanca hat gezeigt, dass nicht nur die Bauern ihre Produktionsweise von konventioneller auf ökologische Landbewirtschaftung umstellten, sondern das Interesse und die Nachfrage der Konsumenten für Lebensmittel aus lokaler Herkunft geweckt werden kann.

4 Schlussbemerkungen

Die Verankerung in der Stadtplanung ist eine notwendige, jedoch nicht hinreichende Bedingung für die Integration städtischer Landwirtschaft. Es ist nötig, bei allen Akteuren zunächst das Bewusstsein über die Bedeutung und Vielfältigkeit städtischer Landwirtschaft zu wecken und Kenntnisse zu vermitteln. Nachfolgend sind aus dem Projekt einige Handlungsempfehlungen dazu vorgestellt.

Förderung des Bewusstseins für den und Wertschätzung des urbanen Freiraums

Gerade städtisches Gärtnern ermöglicht auf einfache Weise eine Erfahrung von systemischen Zusammenhängen, die viele Menschen entweder nie oder seit langem nicht mehr erfahren konnten: anbauen, pflegen, ernten, verarbeiten, zubereiten und konsumieren von Pflanzen, einschließlich der Rückführung von Resten über Kompostieren in den Kreislauf. So kann die Gestaltung von Prozessen und eine Interaktion zwischen dem urbanen und städtischen System erlebbar gemacht werden (vgl. Giseke 2014, S. 88).

Zentral ist die Einbindung aller Akteure sowohl in die Entwicklung von Konzepten als auch bei der Umsetzung. Das Eigeninteresse wird so geweckt, aber auch das Bewusstsein, gemeinsam an Veränderungen zu arbeiten. Ausgangspunkt müssen daher Überlegungen sein, wie der Freiraum gestaltet werden kann, zusammen mit den Gruppen, die auch später die Umsetzung realisieren. Dies führt zu einem Umdenken weg von einer individualistischen Haltung hin zu einer gemeinschaftlichen Herangehensweise. Dazu ist nötig, dass auch unterstützende Organisationen sich auf diesen Prozess einlassen und nicht aus Zeitgründen wieder anfangen, mit Einzelakteuren zu arbeiten und diese zu fördern (wodurch innerhalb der Gruppe wieder Schwierigkeiten auftreten und bisherige Erfolge zunichte machen).

Erzielte Synergien (z. B. Nutzung von gereinigtem Abwasser und dessen Einsatz für Bewässerung sowie das Einsparpotenzial) müssen für die unmittelbaren Nutznießer und die Öffentlichkeit sichtbar und spürbar (ökonomisch, visuell) gemacht werden.

Menschen müssen sich im ländlich/gärtnerisch gestalteten Raum begegnen und die Produkte aus der Produktion unmittelbar erfahren können, sei es beim Kauf lokaler Produkte oder bei einem Aufenthalt auf dem Bauernhof.

Große Kampagnen sind gut geeignet, das Thema städtische Landwirtschaft in das Bewusstsein der Stadtbevölkerung zu rücken. Dabei werden Bauern in die Stadt an einen zentralen Platz geholt, wo sie ihre Produkte vorstellen und verkaufen. Parallel finden Veranstaltungen (Vorträge, Ausstellungen, Themenbeiträge und Interviews im Radio) rund um das Thema städtische Landwirtschaft statt. Im Casablanca-Projekt hat diese Form der Öffentlichkeitsarbeit große Resonanz erzeugt. Eine permanente Lern- und Wissensplattform stellt breite Informationen zur Verfügung.

Das sektorale Denken der verschiedenen Institutionen konnte aufgehoben werden – zumindest für die Zeit der gemeinsamen Treffen, die zweimal jährlich stattfanden und an denen alle Vertreter teilnahmen. Der Schlüssel war die Erkenntnis, dass auch jede Behörde über das Projekt ihre eigenen Ziele besser verfolgen kann.

Damit sich aber städtische Landwirtschaft in all ihren Facetten und damit zu großen Teilen die noch vorhandenen landwirtschaftlichen Flächen behaupten, ja sogar teilweise wieder eingeführt werden kann, braucht es eine Politik der Stadt, die die Potenziale der städtischen Landwirtschaft erkennt, als Nutzung des urbanen Raums fest in den Plänen verankert und umsetzt bzw. in der Lage ist, diese umzusetzen.

Der Ansatz multifunktionaler Raumsysteme muss Stadtplanern vermittelt werden und daher auch in den Curricula für die Ausbildung Einzug halten. Die INAU (Institut Nationale d'Architecture et d'Urbanisme) hat noch während der Projektlaufzeit das Thema städtische Landwirtschaft in ihr Curriculum aufgenommen.

Gemeinsame Ziele verschiedener Akteure befördern
Bestand hat eine Landwirtschaft im urbanen Raum, wenn Ziele und Interessen verschiedener Akteure im Raum vereinbar sind. Das Beispiel der Pädagogischen Farm im Süden der Großregion Casablanca zeigt, dass der Zusammenschluss von Konsumenten und Landwirten, die sich für eine ökologische Landwirtschaft einsetzen und über Weiterbildung sich die nötigen Kenntnisse aneignen, sogar die

ökologisch bewirtschafteten Flächen erweitern können. Die Nachfrage der umliegenden Landwirte, ihre Felder ebenfalls umzustellen und dem Verein der ökologisch wirtschaftenden Landwirte beizutreten, steigt, da sie sehen, dass gesunde Nahrungsmittelproduktion rentabel ist.

Städtische Landwirtschaft als Vehikel für Veränderung

Damit einher geht auch die Veränderung der Selbstwahrnehmung der Bauern. Als ‚médecins de la terre' (‚Bodenärzte') gewinnen die Kleinbauern zunehmend an Selbstvertrauen und Selbstbewusstsein, die ihre Zukunft in der urbanen Landwirtschaft sehen (Naneix et al. 2015).

Die Verbindung von Produktion, Veredlung und Direktvermarktung ermöglicht auch, dass die Stadtbewohner durch den Kontakt mit den Bäuerinnen und Bauern beim Kauf der Produkte in Kontakt kommen. Die Bauernmärkte, Stände zur Direktvermarktung an der Straße oder auf den Höfen sind Treffpunkt und Austausch zur Schaffung gegenseitigen Verständnisses.

Wichtiger Faktor war die Organisation der in der städtischen Landwirtschaft Tätigen, entweder in Vereinen (Pilotprojekt 2 und 3) oder Netzwerken (Pilotprojekt 4). Dies ist zum einen ein formaler Rahmen für die Antragstellung für Fördermittel, zum anderen Bedingung für Beratung und weitere Entwicklungsaktivitäten.

Literatur

AUC (Agence Urbaine Casablanca) (2008). Plan de développement stratégique et schéma directeur de l'aménagement urbain de la Wilaya de la région du Grand Casablanca (SDAU), Rapport justificatif.

Berdouz, S. (2012). Etude socio-économique des exploitations agricoles de la région du Grand Casablanca, Maroc. Unveröffentlichte Studie, Universität Hohenheim.

BMBF (Bundesministerium für Bildung und Forschung) (2008). Nachhaltige Stadtentwicklung: Forschung für die Megastädte von morgen. www.future-megacities.org. Zugegriffen: 9.10.2015.

Brand, Chr., Chlaida, M., Berdouz, S., Kraume, M., Gerster-Bentaya, M. (2015). Pilot Project 1: Industry and Agriculture. In: Giseke et al. 2015, 244–252.

Duchemin, E., Wegmuller, F., Legault, A.-M. (2008). Urban agriculture: multi-dimensional tools for social development in poor neighbourhoods. *Field Actions Science Reports* 1, 43–52. http://factsreports.revues.org/113. Zugegriffen: 2.2.2013.

EU (European Commission) (2012).The Grand Challenge.The design and societal impact of Horizon 2020.Brussels. http://ec.europa.eu/programmes/horizon2020/en/news/grand-challenge-design-and-societal-impact-horizon-2020, Zugegriffen: 22.2.2016.

Feiertag, P., Naismith, I-.C., Heinze, M., Brand, C., Feherenbach, U., Gerster-Bentaya, M., Helten, F., Kasper, Chr., Scherer, D., Giseke, U., Chlaida, M., Mansour, M., Amraoui, F. (2015). Grand Casablanca 2025: Integrated Scenarios. In: Giseke et al. 2015, 223–232.

Gerster-Bentaya, M., Crozet, N., Berdouz, S. (2015). Pilot Project 3: Peri-urban tourism and urban agriculture. In: Giseke et al. 2015, 264–275.

Giseke, U. (Hrsg.) (2011). Urban Agriculture Casablanca. Design as an integrative factor of research. TU Berlin.

Giseke, U. 2014: Interaktive Freiräume und transdisziplinäres Entwerfen. *nodium*, no. 6, 86–93.

Giseke, U., Gerster-Bentaya, M. Helten, F., Kraume, M., Scherer, D., Spars, G., Amraoui, F., Adidi, A., Berdouz, S., Chlaida, M. Mansour, M., Mdafai, M. (Hrsg.) (2015). *Urban Agriculture for Growing City Regions: Connecting Urban-Rural Spheres*. Routledge.

Giseke, U., Kasper, Chr., Mansour M., Moustandjidi, Y. (2015a). Nine urban-rural morphologies. In: Giseke et al. 2015, 316–328.

HCP (Haute Commissariat au Plan) (2010). Monographie de la région du Grand Casablanca. Casablanca.

HCP (Haut Commissariat du Plan - Direction Régionale du Grand Casablanca) (2013). Annuaire statistique 2011. Région du Grand Casablanca. HCP. Casablanca.

Heinze, M., Gerster-Bentaya, M., Helten, F., Prystav, G., Scherer, D. (2015). The economic impact of the Pilot Projects. In: Giseke et al. 2015, 418–429.

Hirsch Hadorn, G., Hoffmann-Riem, H., Biber-Klemm, S., Grossenbacher-Mansuy, W., Joye, D., Pohl, Chr., Wiesmann, U., Zemp, E. (Hrsg.) (2008). *Handbook of Transdisciplinary Research*. Berlin/Heidelberg: Springer.

Hoffmann, V., Gerster-Bentaya, M., Lemma, M. (2009). *Rural Extension, Vol 1: Basic Issues and Concepts*. Margraf Weikersheim.

Kasper Chr., Giseke, U., Brand, C., Brandt, J., Gerster-Bentaya, M., Helten, F., Kraume, M., Scherer, D., Mansour, M., Chlaida, M. (2015). Five integrativesub-concepts. In. Giseke et al. 2015, 330–344.

MDA (Ministère de l'Agriculture) (2008). Plan Maroc vert: Premières perspectives sur la stratégie agricole. http://www.agrimaroc.net/Plan_Maroc_Vert.pdf, Zugegriffen: 12.1.2010.

Mdafai, M., Kasper, Chr., Moustanjidi, Y., Gerster-Bentaya, M. (2015).The Context of Casablanca: History. In: Gieseke et al. 2015, 60–67.

Naneix, C., Benabdenbi, F., Giseke, U. (2015). Pilot Project 4: Healthy food production and urban agriculture. In: Giseke et al. 2015, 266–284.

Prystav, G., Chahed, A., Essoubi, A., Helten, F., Mdafai, M., Amraoui, F. (2015). Pilot Project 2: Informal settlement and Urban Agriculture. In: Giseke et al. 2015, 254–263.

Scherer, D., Curio, J., Fehrenbach, U., Höpfner C., Amraoui F., Ouldbba A. (2015). Climate. In: Giseke et al. 2015, 132–150.

Sen A.K. (1987). *On Ethics and Economics*. Blackwell, Oxford.

UAC-Projekt 2007: Urban Agriculture (UA) as an Integrative Factor of Climate-Optimised Urban Development, Casablanca. Proposal Description. TU Berlin.

UAC-Projekt 2010: Urban Agriculture (UA) as an Integrative Factor of Climate-Optimised Urban Development, Casablanca. Evaluation Report. TU Berlin.

WB (The World Bank) 2000, World Development Report 2000/2001. Attacking Poverty. Oxford University Press, New York. https://openknowledge.worldbank.org/handle/10986/11856. Zugegriffen: 22.2.2014.

WGBU (Wissenschaftlicher Beirat der Bundesregierung Globale Umweltveränderungen) 2011: Welt im Wandel. Gesellschaftsvertrag für eine Große Transformation. WGBU Berlin. http://wbgu.de/hauptgutachten/hg-2011-transformation/. Zugegriffen: 23.2.2016.

„Kraut und Rüben" – ein Werkbericht vom Rande der Stadt

Christiane Humborg

Zusammenfassung

Der Außenraum von Kommunen in urbanisierten Regionen ist den Begehrlichkeiten verschiedener Nutzungen ausgesetzt. Siedlungsentwicklung, Infrastrukturen, Natur- und Artenschutz, Erholungssuchende und die landwirtschaftliche Nutzung konkurrieren um das begrenzte Flächenangebot. In diesem Spannungsfeld bearbeitet das Büro lohrberg stadtlandschaftsarchitektur Projekte zum Thema ‚urbane Landwirtschaft'. Je nach örtlichen Rahmenbedingungen verfolgen die Planungen das Ziel, Freiräume zu sichern, Erholungslandschaften aufzuwerten oder die Ansprüche der unterschiedlichen Nutzergruppen zu harmonisieren. Die Herangehensweise ist geprägt vom Ansatz, die agrarische Nutzung selbst als Gestaltungselement für den Freiraum zu bergreifen und so eine Aufwertung zu erlangen, die für die unterschiedlichen Nutzer insgesamt einen Mehrwert bedeutet. Dabei hat sich gezeigt, dass von Planerseite Änderungen lediglich angeschoben werden können. Die Voraussetzung für eine erfolgreiche Umsetzung der Planung ist eine enge Zusammenarbeit mit den Landwirten vor Ort. In diesem Zusammenhang müssen zukünftig neue Kooperationen zwischen den Akteuren (Kommunen, Landwirtschaft, Region, …) gefunden und erprobt werden.

C. Humborg (✉)
Stuttgart, Deutschland
E-Mail: Humborg@lohrberg.de

© Springer Fachmedien Wiesbaden GmbH 2017
S. Kost und C. Kölking (Hrsg.), *Transitorische Stadtlandschaften,*
Hybride Metropolen, DOI 10.1007/978-3-658-13726-7_10

Schlüsselwörter
Freiraumentwicklung · Freiraumsicherung · Urbane Landwirtschaft · Landschaftspark Belvedere Köln · Masterplan Erholungslandschaft Fellbach · Regionale Impulse · Agrarbildung · Agrarische Nutzung als Gestaltungselement

Vorbemerkung

Der Sonntagsnachmittagsspaziergang durch die Felder, die Laufrunde entlang von Gemüse- und Getreideäckern, mit dem Rad die kürzere Feldwegstrecke zum nächsten Stadtteil, draußen sein. Ganz selbstverständlich verbringen wir einen Teil unserer Freizeit in der an unseren Wohnort angrenzenden Feldflur. Zugleich ist sie aber neben dem Ort der Erholung vor allem Existenzgrundlage und Arbeitsort für die Landwirtschaft. Aus dieser Gleichzeitigkeit heraus entwickeln sich unterschiedliche Ansprüche, Vorstellungen und Chancen an und für den landwirtschaftlich genutzten Freiraum.

Dies ist jedoch nur eines der Spannungsfelder, in dem sich die Stadt- und Freiraumentwicklung am Stadtrand vieler Kommunen bewegt. Auch das Thema Biotop- und Artenschutz spielt eine Rolle. Flächen hierfür müssen ebenfalls im Außenraum – oft auf Kosten landwirtschaftlicher Produktionsflächen – untergebracht werden. Darüber hinaus drücken die Begehrlichkeiten von Siedlungsentwicklung und Infrastrukturmaßnahmen, die ebenfalls landwirtschaftliche Flächen für sich beanspruchen.

In den vergangenen zehn Jahren hat das Büro lohrberg stadtlandschaftsarchitektur verschiedene Projekte im Themenfeld urbane Landwirtschaft bearbeitet. Dabei hat sich gezeigt, dass die stets unterschiedlichen Rahmenbedingungen den Verlauf und die Zielrichtung der Projekte bestimmen.

Im Folgenden werden zwei Projekte und ihre bestimmenden Parameter vorgestellt:

1. Der Landschaftspark Belvedere in Köln,
   initiiert von einer Bürgerinitiative, mit dem Ziel, durch eine gestalterische Aufwertung den benachbarten Freiraum zu sichern.
2. Der Masterplan Erholungslandschaft und urbane Landwirtschaft Fellbach,
   initiiert von der Stadt Fellbach und mit einer intensiven Bürgerbeteiligung erstellt, zielt er auf die Aufwertung der Feldflur als Erholungslandschaft sowie auf die Harmonisierung der unterschiedlichen Nutzergruppen.

Hintergrund

Bevor auf die Projekte im Einzelnen eingegangen wird, werden Gemeinsamkeiten voran gestellt, die in allen von uns bearbeiteten Projekten zur urbanen Landwirtschaft eine Rolle gespielt haben:

1. Urbane Landwirtschaft: Darunter verstehen wir die professionelle Landwirtschaft am Stadtrand. Der Landwirt wirtschaftet markt- und gewinnorientiert. Aufgrund der stadtnahen Lage erfolgt die Produktion nah am Kunden. Die Produktvielfalt ist groß und der Nachfrage aus der Bevölkerung angepasst. Die Produkte werden oft direkt vermarktet und/oder veredelt.
2. Wegen der hohen Fruchtbarkeit der anstehenden Böden blickt die Landwirtschaft auf eine sehr lange Tradition zurück. (In Fellbach z. B. belegen schon keltische Funde die landwirtschaftliche Tätigkeit).
3. Mit der rasanten Siedlungsentwicklung seit der Industrialisierung sind Landwirtschaft und Stadtentwicklung in direkte Konkurrenz um die Fläche getreten[1].
4. Mit der Idee regionaler Landschaftsparks (Grüngürtel Frankfurt, IBA Emscher Park, RegioGrün Köln u. a.) sind Forst- und Landwirtschaft als große Flächennutzer auch in den Fokus der Regionalplanung gerückt. Regionale Projekte sind für Kommunen oft der Impulsgeber, sich verstärkt mit landwirtschaftlichen Flächen auf ihrer Gemarkung auseinanderzusetzen und diese im regionalen Kontext zu betrachten.

Ansatz

Landwirtschaftliche Flächen aufzuwerten, war bisher meist ein Anliegen des Biotop- und Artenschutz. Durch eine strukturelle Anreicherung der Flur z. B. mit Hecken oder Ackerrandstreifen werden die Habitatbedingungen der Fauna verbessert und die Vielfalt der Flora erhöht. Im stadtnahen Umfeld aber kommt mit den Erholungsuchenden ein erhöhter Qualitätsanspruch an die landwirtschaftlichen Flächen als Freiraum hinzu.

Der hier vorgestellte Arbeitsansatz geht daher einen Schritt weiter und versteht die agrarische Nutzung selbst als Gestaltungselement für den Freiraum (Lohrberg und Timpe 2011, S. 36). Damit wird die Landwirtschaft zum zentralen Akteur. Die Idee ist, die vorhandene Fruchtfolge bspw. um eine vierte, blühstarke Frucht oder mit mehr Zwischenfrüchten so zu ergänzen, dass das Patchwork der Felder farbenfroher und abwechslungsreicher wird. Die Gestaltung in der Fläche zielt darauf ab, die landwirtschaftlichen Flächen stärker im Bewusstsein der Bürgerinnen und Bürger zu verankern und ihren ideellen Wert zu erhöhen. Für die Umsetzung dieses Ansatzes ist die enge Zusammenarbeit mit der Landwirtschaft

---

[1]Flächenbedarf für Siedlungsentwicklung und Straßenbau: 2014 in Deutschland: 74 ha/d (Vorholz 2015). 2013/2014 in Baden-Württemberg: 5,3 ha/d (Statistisches Landesamt Baden-Württemberg 2015). 2000–2013 in der Region Stuttgart: durchschnittlich 1,16 ha/d (Faltin 2013).

notwendig, denn nur der Landwirt kann die gewünschte Flächengestaltung organisieren und realisieren. Der taktisch motivierte Ansatz zur Freiraumsicherung muss deshalb unbedingt auch für die Landwirtschaft einen Mehrwert enthalten und darf keine wirtschaftlichen Einbußen bringen.

1 Landschaftspark Belvedere, Köln

1.1 Ausgangslage

Der Landschaftspark liegt im Westen Kölns, in den Stadtbezirken Lindenthal und Ehrenfeld. Das ca. 300 ha große Gebiet befindet sich im Bereich der Mittelterrasse, einer landwirtschaftlich geprägten Kulturlandschaft mit fruchtbaren Lößböden. Im Freiraumsystem Kölns bildet der Landschaftspark den Lückenschluss im Äußeren Grüngürtel Köln und im übergeordneten Konzept RegioGrün der Regionale 2010 (Abb. 1) das Gelenk zur westlich der A1 gelegenen offenen Agrarlandschaft.

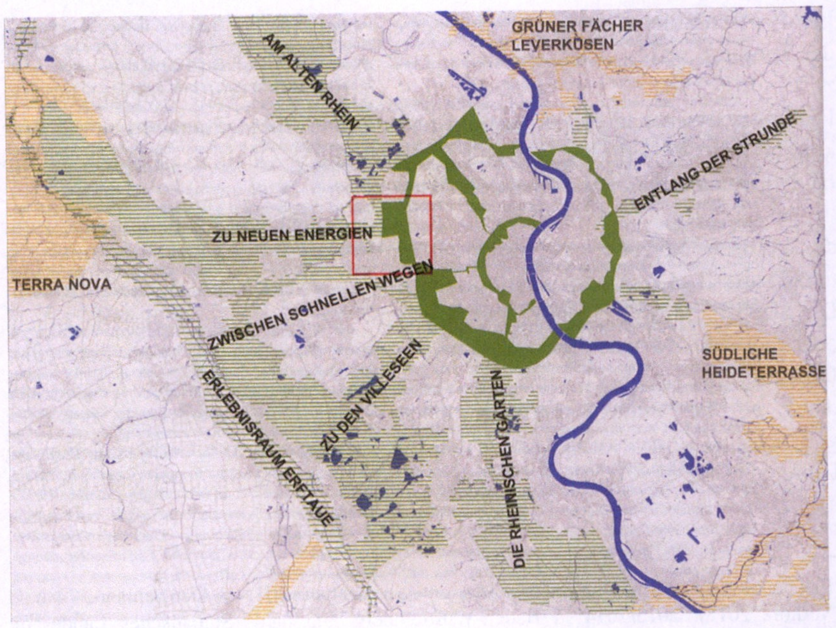

Abb. 1 Lage Landschaftspark Belvedere (roter Rahmen) im RegioGrün Konzept. (Regionale 2010 Agentur 2007)

Fast die gesamte Fläche ist im Besitz der Stadt Köln, die Schlaggrößen sind bis zu 30 ha groß. Die städtischen Flächen sind vom vor Ort ansässigen Max-Planck-Institut für Züchtungsforschung gepachtet und werden von einem angestellten Landwirt nach wirtschaftlichen Kriterien bearbeitet.

Direkt an den Siedlungsraum angrenzend sind die landwirtschaftlichen Flächen schon lange den Begehrlichkeiten der Anrainer ausgesetzt (Abb. 2). Der Bürgerverein ‚Freundeskreis Belvedere' hat diesen Flächendruck erkannt und sich aktiv für den Erhalt der Freiflächen eingesetzt. Die Idee dahinter: Wir versehen die Ackerlandschaft mit einem Namen und der gesellschaftlich anerkannten und hoch bewerteten Freiraumkategorie ‚Park'. Mit diesem Etikett kann die landwirtschaftliche Fläche besser im Bewusstsein der Bevölkerung verankert werden und erhält so in der Nutzungskonkurrenz mehr Gewicht.

Eingebunden in die Regionale 2010 und in Zusammenarbeit mit den Bürgern lobte die Stadt Köln einen Wettbewerb aus. Aufgabe war:

Unter Berücksichtigung des Leitbildes der Erhaltung und Aufwertung des vorgefundenen Kulturlandschaftscharakters ein Konzept für den Landschaftspark Belvedere zu entwickeln, welches auf die örtlichen Gegebenheiten Bezug nimmt und die Potenziale herausarbeitet. Diese sollen als Ort der Erholungsnutzung im stadtnahen aber landwirtschaftlich geprägten Raum für den Menschen auf unterschiedliche Art und Weise erlebbar gemacht werden (Stadt Köln 2007)[2].

1.2 Thema

Die zentrale Entwurfsidee ist, Thema und Grundstruktur des Parks aus seiner Lage heraus zu entwickeln. Zunächst wird das den Grüngürtel in Gänze prägende Gestaltungsprinzip übernommen, wonach Waldparzellen den Grüngürtel nach außen hin abschirmen und nach innen hin die wichtigen Erholungsflächen rahmen. Diesem Prinzip folgend erhält auch der Landschaftspark Belvedere einen starken Rahmen aus Waldparzellen. Dazu wird der Bestand leicht ergänzt, der mit Gehölzen bewachsene Autobahndamm geht in der Rahmenfigur auf.

In den Waldrahmen schreiben sich landwirtschaftliche Flächen ein, wodurch der Landschaftspark sein Thema findet (Abb. 3). Anders als in angrenzenden Grüngürtelbereichen ist dies nicht die alleinige Erholungsnutzung mit Wiesen-, Wasser-, Spiel- und Sportflächen. Hier wird vielmehr die landwirtschaftliche Nutzung

---

[2]lohrberg stadtlandschaftsarchitektur ging 2008 als 1. Preisträger aus diesem Verfahren hervor.

Abb. 2 Flächendruck. (lohrberg stadtlandschaftsarchitektur)

Abb. 3 Lageplan Entwurf Landschaftspark Belvedere 2008. (lohrberg stadtlandschafts-architektur)

zum Thema gemacht und in Szene gesetzt. So erhält der Äußere Grüngürtel einen neuen Baustein, der sich formal in die Gesamtfigur integriert, der aber thematisch neue Wege geht. Ein Landwirtschaftspark entsteht, dessen Räume zweierlei leisten: Sie sind Produktionsstätte und gleichzeitig Erlebnisraum für Erholungsuchende.

1.3   Erschließung und Anbindung

Die vorhandenen Wirtschaftswege, Rad- und Wanderwege sowie der Jakobsweg werden zu einem Wegenetz ergänzt, das den Park in seiner Tiefe erschließt und gleich einem Spinnennetz in seiner Umgebung verankert. Hauptbestandteil des Wegenetzes sind das bestehende Wegekreuz in der Mitte des Parks und der neu angelegte Rundweg. Um sowohl den Ansprüchen der landwirtschaftlichen Nutzung als auch der Erholungsuchenden an die Wegebeschaffenheit gerecht zu werden, erhält der Rundweg einen geschotterten und einen asphaltierten Fahrstreifen (Abb. 4).

Abb. 4 Aussichtsplattform Belvedere ‚Blickfang' und Weg mit zweigeteilter Oberflächen. (Foto: Eva Strobel)

1.4 Belvederes

Der Rundweg wird durch mehrere Aussichtspunkte betont und in seinem Verlauf kenntlich gemacht. Durch sie erhalten die Parkbesucher neue Aus- und Einblicke auf Landschaft und Landwirtschaft (Abb. 4 und 5). So wie der Park in Gänze ein Stück Agrarlandschaft darstellt, verstehen sich die ‚Belvederes' als artifizielle Fortschreibung eines profanen Agrarelements, nämlich dem eines Hochsitzes. Dessen Elemente (Stangenholz, Brettersitze) werden transformiert (Stahlmasten, Plattformen) und neu komponiert. So entstehen leichte und dennoch auffällige Parkarchitekturen, die über ihre Funktion hinaus auch etwas von der Gesamtidee des Parks erzählen (Abb. 5).

1.5 Zusammenfassung

Das Parkkonzept orientiert sich stark an den vorhandenen Nutzungen und Elementen. Mit wenigen gezielten Eingriffen entsteht ein einprägsames Raumgefüge aus rahmendem Wald und offener Flur. Die landwirtschaftliche Nutzung wird

Abb. 5 Aussicht auf Strukturen der Bewirtschaftung. (Foto: Eva Strobel)

nicht substituiert, sondern ganz im Gegenteil zum Thema und zum Exponat des Parks. Das Wegenetz erschließt die interessanten Punkte des Parks und bindet diese in seine Umgebung ein. Die Belvederes zeigen pars pro toto das Prinzip der Überhöhung der Agrarlandschaft als Park. Gleichzeitig verkörpern sie die Gesamtidee des Belvedere-Parks, in dem sie neue Ausblicke und Perspektiven auf Landschaft und Landwirtschaft eröffnen.

Angeschoben durch bürgerliches Engagement, durch die Regionale 2010 und durch das starke Interesse der Stadt Köln, ihre landwirtschaftlichen Flächen als Teil des äußeren Grüngürtels zu stärken, ist der landwirtschaftlich genutzte Freiraum ein klar definierter Park geworden. Das Max-Planck-Institut steht dem Projekt positiv gegenüber, da bereits bestehende (‚Wissenschaftsscheune') und geplante Bildungsangebote (‚Lehr- und Schaugarten') in den Park eingebunden werden konnten. Die flächenhafte Anreicherung der Feldflur mit zusätzlichen Fruchtfolgen oder blühfreudigeren Ackerfrüchten gelang allerdings nicht. Die wirtschaftliche Argumentation des Landwirts hatte klare Priorität. Dennoch beobachten alle Beteiligten, dass der Park von den Bürgerinnen und Bürgern gut angenommen wird, wie z. B. der entstandene Lauftreff mit Streckenmarkierung zeigt. Es bleibt zu hoffen, dass sich der Landschaftspark Belvedere gegen zukünftige Flächenansprüche behaupten kann.

2 Masterplan Erholungslandschaft und urbane Landwirtschaft Fellbach

2.1 Ausgangslage

Fellbach (mit den Ortsteilen Oeffingen, Schmiden und Fellbach) liegt in der prosperierenden Region Stuttgart. Im Westen wendet sich das Stadtgebiet dem Neckartal zu und grenzt direkt an die Stuttgarter Stadtteile Bad Cannstatt, Obertürkheim und Mühlhausen an. Im Osten öffnet sich Fellbach gegenüber dem ländlicher geprägten Remstal (Abb. 6). Das Relief und die verschiedenen Nutzungen in der Fellbacher Flur definieren unterschiedliche Räume, die klar ablesbar sind und jeder Himmelsrichtung einen besonderen Charakter geben: Im Süden liegt der Kappelberg mit Weinbau und mit einem ausgedehnten Mosaik an Kleingärten und Streuobstwiesen. Im Norden begrenzt der Hartwald mit einem Saum an Streuobstwiesen die Gemarkung und im Südwesten liegen die unmittelbar an den Siedlungsrand angrenzenden, kleinteiligen Gartenbauflächen.

Abb. 6 Lage Fellbach. (lohrberg stadtlandschaftsarchitektur 2015)

Der Nordwesten wird durch das tief eingeschnittene Weidachtal und der Nordosten durch leicht geschwungene Felder bestimmt. Im Westen und Osten liegen die mittlerweile weitläufigen Ackerfluren des Schmidener Felds. Die ursprünglich durch die Realteilung sehr kleinteilige Felderstruktur verändert sich. Um den Maschineneinsatz rentabler zu machen, werden die Schläge durch Zupachtung und Tausch vergrößert. Damit gehen auch Saumstrukturen verloren, die aus vergangenen Arbeitsweisen und Grundstückszuschnitten hervorgegangen sind. Mit der geänderten Arbeitsweise, verändern sich auch die Lebensräume für Tier- und Pflanzenarten oder gehen ohne Gegensteuerung ganz verloren.

Der Außenraum hat für die Bürgerinnen und Bürger Fellbachs einen sehr hohen Stellenwert (Stadt Fellbach 2013). Er ist Produktionsgrundlage für die überregional bekannten Fellbacher Erzeugnisse aus Acker- und Weinbau sowie aus den Obst-, Gemüse- und Rosenkulturen. Die kurzen Wege in die Landschaft ermöglichen die siedlungsnahe Erholung. Nicht zuletzt bietet die Feldflur Fellbachs einen bedeutenden Lebensraum für geschützte Tierarten wie bspw. für das Rebhuhn. In der Bürgerschaft herrscht Einigkeit darüber, dass die Fellbacher Feldflur etwas Besonderes ist (Stadt Fellbach 2013). Trotzdem konnten frühere Planungen zur Aufwertung der Erholungslandschaft und zur Konfliktminderung unter den Nutzergruppen nicht umgesetzt werden. Die Planung ‚Erholungslandschaft Fellbach' arbeitete bereits 1996 die verschiedenen Ansprüche von landwirtschaftlicher Nutzung, von Erholungsuchenden und den Herausforderungen des Artenschutz heraus. Ergebnis der Studie war ein Gestaltungskonzept, das die verschiedenen Teilräume mit einem Baumband und einem differenzierten Wegenetz verbindet. Die Idee des Höferings hat hier ihren Ursprung (Planungsgruppe LandschaftsArchitektur und Ökologie 1997). Bis auf wenige Baumpflanzungen wurde das Konzept jedoch nicht umgesetzt. Die Landwirte sahen die Baumpflanzungen kritisch, da sie Felder verschatten und Arbeitsabläufe behindern. In den Bereichen der Offenlandschaft stand auch der Artenschutz den Baumpflanzungen skeptisch gegenüber. Es wurde befürchtet, dass die Bäume Greifvögeln das Ansitzen ermöglichen und damit ihre Rebhuhnjagd erleichtern.

Einen neuen Impuls für die Betrachtung des Fellbacher Außenraums bringt 2006 der Masterplan Landschaftspark Rems. Dieser wird auf Initiative des Regionalverbands Stuttgart erarbeitet. Ziel ist es, Freiraumprojekte der Remstalkommunen – und damit auch Fellbachs – in einen Gesamtplan zu überführen. Der Landschaftspark Rems identifiziert für Fellbach den Themenschwerpunkt ‚urbane Landwirtschaft'. Die gemeinsame Planung zum Masterplan der Remstalkommunen mündet 2009 in die Bewerbung für das Grünprojekt ‚Remstal Gartenschau 2019'. Damit ergibt sich für Fellbach die Chance, das vernachlässigte Thema ‚Außenraum' erneut zu beleben und mithilfe des Gartenschaugedankens zu befördern (Regionalverband o. J.).

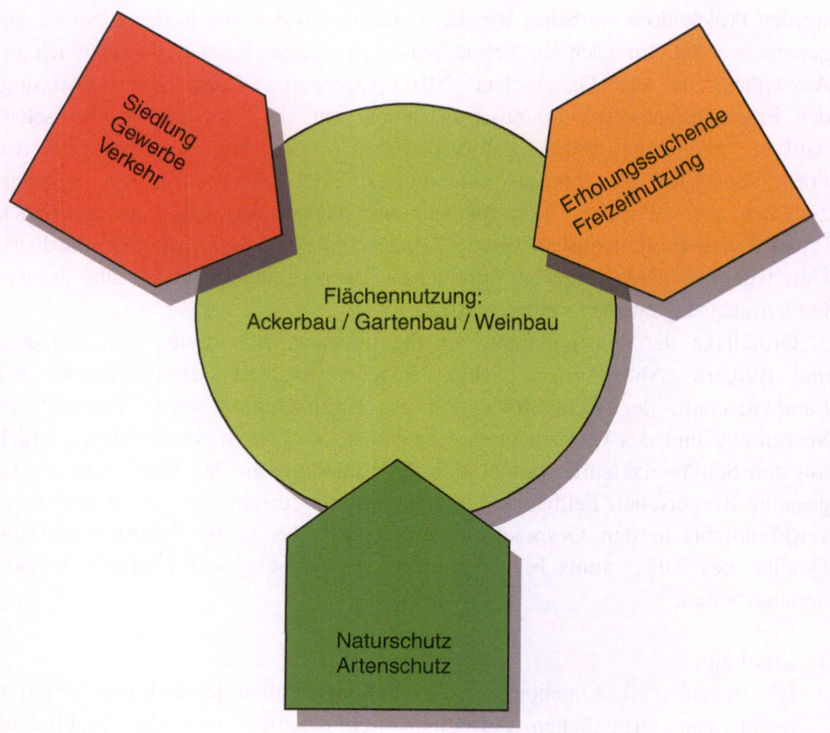

Abb. 7 Flächenkonkurrenz. (lohrberg stadtlandschaftsarchitektur 2015)

2.2   Thema

Im Rahmen des Masterplans ‚Erholungslandschaft und urbane Landwirtschaft'[3] soll ein Konzept zur Aufwertung der Fellbacher Feldflur erarbeitet werden, das an die vorangegangenen Planungen anknüpft. Die Konfliktlagen zwischen einzelnen Nutzergruppen und die Konkurrenz um die Fläche (Abb. 7), die schon vor 20 Jahren herausgearbeitet wurden, treffen heute unverändert zu.

Der Masterplan ist der erste Schritt im Gesamtprozess zur Aufwertung der Fellbacher Feldflur. Neben einer übergeordneten Planung für die gesamte Gemarkung,

---

[3]2014 wird lohrberg stadtlandschaftsarchitektur von der Stadt Fellbach mit der Bearbeitung des Masterplans ‚Erholungslandschaft und urbane Landwirtschaft' beauftragt.

werden Projektideen erarbeitet, die den Bedürfnissen der verschiedenen Nutzungen gerecht werden. Im nächsten Schritt sollen sie ausgearbeitet und schließlich im Ausstellungsjahr der Gartenschau 2019 präsentiert werden. Die Aufwertung der Erholungslandschaft in Zusammenarbeit mit der örtlichen Landwirtschaft wird als langfristiges Projekt gesehen, dessen schrittweise Umsetzung über das Präsentationsjahr der Remstal Gartenschau 2019 hinausreicht. Im Zeitraum zwischen abgeschlossener Masterplanung und Präsentation sollen die anvisierten Projekte vertieft und realisiert werden. Je nach Projekt werden sich unterschiedliche Umsetzungszeiträume ergeben, in denen Partner angesprochen und weitere Fördermittel eingeworben werden müssen.

Grundlage der Masterplanung ist die intensive Beteiligung von Akteuren und Bürgern (Abb. 8). Als ‚Schlüsselakteure' werden gezielt Vertreter der Landwirtschaft, der Weingärtner und des Naturschutzes sowie Vertreter der Verwaltung und des Gemeinderats eingeladen. Nach dem Sondierungsgespräch mit den Schlüsselakteuren richtet sich die Einladung zu den Workshops an die gesamte Bürgerschaft Fellbachs. Einladungen und Termine werden in der Presse veröffentlicht. In den Gesprächsrunden werden das große Potenzial und die Qualität des Außenraums hervorgehoben. Die Planung soll folgende Aspekte herausarbeiten:

1. Erholung
   Hierzu zählen alle Angebote, die die Erholungseignung fördern. Das Spektrum reicht von zusätzlichen Aufenthaltsmöglichkeiten und der Einbindung bestehender Angebote sowie neuen Attraktionen im Außenraum.

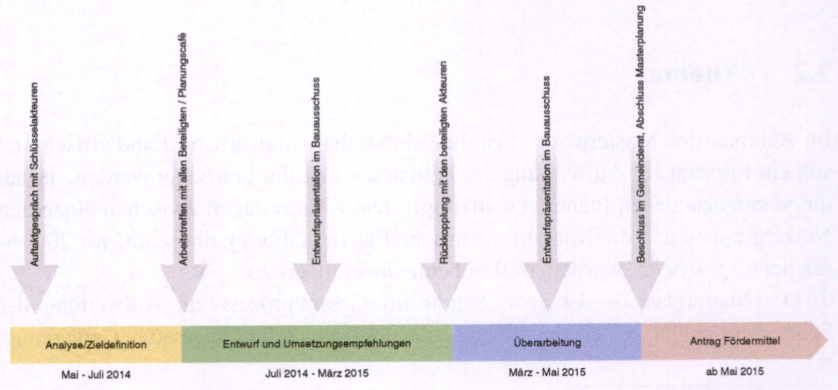

Abb. 8 Ablauf Akteurs- und Bürgerbeteiligung. (lohrberg stadtlandschaftsarchitektur 2015)

2. Vielfalt

   Die bestehende strukturelle Vielfalt soll erhalten und in abwechslungsarmen Teilbereichen erhöht werden. Darunter fällt zum einen die Strukturanreicherung der Feldflur im Sinne von biologischer Vielfalt, die den Anforderungen des Biotop- und Artenschutz gerecht wird und gleichzeitig eine Steigerung des Landschaftserlebnisses für die Erholungsuchenden bedeutet. Für die Bürgerinnen und Bürger zählt auch die große Bandbreite an unterschiedlichen landwirtschaftlichen Produkten zur Vielfalt im Außenraum.

3. Agrarbildung

   Agrarbildung ist das Thema, das von allen Nutzergruppen in gleichem Maße genannt und gefordert wird. Sie beinhaltet Informationen über verschiedene Vorgänge und Zusammenhänge in Natur und Landschaft (z. B. Aufklärung über Folienkulturen). Mehr Information soll zu mehr Verständnis und damit zur Minderung von Konflikten zwischen den Nutzergruppen führen. Auch die Direktvermarktung ist Teil der Agrarbildung. Es wird erkannt, dass die zahlreichen Freizeitnutzer auch potenzielle Kunden sind, die mehr über die landwirtschaftlichen Erzeugnisse und deren Produktion erfahren möchten.

4. Orientierung

   Hierunter wird die Verbesserung der Wegemarkierungen und die Vernetzung über Fellbach hinaus verstanden.

2.3 Erschließung und Anbindung

Den konzeptionellen Ansatz findet die Masterplanung im Gärtner- und Höfering, der schon aus vorangegangenen Planungen bekannt und ein Begriff ist. Der Gärtner- und Höfering bezeichnet eine durchgängige Wegeverbindung, die das Rückgrat des siedlungsumgebenden Freiraums bildet. Der Höfering verbindet die unterschiedlichen Teilbereiche mit ihren jeweiligen Attraktionen und Hofstellen zu einer zusammenhängend lesbaren Erholungslandschaft. Der Gärtner- und Höfering ist über zahlreiche Wegeachsen mit der Siedlung verknüpft und wird durch gestalterische Maßnahmen zu einem durchgängig erkennbaren Freiraumelement entwickelt. So ermöglicht er den Erholungsuchenden eine vollständige Umrundung Fellbachs und führt sie durch den abwechslungsreichen, durch landwirtschaftliche Nutzung geprägten Freiraum. Der Rundweg (Länge ca. 16 km) erfolgt ausschließlich auf bereits vorhandenen Wegen, die über Markierungen und Wegweisungen zusammengefasst werden (Abb. 9). Über die Stiche in die Siedlung kann er auch in kleinere ‚Runden' geteilt werden.

Abb. 9 Überlagerung der Themenräume mit dem Gärtner- und Höfering und Einzelprojekten. (lohrberg stadtlandschaftsarchitektur 2015)

Alle Objekte (Podeste zum Sitzen, Informationstafeln u. a.), die entlang des Höferings platziert werden, gehören zu einer Objektfamilie. Ein erster Gestaltungsvorschlag für die Objekte sieht vor, diese aus Stampfbeton herzustellen. Durch die Beimischung von Fellbacher Ackerboden erhält dieser sein charakteristisches Aussehen und thematisiert damit gleichzeitig die hohe Qualität der lokalen Böden (Abb. 10).

Aus Gesprächen mit den Schlüsselakteuren wird jedoch schnell klar, dass sich Flächengestaltungen, die über die bereits bestehenden Fruchtfolgen oder Anbaustrategien hinausgehen, schwer zu realisieren sind. Alle Ideen, zur Anreicherung der Feldflur in der Fläche laufen gegenüber den vorgebrachten ökonomischen Fakten der Flächeneffizienz ins Leere. Folglich konzentrieren sich Einzelprojekte zu den oben genannten Themen auf Maßnahmen entlang der Wege: Sitzpodeste an besonders aussichtsreichen Orten, Orientierungssystem mit Meilensteinen und Bodenmarkierungen, Informationssystem zur Feldflur und zu am Weg liegenden Hofstellen.

Abb. 10 Ausstattungselemente einer Objektfamilie. (lohrberg stadtlandschaftsarchitektur 2015)

2.4 Zusammenfassung

Die Beschäftigung mit dem Fellbacher Außenraum hat deutlich gezeigt, dass das Thema urbane Landwirtschaft sich allein von Planungsseite nicht beeinflussen lässt. Die landwirtschaftlichen Akteure müssen aktiv mit ‚ins Boot geholt werden'. Dies ist mit den Bürgerterminen geschehen und eine grundsätzliche Zustimmung zur vorgestellten Masterplanung ist auch vonseiten der Landwirtschaft erfolgt.

Ob die Umsetzung der Masterplanung gelingt, hängt nun maßgeblich davon ab, inwieweit sich die Akteure in die Konkretisierung einbringen. Nicht nur das Engagement der Stadt Fellbach ist gefordert, sondern auch das von Bürgerinnen, Bürgern und Akteuren des Außenraums. Die Aufwertung der Fellbacher Feldflur im Sinne von Naherholung, Arten- und Biotopschutz gelingt nur, wenn die Landwirte Eingriffe in ihre Felder, wie z. B. das Aufstellen von Informationstafeln oder das Anlegen von Blühstreifen, zulassen. Abgesehen davon muss darüber nachgedacht werden, den Landwirten bei flächengreifenden Projekten im Präsentationsjahr der Gartenschau – wie im Vertragsnaturschutz auch – Kompensationszahlungen für ihre Ertragseinbußen zu zahlen.

3 Fazit

Es gibt nicht die *eine* urbane Landwirtschaft. In jeder Kommune stellt sie sich anders dar, abhängig von einer Vielzahl von Faktoren wie z. B. von den Besitz- und Pachtverhältnissen, von der historischen Entwicklung, vom regionaltypischen Erbrecht, von der Bodengüte, den Vertriebswegen der landwirtschaftlichen Produkte und nicht zuletzt von den unterschiedlichen Akteuren.

Ob das Initial der Projekte eher das Thema Freiraumsicherung oder Aufwertung der Erholungslandschaft und Harmonisierung der Nutzerinteressen ist – die Nutzungskonflikte sind überall ähnlich. Die Landwirtschaft steht in einem Zwiespalt zwischen Anforderungen anderer Nutzer (Erholungsuchende, Arten- und Biotopschutz, Siedlungsentwicklung) und den Anforderungen, die sich aus einer wirtschaftlichen Bearbeitung der Felder ergeben.

Bei der Verwirklichung von Freiraumprojekten am Stadtrand kommt der Landwirtschaft die Schlüsselrolle zu, von Planerseite können Änderungen lediglich angeschoben werden. Entscheidend für den Erfolg des Projekts ist, dass die Landwirtschaft einen Synergieeffekt für sich erkennt. Erst dann ist sie bereit, sich einzubringen, so wie bspw. das Thema Agrarbildung zeigt. Hier sehen die Landwirte eine Möglichkeit, ihre potenziellen Kunden für sich einzunehmen, indem z. B. Abläufe und Abhängigkeiten der Bewirtschaftung erklärt und transparent gemacht werden. Planung kann dies routiniert übersetzen (Beschilderung, Wegeführung).

Was die Bearbeitung der Projekte deutlich gezeigt hat ist, dass andere Formen von Mehrwerten durch Planung nur schwer greifbar sind; sie bedürfen einer agrarökonomischen Fundierung. So bieten bspw. neue Geschäftsmodelle (solidarische Landwirtschaft, ‚Bauernhof zum Anfassen' u. a.) der urbanen Landwirtschaft die Möglichkeit, ökonomisch von der Nähe zum Verbraucher zu prosperieren (Schans 2015). Hier muss dann umgekehrt durch die kommunale Planung sichergestellt werden, dass die Geschäftsmodelle auch tatsächlich zu einer Aufwertung in der Fläche führen. In Zukunft ist daher eine stärkere Zusammenarbeit der kommunalen Planung mit den institutionellen Vertretern der Landwirtschaft (Kammern, Verbände, Ehrenamt, auch Hochschulen) geboten, um derartige win-win-Situationen zu erfinden, zu erproben und als best-practices anderen Kommunen zur Nachahmung zu empfehlen.

Literatur

Lohrberg, Frank; Timpe, Axel (2011): Urbane Agrikultur – Neue Formen der Primärproduktion in der Stadt. *Planerin srl* 5_11, 35–37.

lohrberg stadtlandschaftsarchitektur (2015): Masterplan Erholungslandschaft und urbane Landwirtschaft Fellbach, im Auftrag der Stadt Fellbach, unveröffentlicht.

Planungsgruppe Landschaftsarchitektur+ Ökologie (1997): Erholungslandschaft Fellbach.

Regionale 2010 Agentur, Hrsg. (2007): RegioGrün, Projektdossier.

Regionalverband Stuttgart (o. J.): Die Interkommunale Gartenschau Remstal 2019. Positionspapier.

Schans, Jan Willem van der, et al. (2015): It is a Business! Business Models in Urban Agriculture. In: Lohrberg, Frank, Licka, Lilli, Scazzosi, Lionella, Timpe, Axel (Hrsg.): Urban Agriculture Europe. Berlin.

Stadt Fellbach (2013): Stadtentwicklungskonzept Fellbach 2025.

Stadt Köln (2007): Landschaftspark Belvedere, Kooperatives Planungsverfahren.

Vorholz, Fritz (2015): Deutschland verbraucht zu viel Land. http://www.zeit.de/wirtschaft/2015-03/flaechenverbrauch-nachhaltigkeit-umweltschutz. Zugegriffen: 17.01.2016.

Statistisches Landesamt Baden-Württemberg (2015): http://www.statistik.baden-wuerttemberg.de/BevoelkGebiet/Indikatoren/GB_flaechenverbrauch.asp. Zugegriffen: 17.01.2016.

Faltin, Thomas (2013): http://www.stuttgarter-zeitung.de/inhalt.flaechenverbrauch-in-der-region-stuttgart-es-wird-eng-im-laendle.24669b58-77a5-43f8-bb1c-5c3c7099ef96.html. Zugegriffen: 17.01.2016.

Neue Ästhetik urbaner Landwirtschaft. Eine Feldstudie

Udo Weilacher

Zusammenfassung

In den vergangenen fünf Jahrzehnten hat sich die Landwirtschaft grundlegend verändert und entwickelte sich zur kapitalintensiven, mechanisierten Agrarindustrie. Die hoch technisierte Landbewirtschaftung hat gravierende Folgen für das Bild heutiger Kulturlandschaften und die Klagen in der Bevölkerung über ästhetisch reizlose Monokulturen häufen sich – besonders im Umfeld großer Städte. Infolge der verstärkten urbanen Innenentwicklung drängt die Stadtbevölkerung zur Befriedigung ihrer Freizeit- und Erholungsbedürfnisse mehr und mehr in das unmittelbare Umland und trifft dort auf zweckrational gestaltete Landschaftsbilder, die nicht mehr den tradierten Idealvorstellungen von kleinbäuerlich bewirtschafteten Feldfluren entsprechen. Bei der Feldstudie am Mechtenberg im Ruhrgebiet ging man im Rahmen eines Kulturhauptstadt-Projektes 2010 von der These aus, dass es sehr wohl möglich ist, mit modernster Technik und Rationalität bewirtschaftete Agrarlandschaften so zu gestalten, dass sie ästhetisch anspruchsvoll und zugleich ökonomisch tragfähig sind. Nur so ist in Zukunft ein sinnvoller Ausgleich zwischen den ökonomischen Interessen moderner Agrarindustrie und den Freizeit- und Erholungsbedürfnissen einer wachsenden Stadtbevölkerung zu gewährleisten.

U. Weilacher (✉)
München, Deutschland
E-Mail: weilacher@lai.ar.tum.de

© Springer Fachmedien Wiesbaden GmbH 2017
S. Kost und C. Kölking (Hrsg.), *Transitorische Stadtlandschaften,*
Hybride Metropolen, DOI 10.1007/978-3-658-13726-7_11

Schlüsselwörter
Landschaftsarchitektur · Landschaftsplanung · Landwirtschaft · Landschaft-sästhetik · Raumbild · Ruhrgebiet · Kulturlandschaft · Agrarindustrie · Werkbund · Stadtentwicklung

1   Kulturlandschaft im Wandel

Landschaft ist kein natürliches Phänomen der Umwelt, sondern ein synthetischer Raum, ein von Menschen gemachtes System von Räumen, welches auf die Oberfläche des Landes übertragen wurde und sich in Funktion und Entwicklung nicht nach natürlichen Gesetzen richtet, sondern der Gemeinschaft dient – denn der kollektive Charakter der Landschaft ist etwas, auf das sich alle Generationen und alle Standpunkte geeinigt haben (Jackson 1984, S. 8).

Diesen aktuellen Landschaftsbegriff definierte John Brinckerhoff Jackson, einer der Gründerväter der American Landscape Studies 1984. Ständig wechselnde ökonomische, ökologische und soziale Entwicklungen in einer Gesellschaft transformieren das komplexe Raumsystem Landschaft unablässig. Die ästhetische Gesamterscheinung einer Landschaft, vor allem im regionalen Maßstab, wird nur selten bewusst geplant, sondern ist in der Regel das mehr oder minder zufällige Ergebnis vieler raumwirksamer Einzelmaßnahmen, die die verschiedensten Akteure ergreifen, um ihre individuellen Ziele zu erreichen.

Solange die vorindustrielle Agrargesellschaft noch uneingeschränkt die Urproduktion und die kulturelle Entwicklung prägte, veränderte sich das Landschaftsbild in seiner Ästhetik nur sehr langsam. Über lange Zeiträume konnten sich bestimmte Idealbilder von Kulturlandschaft etablieren, zum Beispiel das der kleinbäuerlichen Nutzlandschaft. Sie entwickelten sich zu Vorbildern in Malerei und Literatur und setzten sich im Bewusstsein der Menschen fest, prägten sowohl die ethisch-normativen Vorstellungen von Landschaftsräumen, Landschaftsbildern und -begriffen als auch das ästhetische Leitbild, nach dem man die Kulturlandschaft jahrhundertelang beurteilte und gestaltete. Bedingt durch die zunehmende Industrialisierung aller Lebens- und Produktionsbereiche wandelten sich im Laufe der vergangenen zwei Jahrhunderte die gesellschaftlichen Strukturen und damit auch das Landschaftsbild in rasantem Tempo. Aus Landwirtschaft wurde Agrarindustrie, aus Forstwirtschaft Holzindustrie, aus Freizeitwirtschaft Tourismusindustrie und so weiter. Es entstanden industrielle (Kultur)Landschaften, und die Differenz zwischen dem tradierten ästhetischen Idealbild von Landschaft und den realen, von industrieller Nutzung geprägten Bildern von Landschaften vergrößerte sich zusehends. Seither stellt sich die Frage, wohin dieser Wandel in Zukunft führen wird – ökonomisch und vor allem auch in ökologischer, sozial-räumlicher und ästhetischer Hinsicht.

2 Pflege des Landschaftsbildes

Einer der ersten Gartenarchitekten im deutschsprachigen Raum, der sich gegen Ende des Zweiten Weltkrieges über „Das Landschaftsbild und die Dringlichkeit seiner Pflege und Gestaltung" weitreichende Gedanken machte, war der Schweizer Gustav Ammann, späterer Generalsekretär der International Federation of Landscape Architects IFLA. In der Zeitschrift *Werk* schrieb Ammann (1941):

> Bei einem Bilde sind wir gewohnt, dass es von einem Künstler geschaffen wird. An unserem Landschaftsbild arbeitet aber eine ganze Gruppe von Personen, Soldaten, Bauern, Förster, Bodenverbesserer u. a. Man macht sich heute noch gar keinen Begriff, was dieses ungeleitete Arbeiten an unserem Landschaftsbild bedeutet und wie bedeutend sich sein Antlitz verändern wird – sicher nicht zu seinen Gunsten. [...] Wer übernimmt denn eigentlich heute die Verantwortung für diese gewaltigen Eingriffe und Veränderungen ästhetischer, aber auch klimatischer, biologischer und wasserbaulicher Art? (Ammann 1941, S. 172 ff.).

Ammann forderte damals, dass vorrangig die Landschaftsarchitekten die Verantwortung für die Gestaltung des Landschaftsbildes übernehmen sollten.

An der Dringlichkeit von Gustav Ammanns Forderung nach mehr Verantwortungsbewusstsein für die ästhetische Qualität des Landschaftsbildes hat sich bis heute nichts geändert – im Gegenteil. Der Verbrauch der begrenzten ‚Ressource Landschaft' schreitet nahezu ungebremst voran und am aktuellen Zustand der Kulturlandschaften lässt sich ästhetisch, also sinnlich wahrnehmbar ablesen, in welchem Zustand sich die Gesellschaft befindet. Viele Menschen fürchten heute um die Identität ihres Lebensraumes. Sie fühlen sich von der Fremdartigkeit neu entstehender Landschaftsbilder regelrecht bedroht, denn die signalisieren einen Wandel von Lebensqualität und Lebensstil. Heute werden die ausgedehnten Energielandschaften mit ihren Windparks, Solarfeldern, Raps- und Maismonokulturen als gestalt- und charakterlos beschrieben, weil sie nicht mehr den landschaftsästhetischen Idealbildern der vorindustriellen Zeit entsprechen. Diese Charakterisierungen, ob im Einzelfall zutreffend oder nicht, haben einen starken Einfluss auf die Entwicklung der betroffenen Landschaften und Regionen, denn Landschaftsbilder resultieren aus gesellschaftlichem Handeln und wirken auf die Gesellschaft zurück. „Erst formen wir unsere Umwelt, und dann formt sie uns", stellte der Kulturhistoriker Herman Glaser bereits 1968 treffend fest (Glaser 1968, S. I 6). Sowohl die emotionale Beziehung des Menschen zu seinem Lebensraum als auch das soziale Gefüge in einer Gesellschaft werden durch das Bild der Landschaft nachhaltig beeinflusst. Ästhetische Umweltqualitäten wirken sich auch auf ökonomische Entwicklungen in einer Region aus.

So untersuchte beispielsweise 2012 das Schweizer Bundesamt für Umwelt BAFU in der Studie „Landschaftsqualität als Standortfaktor", welche Rolle die Landschaft für die Standortwahl großer Firmen spielt und gelangte zu dem Ergebnis:

Für manche Branchen ist Landschaftsqualität wichtig, teils weil so den Mitarbeitenden ein attraktives Wohnumfeld geboten werden kann, in manchen Fällen aber auch, weil der Firmensitz selbst an landschaftlich attraktiver Lage sein soll. Die [...] Wirtschaftsförderer sind sich der Bedeutung der Landschaft für die Attraktivität einer Region als Wirtschaftsstandort zunehmend bewusst, haben in der Vergangenheit jedoch keinen allzu grossen Einfluss auf die entsprechende Politikgestaltung nehmen können (B,S,S. Volkswirtschaftliche Beratung AG 2012, S. 4).

„Aus diesem Grund halten wir es für wahrscheinlich, dass das bewusste Landschaftsdesign in Zukunft an Bedeutung gewinnt", betonte 2006 der Stadt- und Regionalsoziologe Detlev Ipsen.

Um bei bewussten oder unbewussten Entwicklungen einer Landschaft eingreifen zu können, muss man sie verstehen. Ideen oder gar Leitbilder bewusster Renovierung oder innovativer Entwicklung setzen an dem Bedeutungsgehalt einer Landschaft an. Dazu soll die Theorie der Raumbilder einen Beitrag leisten. Die Theorie der Raumbilder versucht die Gestalt eines Raumes als symbolischen Ausdruck gesellschaftlicher Entwicklungskonzepte zu interpretieren (Ipsen 2006, S. 92).

3   Raumbilder und Landwirtschaft

Nach Ipsen sind Raumbilder „Konfigurationen von Dingen, Bedeutungen und Lebensstilen, die alle auf bestimmte gesellschaftliche Entwicklungskonzepte bezogen sind" (Ipsen 1997, S. 6). Raumbilder sind also einerseits das Ergebnis gesellschaftlich-kulturellen Wirkens, haben andererseits aber auch aufgrund ihrer ästhetischen Qualitäten deutliche Rückwirkungen auf das Leben der Menschen.

Die Gestalt eines Hauses, eines Gartens, die regionale Verteilung von Siedlungen, das Bild der Landschaft sind nicht zufällig und bedeutungslos für den Menschen. Im Gegenteil: Durch die Architektur ihrer Gebäude, Gärten und Landschaften, durch das Arrangement der Dinge im Raum und durch konzeptionelle Planung schafft sich jede Gesellschaft für eine bestimmte Zeit ihre Muster der räumlichen Orientierung. Diese Muster von Raum und Zeit sind dann wiederum Orientierungsrahmen und grundlegende Voraussetzung für gezieltes Handeln und die Entstehung ‚einsichtiger' Verhaltensmuster (Ipsen 1997, S. 37–39).

Umberto Eco wies bereits 1976 darauf hin, dass „alle Kulturphänomene Zeichensysteme sind, d. h. dass Kultur im wesentlichen Kommunikation ist" (Eco 1988, S. 295). Kulturlandschaften sind in semiotischer Hinsicht also als Kommunikationsstrukturen aufzufassen, in der die Raumbilder eine zentrale Rolle spielen, insbesondere bei der Vermittlung von ortsspezifischen Informationen, zum Beispiel über die lokale oder regionale Lebensqualität. Es liegt auf der Hand, dass sich die Erkenntnisse von Ipsen und Eco auch auf die Entwicklung der Agrarlandschaften beziehen lassen. Das Bild der Agrarlandschaft, ihre Ästhetik ist in diesem Sinne keineswegs zufällig oder bedeutungslos für den Menschen. „Umweltgestaltung ist insofern ein Politikum, als eine bestimmte Politik, eine bestimmte politische Grundauffassung und Haltung eine bestimmte Umwelt ‚produziert' und umgekehrt eine bestimmte Umwelt auch eine bestimmte Politik evoziert" (Glaser 1968, S. I 6). Im Zuge der Industrialisierung der Landwirtschaft und ihrem gleichzeitigen Rückzug aus vielen Flächen, deren Bewirtschaftung als unrentabel gilt, drängt sich überall in Europa die Frage auf, wer in Zukunft die ästhetische und zugleich nachhaltig produktive Entwicklung der Kulturlandschaften bestimmen wird. Welche neuen gestalterischen Qualitäten, welche Raumbilder entstehen in Zukunft? Die Landwirtschaftsflächen in allen hoch entwickelten Industrieländern der Welt sind schon heute nicht mehr nur als reine Nutzflächen zu betrachten, sondern müssen auch als ‚Inseln des Schönen und des Nützlichen' fungieren, besonders in dicht besiedelten Regionen. Nicht zuletzt aufgrund ihrer ästhetischen Qualitäten müssen sie zur Bereicherung der rasant wachsenden urbanen Lebensumwelten ihren Beitrag leisten.

Noch ist unklar, wie die industrielle Landwirtschaft zu einem positiven Raumbild beitragen kann, mit dem sich die heutige Gesellschaft wieder stärker identifizieren kann. Zudem drängt sich die Frage auf, ob die maschinengerechte Landwirtschaft im urbanen Kontext überhaupt mehr sein kann, als eine zweckmäßig gestaltete Produktionslandschaft. Sie muss mehr sein, sowohl ästhetisch als auch funktional, lautet die berechtigte Forderung des Münchner Landschaftsökologen Wolfgang Haber:

> Ich bin überzeugt, dass auch mit modernster Technik und Rationalität durchgeführte Landnutzungen verschiedener Funktionen zugleich ästhetisch gestaltet werden und bei allem ökonomischen Nutzen eine ganzheitliche ‚Landschaftskultur' hervorbringen können. Sie hat immer zwei Gesichter, von denen eines zum Künstlichen, Gestalteten, das andere zum Naturbetonten weist. Ein einseitig ökologisch orientiertes Naturverständnis wird der Wirklichkeit der Landschaft nicht gerecht. Sie bedarf der Gestaltqualitäten und der ästhetischen Kategorien, die nicht auf die traditionelle bäuerliche Landschaft beschränkt zu sein brauchen, betont Haber (2010, S. 16 f.).

Seine These stand im Mittelpunkt eines Feldversuches im Rahmen des Kulturhauptstadtprojektes RUHR.2010.

4   Feldstudie am Mechtenberg bei Gelsenkirchen

Drei Jahre vor dem Kulturhauptstadtjahr 2010 initiierte der Regionalverband Ruhr (RVR) das Projekt ‚Zwei Berge – eine Kulturlandschaft', um das ästhetische und funktionale Potenzial von Landwirtschaft im urbanen Kontext zu erkunden. Das Konzept zu diesem Projekt erarbeitete der Autor im Auftrag des RVR ab 2007, damals noch unter dem Arbeitstitel „Ferme Orneé Mechtenberg. Experimente auf dem Feld zwischen Schönheit und Nützlichkeit" (Weilacher 2007), und begleitete den Feldversuch in den Folgenjahren als Kurator.

Eingangs stellte sich die grundsätzliche Frage, ob die ‚Emscherzone' im Ruhrgebiet mit ihrem außerordentlich dichten Geflecht von Infrastrukturtrassen, agrarindustriell genutzten Flächen und überwiegend stillgelegten, zumeist verwilderten Industriearealen überhaupt als Kulturlandschaft bezeichnet werden kann. Auf den ersten Blick widerspricht das Landschaftsbild radikal den gängigen ästhetischen Vorstellungen von Kulturlandschaft, denn diese sind nach wie vor geprägt von arkadischen Bildern vorindustrieller Land- und Forstwirtschaft. Auf den zweiten Blick zeigte sich jedoch deutlich, dass im Ruhrgebiet – wie in vielen anderen urbanisierten Industrieregionen Europas – neuartige Kulturlandschaftstypen entstehen, deren Entwicklung durchaus in Einklang steht mit dem gravierenden Wandel des soziokulturellen Wertesystems in der Gesellschaft. Ob diese neuen Kulturlandschaftstypen jedoch zukünftig integrale und öffentlich akzeptierte Teile einer nachhaltig tragfähigen Lebensumwelt werden, hängt davon ab, ob es gelingt, für die Bevölkerung adäquate ästhetische Zugänge zu diesen ‚andersartigen' Landschaften zu schaffen.

Der Landschaftspark Duisburg-Nord ist ein anschauliches Beispiel für einen solchen Prozess (Weilacher 2008, S. 102 ff.). Als man das Hüttenwerk Duisburg-Meiderich infolge des europaweiten Strukturwandels in der Industrie 1985 stilllegte, verlor das etwa 200 ha große Areal seinen primären Zweck und damit seine zentrale Bedeutung für das wirtschaftliche und gesellschaftliche Leben in der Region. Dass das Areal heute als populärer, öffentlich zugänglicher Landschaftspark wieder eine wichtige gesellschaftliche Funktion erfüllt, ist dem Landschaftsarchitekten Peter Latz zu verdanken. Ihm und seinem Team gelang es, mit minimalen Eingriffen und durch geschickte landschaftsarchitektonische Interventionen, die Ästhetik und damit die Lesart der Brachlandschaft zu verändern, ohne dass die Industriefläche dafür vollkommen umgebaut werden musste. Vielmehr wandelte die ehemalige Industrielandschaft ihr Gesicht, ohne ihr Gesicht zu verlieren und koppelte sich gewissermaßen wieder an das aktuelle gesellschaftliche Leben der Region an. „Im Raumbild steckt die Frage, wie gesellschaftliche Konzepte in einem Raum zu bildhaften Ausdrucksformen kommen", erläutert Ipsen

(Ipsen und Oswalt 2007, S. 683). Am Beispiel der Industriekonversion in Duisburg-Meiderich wird deutlich, wie Landschaftsarchitekten die Entstehung solcher bildhafter Ausdrucksformen in Abstimmung mit gesellschaftlichen Realitäten fördern können. Der Landschaftspark Duisburg-Nord ist im Sinne von Detlev Ipsen ein starkes Raumbild, das in den vergangenen Jahrzehnten internationale Strahlkraft erlangte – auch aufgrund seiner prägnanten Ästhetik.

Wesentlich unspektakulärer stellt sich die Situation bei Gelsenkirchen am Mechtenberg dar, wo die landwirtschaftliche Produktion noch in vollem Betrieb ist. Der natürlich entstandene Mechtenberg und ein künstlich aufgeschütteter Spiralberg in knapp zwei Kilometern Entfernung, eigentlich eine Abraumhalde mit der ‚Himmelstreppe' des Künstlers Herman Prigann auf der ehemaligen Zeche Rheinelbe, stehen gleichsam paradigmatisch für das Spannungsfeld zwischen Künstlichkeit und Natürlichkeit. Zwischen den beiden markanten Bergen spannt sich ein Stück ‚neuer' Kulturlandschaft auf, repräsentativ für das Experimentierfeld zwischen postindustrieller Industrielandschaft und moderner Agrarlandschaft, die im Ruhrgebiet eng miteinander verflochten sind. Beide Landschaftstypen sind wichtige Bestandteile des 450 km² großen Emscher Landschaftsparks, ein Freizeit- und Erholungsareal für die etwa fünf Millionen Einwohner des Ruhrgebietes. Noch immer besteht dieser Park zu etwa 39 % aus landwirtschaftlich genutzten Flächen, auch wenn der Verlust dieser Areale kontinuierlich voranschreitet, nämlich um etwa 1000 ha pro Jahr seit 1995 (Landwirtschaftskammer Nordrhein-Westfalen 2013, S. 12). In diesem komplexen Spannungsfeld werden seit Jahrzehnten neue Strategien urban geprägter, nachhaltiger Landschaftsentwicklung experimentell erkundet.

Die Ackerflächen an den Hängen des über 80 m hohen Mechtenbergs spielen aufgrund ihrer exponierten Lage und natürlichen Attraktivität für Erholungsuchende im Städtedreieck Gelsenkirchen, Essen und Bochum eine bedeutende Rolle. Hier untersuchte man mit Unterstützung des ortsansässigen Landwirts Hubertus Budde auf experimentelle Weise, welche neuen Symbiosen des Schönen mit dem Nützlichen auf Landwirtschaftsflächen denkbar sind. Bereits im Rahmen der Aktion ‚Land Art-Galerie Mechtenberg' erkundete die Internationale Bauausstellung (IBA) Emscher Park Ende der neunziger Jahre das Potenzial des Ortes als Schauplatz für Landschaftskunst (Weilacher 1999, S. 60 ff.). Bei den damaligen Bemühungen um eine besonders spektakuläre, künstlerisch geprägte Landschaftsästhetik blieben jedoch die Prinzipien der nachhaltiger Landbewirtschaftung unberücksichtigt und das alltägliche gestalterische Potenzial, das mittels fortschrittlicher Landbewirtschaftungsmethoden und modernster Landtechnik zu nutzen gewesen wäre, blieb weitgehend unbeachtet. Der Landwirt war vielmehr gezwungen, seine alltagserprobten Arbeitsmethoden aufwendig dem jeweiligen Gestaltungskonzept eines bildenden Künstlers anzupassen, wodurch das Schöne und das Nützliche aus der Balance gerieten. Die Nutzlandschaft büßte an Produktivität ein und die Kunstlandschaft an natürlicher Schönheit.

4.1 Kulturhauptstadtprojekt ‚Ferme Orneé Mechtenberg'

Im Konzept zum Kulturhauptstadtprojekt 2010 sollte ein neuer Weg eingeschlagen werden. Im Projektexposé 2007 hieß es:

> Ferme Orneé Mechtenberg macht nicht den Landwirt zum Gehilfen des Künstlers, sondern stellt dem Landwirt renommierte Landschaftsarchitektinnen und -architekten zur Seite, um gemeinsam auf die Suche nach den neuen ästhetischen Qualitäten in der modernen Landbewirtschaftung zu gehen. Nicht dem landschaftskünstlerischen Event gilt die Aufmerksamkeit, sondern der – womöglich nicht weniger spektakulären – Schönheit der Nützlichkeit in den europäischen Kulturlandschaften der Zukunft. Während der Landwirt (Hr. Budde) dem Projekt die Kontinuität und das landwirtschaftliche Know-how zukommen lässt, können renommierte Landschaftsarchitektinnen wie Monika Gora aus Schweden oder Undine Giseke aus Deutschland, Landschaftsarchitekten wie Olivier Lasserre und Paolo Bürgi aus der Schweiz oder Gilles Vexlard aus Frankreich feines landschaftsgestalterisches Gespür beisteuern (Weilacher 2007, o. S.).

Für den ersten Projektdurchlauf von 2008 bis 2010 wählte der Kurator den Tessiner Landschaftsarchitekten Paolo Bürgi aus, weil er durch seine besonders sensible Arbeit mit Landschaft bereits seit vielen Jahren international überzeugt und für sein gutes Kommunikationsvermögen bekannt ist. Bürgi verstand sofort:

> So wie [...] reine Nützlichkeit die Landschaft und das Landschaftsbild vollständig verarmen ließe, so wäre auch eine rein ‚ästhetische Agrarkultur' Zeichen einer fragwürdigen Entwicklung. Wie würden wir solch ein ‚ästhetisches Bild' beurteilen, wenn wir erfahren, dass der Preis dieser Schönheit den Sinnverlust der Kulturlandschaft, nämlich den Verlust der Produktion mit sich bringt? (Bürgi 2010, S. 97).

Gemeinsam suchten daher der Landschaftsarchitekt, der Landwirt Budde und der Projektkurator Weilacher auf experimentelle Weise nach anderen Wegen in der Kulturlandschaftsgestaltung und orientierten sich dabei konzeptionell zunächst an einer bemerkenswerten Erfindung aus der Gartenkunstgeschichte des achtzehnten Jahrhunderts, der sogenannten ‚Ferme orneé' oder ‚Ornamental Farm'. Der französische Begriff Ferme orneé (‚geschmücktes Bauernhaus') entstand im achtzehnten Jahrhundert in England, um eine spezielle Ausprägung des Landschaftsgartens zu beschreiben, in den man landwirtschaftliche Nutzflächen, also Äcker und Weiden als Kulturland integrierte. Gartenkunst und Landwirtschaft, das Nützliche und das Schöne sollten miteinander in Einklang gebracht werden, um ein Gesamtkunstwerk zu etablieren.

Im Unterschied zum überwiegend auf gartenästhetische Qualitäten abzielenden Konzept der ‚Ornamental Farms' verfolgte Leopold III. Friedrich Franz von Anhalt Dessau mit dem ‚Wörlitzer Gartenreich' im 18. Jahrhundert ein wesentlich ehrgeizigeres Ziel (Hirsch 2003). Inspiriert von seiner ‚Grand Tour' durch Europa, begleitet von Fachberatern wie dem Landwirtschaftsexperten Georg Friedrich von Raumer, wollte er das Raumbild seines kleinen Fürstentums nach ökonomischen, ökologischen und sozialen Gesichtspunkten grundlegend modernisieren. Es ging ihm nicht nur um die ästhetische Verschönerung von 142 km^2 Kulturlandschaft, sondern er reformierte sein Gartenreich gemäß den Grundsätzen der Aufklärung und des Humanismus' auch in ökonomischer und sozialer Hinsicht. Fürst Franz modernisierte beispielsweise die landwirtschaftliche Produktion und richtete ein fortschrittliches Bildungs- und Gesundheitswesen in seinem Kleinstaat ein. Im Wissen um die aufklärerische Wirkung von Landschaftsbildern gestaltete Fürst Franz den Wörlitzer Park als ästhetisches Kernstück seines ‚Gartenreiches'. Neben der Naturbewunderung ist in diesem Gartenkunstwerk auch heute noch die Begeisterung des Fürsten für die ingenieurtechnischen Leistungen seiner Zeit spürbar. Siebzehn Brücken, darunter ein Nachbau der ersten Eisenbrücke von Coalbrookdale von Thomas Pritchard aus dem Jahr 1779, befinden sich im Park von Wörlitz. Damit zollte der Fürst der Leistungsfähigkeit des fortschrittlichen Industriestaates England seinen Respekt. Zu den bemerkenswerten Eigenarten von Wörlitz zählt aber auch die zwanglose Einbeziehung von Wiesen- und Ackerflächen in die ästhetische Gestaltung der Gesamtanlage. Das Nützliche und das Schöne verband Fürst Franz zu einem Gesamtkunstwerk.

4.2   Schönheit aus Funktion und als Funktion

Neben den Inspirationsquellen aus der historischen Gartenkunst spielte bei der Konzeption des Projektes am Mechtenberg aber auch eine eindeutige Werthaltung zur Ästhetik industriell gefertigter Produkte eine entscheidende Rolle. Diese Auffassung prägte zu Beginn des 20ten Jahrhunderts der Deutsche Werkbund im Zuge der Entwicklung des modernen Industriedesigns. Der Architekt Peter Behrens betonte 1910:

> Bei allen Gegenständen, die auf maschinellem Wege hergestellt werden, sollte man nicht eine Berührung von Kunst und Industrie, sondern eine innige Verbindung beider anstreben. Eine solche innige Verbindung wird erreicht werden, wenn jede Imitation, sowohl die der Handwerksformen wie auch der alten Stilformen vermie-

den, dafür aber das Gegenteil, die exakte Durchführung der maschinellen Herstellungsart, angewandt wird und zum künstlerischen Ausdruck kommt, um so in jeder Beziehung das Echte hervorzuheben und vor allem diejenigen Formen künstlerisch zu verwenden und auszugestalten, die aus der Maschine und der Massenproduktion gewissermaßen von selbst hervorgehen und ihnen adäquat sind (Behrens 1910: In Buddensieg und Rogge 1979, S. 284).

Die Werkbund-Mitglieder jener Jahre wehrten sich gegen eine nachträgliche Dekorierung industriell gefertigter Produkte. Das hob später auch der Schweizer Künstler, Architekt und Designer Max Bill als Vertreter des Schweizerischen Werkbundes hervor: „Die Schönheit aus der Funktion, von der wir noch immer glauben, sie sei im wesentlichen mitentscheidend für eine Schönheit als Funktion, ist wohl dort am besten zu beobachten, wo die Funktionen am reinsten zu Tage treten, ohne sentimentales Beiwerk" (Bill 1949, S. 274). Noch im gleichen Jahr 1949 rief Bill mit dem Schweizerischen Werkbund die Aktion „Die gute Form" ins Leben. Der Künstler dachte bei seinem Kampf gegen das ‚Hässliche' nicht an die Landwirtschaft. Er wollte vielmehr die qualitative Verbesserung alltäglich benutzter Industrieprodukte erreichen, um das Kulturniveau der Nachkriegsgesellschaft im Interesse besserer Lebensbedingungen zu heben – ganz im Sinne des späteren Diktums von Glaser „Erst formen wir unsere Umwelt, und dann formt sie uns" (Glaser 1968, S. I 6). Insbesondere die ästhetische Qualität industriell produzierter Alltagsgegenstände sollte sich nach der Vorstellung von Max Bill aus einem disziplinierten, zweckmäßigen Handeln ergeben und nicht durch das nachträgliche Applizieren künstlerischer Verzierungen. Er betonte deshalb ausdrücklich, „dass das Herstellen von Bildern und Plastiken von den zukünftigen Industriegestaltern nicht als erstrebenswerte Tätigkeit betrachtet werden dürfte" (Bill 1949, S. 274).

Die moderne, hoch technisierte Agrarindustrie ist nolens volens in maßgeblichem Umfang für die Gestaltung eines ‚Produktes' verantwortlich, welches die Menschen unvermeidlich täglich vor Augen haben: die industriell geprägte Kulturlandschaft. Sie bestimmt das (Raum)Bild der Städte weltweit mit und hat gemäß der Theorien von Ipsen, Eco und Glaser schon alleine aufgrund ihrer ästhetischen Qualitäten deutliche Rückwirkungen auf die Verhaltensmuster der Menschen. Aber ist Bills Konzept von einer „Schönheit aus Funktion und als Funktion" (Bill 1949) auch auf die heutige Landwirtschaft anwendbar? Welche praktikablen Symbiosen zwischen Nützlichkeit und Schönheit sind mit modernster Landbewirtschaftungstechnologie heute zu erzielen? Welche, für die Menschen der Region sinnstiftenden Landschafts- und Raumbilder lassen sich im Einklang mit dem gesellschaftlichen Verlangen nach lebenswerterer Umwelt erzeugen, wenn der

Landwirt, unterstützt vom Landschaftsarchitekten und modernster Agrartechnik, seine ureigensten ‚Farbpaletten und Pinselsortimente' nutzt, um auf seinen Wirtschaftsflächen das Schöne mit dem Nützlichen zwanglos zu vereinen? Welche Grundregeln der Ästhetik, aufgefasst als ‚Grammatik' einer nonverbalen gestalterischen Kommunikation im Raum, sind zu berücksichtigen, um die Menschen für die alltäglichen Qualitäten ihrer aktuellen Kulturlandschaften wieder stärker zu sensibilisieren? Diese Fragen standen im Mittelpunkt des ursprünglich mehrjährig angelegten Projektes Ferme Orneé Mechtenberg, aber es zeigte sich von Anfang an, wie schwer es ist, für die subtilen Schönheiten der Kulturlandschaft im Rahmen eines spektakulären Kulturhauptstadt-Programms die erhoffte öffentliche Aufmerksamkeit zu erzeugen.

4.3   Lernen in der Landwirtschaft

Seit 2007 ist der Bauernhof am Mechtenberg in Besitz von Hubertus Budde und Andrea Maas, und gilt in der Region als beliebtes Ausflugsziel mit Hofladen, Café und Streichelzoo. Hubertus Budde bewirtschaftete zum Zeitpunkt des Feldversuches im Jahr 2010 im Haupterwerb etwa 210 ha landwirtschaftliche Fläche auf konventionelle Weise. Dieser Flächenanteil war höher als der bundesdeutsche Durchschnitt landwirtschaftlicher Nutzflächen pro Haupterwerbsbetrieb, der im Jahr 2010 bei 61 ha lag (Statistische Ämter des Bundes und der Länder 2011, S. 14). In der Metropole Ruhr lag die Durchschnittsgröße im gleichen Jahr bei etwa 40 ha (Landwirtschaftskammer Nordrhein-Westfalen 2013, S. 5). Durch Ausgleichsmaßnahmen hat auch am Mechtenberg der Anteil bewirtschafteter Flächen mittlerweile erheblich abgenommen. Etwa 5 % (10 ha) seiner Fläche bewirtschaftete der Landwirt als Grünland und 95 % (200 ha) nutze er für Ackerbau, während in der Metropole Ruhr der Ackerlandanteil 2010 im Durchschnitt bei 70 % lag (Landwirtschaftskammer Nordrhein-Westfalen 2013, S. 5). Budde baute 25 ha Winterweizen an, 15 ha Wintergeste, 12 ha Körnerraps und 7 ha Zuckerrüben sowie 12 ha Silomais für einen Milchviehalter in der Nachbarschaft. 30 ha Hafer und 5 ha Einkorn kultivierte der Landwirt nur ausnahmsweise im Rahmen des Feldversuchs 2010. Auf dem Bauernhof am Mechtenberg hielt man zudem 2.000 Legehennen in Bodenhaltung sowie Schafe und Ziegen, letztere jedoch nur für den Streichelzoo.

Mehrere Monate lang ging der Schweizer Landschaftsarchitekt Paolo Bürgi beim Landwirt quasi in die Lehre und entwickelte ein ausgeprägtes Verständnis für die aktuellen Produktionsbedingungen in der Landwirtschaft. „Der Landschaftsarchitekt musste lernen, dass die Auswahl an Pflanzen, die in der Region wirtschaftlich angebaut werden können, sehr eingeschränkt ist. Klima, Bodenverhältnisse und

Vermarktungsmöglichkeiten sind entscheidend", erklärte der Landwirt Hubertus Budde rückblickend, bemerkte aber auch: „Vom Landschaftsarchitekten lernte ich, dass es möglich ist, mit wenig Aufwand Farbe in die Landschaft zu bringen. Der Zwischenfruchtanbau war zwar schon immer Bestandteil unserer Fruchtfolge. Durch das Projekt, das Folgeprojekt und neue Erkenntnisse hat sich das Artenspektrum im Zwischenfruchtanbau jedoch stark erweitert" (Budde 2015). Ein wichtiger Teil der Innovation dieses Projektes lag also im direkten Kontakt und intensiven Informationsaustausch zwischen dem Landschaftsgestalter und dem Landwirt – gewissermaßen ,auf Augenhöhe'. Der Landschaftsarchitekt entwickelte auf der Basis des Projektkonzeptes und seiner neuen Erkenntnisse den Ansatz ,Venustas et Utilitas', eine Art Choreografie für die Bewirtschaftung der landwirtschaftlichen Flächen im Hinblick auf die gewünschte Steigerung der Landschaftsästhetik. Der Landwirt achtete darauf, dass seine berechtigten wirtschaftlichen Interessen dabei nicht außer Acht gelassen wurden.

Die wirtschaftlichen Rahmenbedingungen unter denen Hubertus Budde produzieren musste, stellten unter anderem die größten Herausforderungen für das Projekt dar und waren in der Konzeptionsphase des Feldversuchs nicht vorhersehbar. So schwankte beispielsweise der Weizenpreis am Weltmarkt zwischen Januar 2010 und Januar 2011 um weit mehr als 100 EUR pro Tonne, was alle Vorkalkulationen ad absurdum führte und starken Einfluss auf die Auswahl der anzubauenden Feldfrüchte hatte. Am Mechtenberg lag der Ertrag an Wintergerste und Winterweizen im Jahr 2010 bei etwa 80 bis 100 Dezitonnen pro Hektar (Budde 2015). Da bei Mais- oder Rapsanbau mit wesentlich höheren Erträgen pro Hektar zu rechnen gewesen wäre (am Mechtenberg etwa 100 bis 110 Dezitonnen), hätte man das wirtschaftliche Risiko minimieren können. Den Verlust ökologischer Qualitäten wollte man aber im Feldversuch keinesfalls riskieren. Die Projektlaufzeit erwies sich aber ohnehin als viel zu kurz, um verlässlich neue Märkte für alternative Anbauprodukte wie Einkorn, Ringelblume, Gelbsenf und ähnliche zu erschließen. Der Beweis, dass sich ein solches Unterfangen auch auf lange Sicht wirtschaftlich rechnen würde, konnte daher nicht erbracht werden.

4.4 Resonanzen

Als besonders vorteilhaft erwies sich die Tatsache, dass der Bauernhof am Mechtenberg von Hubertus Budde und seiner Frau Andrea Maas nicht nur als reiner Produktionsbetrieb geführt wird, sondern auch als Schaubetrieb mit Hofladen, Café und Streichelzoo, der von der Bevölkerung der Metropolregion Ruhr gerne als Ausflugsziel angesteuert wird. Die Hofbetreiber bewiesen ein sehr hohes Maß an Experimentierfreude und Aufgeschlossenheit, übernahmen eine wichtige Kommunikations- und Vermittlungsfunktion und klärten die Bevölkerung über die Hintergründe und Ziele des Projektes auf. Dennoch konnte der Feldversuch am Mechtenberg im Trubel der zahlreichen publikumswirksamen Großereignisse während der RUHR.2010 kaum Aufmerksamkeit erregen und erwies sich im Nachhinein als zu ‚leise' für ein Kulturfestival dieser Art. „Durch die Vielzahl an Aktionen im Kulturhauptstadtjahr 2010 ist das Projekt ‚Zwei Berge eine Kulturlandschaft' einer breiten Öffentlichkeit unbekannt geblieben. Durch vier Feste auf dem Bauernhof am Mechtenberg konnten die Bewohner der angrenzenden Stadtteile auf den Mechtenberg aufmerksam gemacht werden", erklärte Hubertus Budde 2015[1].

Aufmerksam wurde auch der Berufsstand der Landschaftsarchitektur auf dieses experimentell angelegte Projekt. 2011 würdigte der Bund Deutscher Landschaftsarchitekten bdla das Projekt im Rahmen der Verleihung des Deutschen Landschaftsarchitektur-Preises. In der Jurybegründung hieß es:

> Der Ansatz, durch eine temporäre ungewohnte Besetzung die landwirtschaftlich genutzten Flächen wieder ins Bewusstsein des Betrachters zu rücken, wird begrüßt. Über zwei Jahre wurden Feldstudien gestartet, die unterschiedlichste Pflanzbilder und Themen auf die Felder projizierten und damit großmaßstäblich die Wahrnehmung des Ortes veränderten. Konzeptionell wird auf den räumlichen Ansatz Peter J. Lennés zur Landesverschönerung verwiesen, der die Verbindung des Schönen und des Nützlichen zum Ziel hatte. So wird der Beitrag als innovativer, auch als poetischer Beitrag zur Aufwertung postindustrieller Kulturlandschaften begriffen, wobei eine dauerhafte Implementierung als auch ein größerer Umgriff wünschenswert wäre (Bund Deutscher Landschaftsarchitekten 2011, S. 74 f.).

Weder eine dauerhafte Implementierung noch ein größerer Umgriff konnten in der Folge erreicht werden, weil die erforderlichen finanziellen Mittel zur Förderung des Experimentes nach dem Kulturhauptstadt-Jahr nicht mehr in ausreichendem Umfang zur Verfügung standen. Der Regionalverband Ruhr musste die kuratorische Begleitung des Projektes einstellen, und damit schwand auch die Hoffnung, das Projekt über das Kulturhauptstadtjahr 2010 hinaus nach einer mehrjährigen Erprobungs- und nachfolgenden Vertiefungsphase zu verstetigen. Zu kurz war die Laufzeit des Projektes angelegt, als dass sich die neu erprobten Bewirtschaftungsmethoden hätten längerfristig etablieren können. Im Rahmen einer aktuell laufenden Dissertation an der TU München (Rismont 2015) werden die Erfahrungen aus dem Feldversuch am Mechtenberg eingehend untersucht und mit ähnlich konzipierten Initiativen verglichen. Es sollen darüber hinaus neue

---

[1] Eigene Aufzeichnungen persönlicher Gespräche mit Hubertus Budde im Jahr 2015.

Planungs- und Entwurfsstrategien erarbeitet werden, um die hoch technisierte, intensive Agrarindustrie besser in den urbanen Kontext zu integrieren – sowohl funktional als auch ästhetisch. Noch liegen die endgültigen Ergebnisse der Forschungsarbeit nicht vor, doch es zeichnet sich schon jetzt deutlich ab, dass das Mechtenberg-Projekt 2010 als außergewöhnliches und lehrreiches Pilotprojekt gelten kann, auf der Suche nach einem neuen Profil der urbanen Landwirtschaft von morgen.

5   Lehren aus der Feldstudie

Welche Lehren für eine bessere Integration von hochtechnisierter, intensiver Agrarindustrie in dicht besiedelte, urban geprägte Kulturlandschaften können aus dem Mechtenberg-Projekt schon jetzt gezogen werden? Folgende Arbeitsthesen stehen zur Diskussion:

- Der Ästhetik kommt auch in der agrarindustriell geprägten Kulturlandschaft eine Schlüsselrolle zu, weil mit ihrer Hilfe auf universell verständliche, nonverbale Art über die Qualitäten von Umwelt kommuniziert wird. Schönheit, verstanden als ästhetische Kategorie, zählt somit zu den wichtigsten (Ökosystem)Funktionen kultivierter Landschaften. Sie hat für die heutige Gesellschaft einen hohen Wert – auch ökonomisch (vgl. ‚Landschaftsqualität als Standortfaktor‘).
- Landschaftliche Schönheit darf nicht als etwas betrachtet werden, das man gerne hätte (nice to have), sondern ist etwas, was die heutige Gesellschaft unbedingt benötigt (must have), unter anderem um die Rückwirkung von positiv geprägten Raumbildern auf die Gesellschaft zu verstärken (vgl. ‚einsichtige Verhaltensmuster‘).
- Die moderne, hoch technisierte und intensive Agrarindustrie kann nur dann zur Entstehung und Etablierung positiv geprägter Raumbilder im urbanen Kontext beitragen, wenn sie die interdisziplinäre Zusammenarbeit mit allen Disziplinen und Akteuren verstärkt, die an der Entwicklung einer aktuellen Umweltästhetik aktiv beteiligt sind, darunter auch die Landschaftsarchitektur.
- Die Schönheit industriell bewirtschafteter Agrarlandschaften muss aus ihnen selbst im maschinellen Bewirtschaftungsprozess ‚selbstverständlich‘ hervorgehen und darf nicht auf nachträgliche oder begleitende Verschönerungsmaßnahmen angewiesen sein, um nachhaltig wirksam zu werden (vgl. ‚Schönheit aus Funktion und als Funktion‘).

- Nur in einem partnerschaftlichen Miteinander zwischen Landwirt und Landschaftsarchitekt ‚auf Augenhöhe' können Erfolg versprechende, praktisch anwendbare Methoden zur ästhetischen Aufwertung der heutigen Agrarlandschaft entwickelt werden. Der langfristige Erfolg solcher Methoden hängt zu einem erheblichen Maß auch davon ab, dass sie im Kontext der jeweiligen agrarökonomischen, ökologischen und sozialen Rahmenbedingungen sinnvoll durchführbar sind.

- Die Landschaftsarchitektur darf sich in diesem Zusammenhang nicht nur auf die attraktive Gestaltung von Acker- und Feldrändern, Feldwegen und Heckenstreifen beschränken, sondern muss in enger Abstimmung mit dem Landwirt auf das Erscheinungsbild der gesamten landwirtschaftlichen Produktionsfläche Einfluss nehmen.

- Eine breite Akzeptanz für die industriellen, maschinengerechten Produktionsmethoden in der modernen Landwirtschaft ist in der urbanen Bevölkerung nur zu erreichen, wenn eine gute Kommunikationskultur etabliert wird und wenn in der Landwirtschaft die städtischen Erholungsansprüche mit berücksichtigt werden.

Literatur

Ammann, G. (1941). Das Landschaftsbild und die Dringlichkeit seiner Pflege und Gestaltung. *Schweizerische Bauzeitung*, Bd. 117/118, Heft 15. doi: 10.5169/seals-83425.

Bill, M. (1949). Schönheit aus Funktion und als Funktion. *Werk*, Bd. 36, Heft 8. doi: 10.5169/seals-28357.

B,S,S. Volkswirtschaftliche Beratung AG (2012). *Landschaftsqualität als Standortfaktor: Stand des Wissens und Forschungsempfehlung. Schlussbericht*. Basel: Bundesamt für Umwelt BAFU.

Buddensieg, T. & Rogge, H. (Hrsg.). (1979). *Industriekultur. Peter Behrens und die AEG 1907–1914*. Berlin: Gebr. Mann.

Bürgi, P. (2010). Venustas et Utilitas. In: Regionalverband Ruhr (Hrsg.). *Feldstudien. Zur neuen Ästhetik urbaner Landwirtschaft*. Basel: Birkhäuser.

Bund Deutscher Landschaftsarchitekten bdla (Hrsg.). (2011). *Grüner Wohnen. Green Living*. Basel: Birkhäuser.

Eco, U. (1988). *Einführung in die Semiotik*. München: UTB.

Glaser, H. (1968). Umweltgestaltung und Gesellschaft. *Bauen + Wohnen*, Bd. 22.

Haber, W. (2010). Postindustrielle Kulturlandschaften. In: Regionalverband Ruhr (Hrsg.). *Feldstudien. Zur neuen Ästhetik urbaner Landwirtschaft*. Basel: Birkhäuser.

Hirsch, E. (2003). *Die Dessau-Wörlitzer Reformbewegung im Zeitalter der Aufklärung*. Tübingen: De Gruyter.

Ipsen, D. (1997). *Raumbilder. Kultur und Ökonomie räumlicher Entwicklung*. Pfaffenweiler: Centaurus.

Ipsen, D. (2006). *Ort und Landschaft*. Wiesbaden: VS Verlag für Sozialwissenschaften.

Ipsen, D. & Oswalt, P. (2007). Raumbilder und Stadtentwicklung – theoretisches Konzept und Praxis. Informationen zur Raumentwicklung, Heft 12.

Jackson, J. B. (1984). *Discovering the Vernacular Landscape*. New Haven/London: Yale University Press.

Landwirtschaftskammer Nordrhein-Westfalen (2013). *Zahlen und Daten zu Landwirtschaft und Gartenbau in der Metropole Ruhr*. Münster: Landwirtschaftskammer NRW.

Rismont, K. (2015). *Schönheit aus Funktion und als Funktion. Ästhetisches Potenzial moderner Agrarbewirtschaftung in der Stadtregion*. TU München (Dissertation in Arbeit).

Statistische Ämter des Bundes und der Länder (2011). *Agrarstrukturen in Deutschland. Einheit in Vielfalt. Regionale Ergebnisse der Landwirtschaftszählung 2010*. Stuttgart: Statistisches Landesamt Baden-Württemberg.

Weilacher, U. (1999). Rostrot und Phaceliablau. Landmarkenkunst der IBA Emscher Park. *TOPOS* Bd. 26.

Weilacher, U. (2007). Projektskizze für ein Kulturlandschaftsprojekt am Mechtenberg als Beitrag zur RUHR.2010. Gelsenkirchen (unveröffentlicht).

Weilacher, U. (2008). *Syntax der Landschaft. Die Landschaftsarchitektur von Peter Latz und Partner*. Basel/Berlin/Boston: Birkhäuser.

Teil IV

Fazit

Welche Landwirtschaft braucht die Stadt? Aspekte der Entwicklung einer sozial-ökologischen Stadtlandschaft

Susanne Kost und Christina Kölking

Zusammenfassung

Mit unterschiedlichen Zugängen zum Thema urbane Landwirtschaft und Stadtentwicklung ist der Versuch unternommen worden, die Überlagerung und enge Verflechtung in der Nutzung des Freiraums durch die landwirtschaftliche Produktion mit der Bedeutung des Freiraums für die Stadtgesellschaft zusammenzuführen und eine Diskussion um eine nachhaltige, klimaangepasste und resiliente Stadt- und Regionalentwicklung in diesem Kontext anzustoßen. Die Qualität des urbanen Randraumes spielt dabei eine wesentliche Rolle. Das bedeutet, dass städtische Ränder und Übergangsbereiche in Agglomerationsräumen verantwortungsvoll entwickelt werden müssen. Die urbane Landwirtschaft scheint dabei eine gewisse Schlüsselrolle einnehmen zu können. Dies erfordert sicherlich auch, den urbanen Randraum nicht vom Stadtzentrum aus zu betrachten, sondern als Hotspot ökosystemarer (Klima, Wasserhaushalt, Flora, Fauna) und gesundheitsrelevanter (Lebensqualität, Wohlbefinden, Hitzestauvermeidung, Vermeidung gesundheitsschädigender Umweltbelastungen) Dienstleistungen für die Stadtgesellschaft zu würdigen und ihm dadurch eine eigene und vielleicht sogar gleichrangige Bedeutung gegenüber Bau- und Infrastrukturprojekten beizumessen.

S. Kost (✉)
Hamburg, Deutschland
E-Mail: susanne.kost@uni-hamburg.de

C. Kölking
Stuttgart, Deutschland
E-Mail: ck@ilpoe.uni-stuttgart.de

In den Beiträgen in diesem Band wurde von verschiedensten Positionen aus reflektiert, welche Bedeutung agrarische Produktionsräume für die Stadt haben und welche Formen und Perspektiven die urbane Landwirtschaft in der Produktion landwirtschaftlicher Erzeugnisse und im Zusammenspiel mit der Stadtgesellschaft entwickelt haben.

Städtische Ballungsräume und ihre Ränder stehen vielfach unter Druck. Sie sind Räume für neue Wohn- und Gewerbegebiete, nehmen die entsprechenden Infrastrukturen und Versorgungseinrichtungen auf und dienen aufgrund des dort zur Verfügung stehenden Freiraums der Naherholung und Freizeitgestaltung. Mit einem etwas einseitigen Blick, würde man sagen, dass diese Entwicklungen zulasten der Landwirtschaft gehen, da sie konkret die Flächen für Bau- und Ausgleichsmaßnahmen verliert. Diese sehr enge Betrachtung ignoriert zum einen die Überlagerung und enge Verflechtung in der Nutzung des Freiraums durch die landwirtschaftliche Produktion und die Stadtgesellschaft, zum anderen wird die Bedeutung des Freiraums mit seinen ökosystemaren Fähigkeiten und Dienstleistungen für die Stadtgesellschaft in der Diskussion um eine nachhaltige, klimaangepasste und resiliente Stadt- und Regionalentwicklung völlig außer Acht gelassen.

In diesem Band geht es uns darum, die Zugänge verschiedener Akteure (Bodenkundler, Landwirt, Stadt- und Landschaftsplaner, Umweltgutachter, Journalist etc.) zum urbanen Randraum zusammenzubringen, um aus den Einzelsichtweisen eine Gesamtbetrachtung der Konflikte, Anforderungen und Möglichkeiten für diesen Raum entwickeln zu können. Einerseits geht es um die Frage nach der Zukunft der Landwirtschaft im Kontext von Stadt, andererseits – und das haben die Beiträge gezeigt – ist der von der Landwirtschaft bearbeitete und gepflegte Freiraum essenziell für die Lebensqualität und das Wohlbefinden im urbanen Raum. Die Zukunft der urbanen Landwirtschaft ist daher zum einen eine Frage an die Vertreter der Landwirtschaft, zum anderen muss sie vor allem von der Stadtpolitik und -gesellschaft aufgegriffen und beantwortet werden. Dies stellt einen Paradigmenwechsel dar, in dessen Mittelpunkt die Entwicklung einer sozial-ökologischen Stadtlandschaft[1] steht.

Die urbane Landwirtschaft kann durch die Bewirtschaftung und Pflege des Freiraums einen wesentlichen Beitrag dazu liefern. Das Gelingen hängt aber eher von den Entscheidungsträgern in Politik und Planung sowie Interessenverbänden ab und welche Wert-Schätzung er erhält.

---

[1]Mit dem Begriff der sozial-ökologischen Stadtlandschaft verbinden wir die Entwicklung von Ansätzen und nachhaltigen Strategien zur Lösung gesellschaftlicher Probleme durch die Verknüpfung gesellschaftlicher, ökologischer und ökonomischer Aspekte und Perspektiven.

1   Was ist uns der urbane Freiraum wert?

Historisch betrachtet, denken und planen wir vom Zentrum der Städte aus und blicken in Richtung offene Landschaft. In diese Richtung gedacht, verringert sich zunehmend die Dichte der Stadt, franst aus, geht in kleinere Gemeinden über, wird als städtischer Verdichtungsraum kaum noch wahrgenommen. Das sich dieser, spätestens mit der Industrialisierung die mittelalterliche Stadtmauer übersprungene, stets in Bewegung befindliche ‚Rand' immer weiter nach außen verlagert hat, realisieren wir kaum.

Dies hat sicherlich auch damit zu tun, dass für den urbanen Randraum selten Gestaltungskonzepte vorliegen und sich ein planerisches und architektonisches Sammelsurium verschiedener Stile, aber auch fehlender Raumkanten angesammelt hat (Abb. 1 und 2). Dies suggeriert in gewisser Weise einen noch stets andauernden Prozess baulicher Entwicklung.

Im Wesentlichen gehen urbaner Freiraum und damit landwirtschaftliche Flächen für Bauprojekte und Ausgleichsmaßnahmen verloren. Auch wenn das Thema Innenentwicklung vor Außenentwicklung in den letzten Jahren immer mehr an Bedeutung gewonnen hat, so hat sich der jährliche Flächenverbrauch nur geringfügig reduziert (Abb. 3). Die Bund-/Länder-Arbeitsgemeinschaft Bodenschutz (LABO) konstatiert dazu „Trotz der zahlreichen bisherigen Bemühungen und Empfehlungen seitens des Bundes, der Länder, der kommunalen Spitzenverbände und der Fachministerkonferenzen […] ist bisher noch keine grundlegende Trendwende in der Inanspruchnahme von Freiflächen erkennbar. Insbesondere

Abb. 1 Urbaner Randraum zwischen Stuttgart und Möhringen. (Quelle: Kost)

Abb. 2 Urbaner Randraum zwischen Frankfurt/M. und Steinbach im Taunus. (Quelle: Kost)

wird die Wiedernutzung von Brachflächen noch nicht in ausreichendem Maße praktiziert"[2] (LABO 2010, S. 2).

Der hohe Flächenverbrauch bedeutet auch, dass das Thema ‚Böden als endliche Ressource' nur unzureichend in der Stadtentwicklungsplanung und in Planungsentscheidungen berücksichtigt wird (vgl. Beitrag Stahr in diesem Band). Neben der Quantität der versiegelten Fläche spielt auch die Qualität von Böden eine wichtige, bisher aber eher vernachlässigte Rolle. Das Stuttgarter

---

[2]Unter Brachfläche wird hier folgendes verstanden: „Der Begriff „Brachflächen" wird [...] für nach Aufgabe einer gewerblich industriellen oder sonstigen baulichen Nutzung über einen längeren Zeitraum ungenutzt und funktionslos gewordenen Flächen- einschl. Baulücken – verwendet, die als Potenzial für neue Nutzungen dienen können" (Bund-/Länder- Arbeitsgemeinschaft Bodenschutz (LABO) (2010): Reduzierung der Flächeninanspruchnahme. Bericht der Umweltministerkonferenz, Online-Dokument: UMK-Bericht_98a.pdf, S. 2).

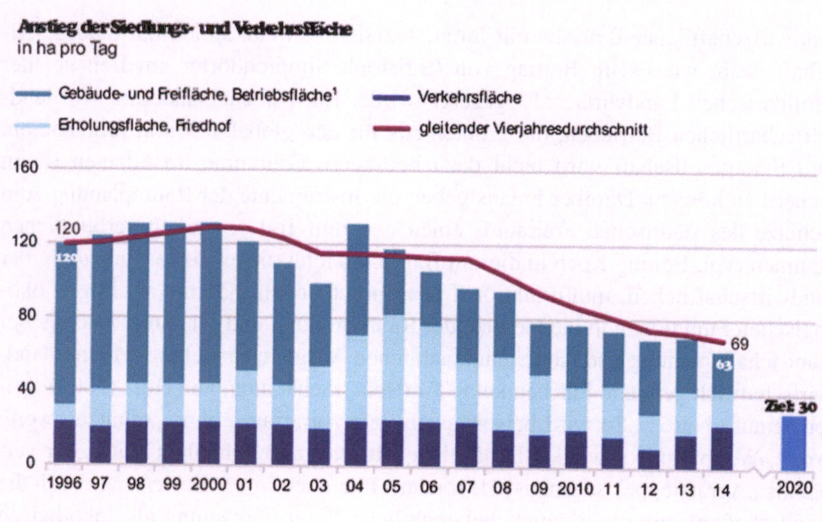

Abb. 3 Flächenverbrauch in der Bundesrepublik zwischen 1996 und 2014. (Quelle: http://www.bmub.bund.de)

Bodenschutzkonzept[3] beispielsweise klassifiziert in einer Planungskarte Böden nach Quantität und Qualität und hilft die geplante Bodeninanspruchnahme zu bewerten, mit dem mittelfristigen Ziel, den Neuverbrauch naturnaher Böden einzufrieren und den Bedarf an Nutzflächen eher im städtischen Innenbereich zu decken. Es braucht eine verpflichtende Verankerung solcher Konzepte in die Bauleitplanung. Dies gilt insbesondere für besonders fruchtbare Böden im Kontext großer Bauprojekte, wie sie auf den Fildern bei Stuttgart (Flughafenerweiterung, Messebau und -erweiterung) und anderer großräumiger Landschaftsumwälzungen, wie sie beispielsweise beim Braunkohletagebau Garzweiler stattgefunden haben und noch stets stattfinden. Solange der Boden nur mit einem Preis (Bauland vs. landwirtschaftliche Nutzfläche) versehen, aber nicht als Wert verstanden wird, rückt ein Paradigmenwechsel in die Ferne. Holz (2006, S. 20) konstatiert dazu „Solange durch die Kräfte des Marktes Natur und Landschaft in Form von Eigentum nichts anderes sind als der zu gewinnbringender Nutzung verteilte Raum (Beck 2003), ist sein Schutz ohne (Markt-)Regulation nicht möglich". Ein ‚regulierendes' Moment kann allerdings eine viel intensivere Verflechtung

---

[3]https://www.stuttgart.de/bodenschutzkonzept/, Zugriff: 28.03.2016.

landwirtschaftlicher Betriebe mit ihrem sozialen Umfeld, sprich der Stadtgesellschaft, sein, wie es im Beitrag von Christoph Simpfendörfer am Beispiel der ‚Solidarischen Landwirtschaft' gezeigt wurde. Ein Nebeneinanderher von landwirtschaftlichen Betrieben, die größtenteils für den globalen Markt produzieren, und Stadtgesellschaft wird nicht dazu beitragen, Freiräume im urbanen Raum sichern zu können. Darüber hinaus geben die Instrumente der Raumplanung zum Schutze des städtischen Freiraums einen nur zum Teil gesetzlich verbindlichen Rahmen (vgl. Beitrag Koch in diesem Band). Es fehlt die explizite Einbettung der landwirtschaftlichen, multifunktional beanspruchten Flächen mit wichtigen ökologischen Funktionen in die Gesetze der Raumordnung und -planung. Auch in der Landschaftsplanung und naturschutzfachlichen Ausgleichsregelung erfahren landwirtschaftlich genutzte Flächen keine Wertschätzschätzung, wie Holz (2006) weiter herausarbeitet: „So wird beispielsweise ein Agrarraum ohne „schützenswerte Arten, Wertbiotope sowie landschaftliche Eigenart und Schönheit" nicht nur verbal als „Agrarsteppe" stigmatisiert, sondern fällt auch in der Bewertung durch die Landschaftsplanung und naturschutzrechtliche Eingriffsregelung als „ökologisch und naturschutzfachlich" (fast) wertlos unter den Behördentisch" (Holz 2006, S. 44). Damit wird es erst möglich, dass das Bauen am Stadtrand einen doppelten Flächenverlust zur Folge hat: durch das Bauvorhaben selbst und die dafür nötigen Ausgleichsflächen im Rahmen der naturschutzfachlichen Eingriffsregelung[4]. Politik und Planung müssen erkennen und würdigen, dass landwirtschaftliche Flächen ökologische Querschnittsaufgaben übernehmen, die jenseits der reinen agrarischen Produktionsfunktion liegen. Sie leisten einen Beitrag zur Klimaregulierung (Kaltluftproduktion), zum Hochwasserschutz und erhalten wichtige Bodenfunktionen, sind Aufenthaltsort und ‚Trittsteine' für viele Tier- und Pflanzenarten.

2   Welche Landwirtschaft braucht die Stadt?

Landwirtschaftliche Flächen können gerade in urbanen Verdichtungsräumen nicht länger (nur) Verfügungsmasse für Bau- und Infrastrukturprojekte darstellen. Hier ist ein Bewusstseinswandel bei allen Akteuren und ein Paradigmenwechsel im Umgang mit dem urbanen Freiraum notwendig. Die Planung muss sowohl auf regionaler Ebene eine Neuorientierung wagen als auch, wie Lohrberg (2011) es fordert, die Stadtplanung mit den Entwicklungsperspektiven der landwirtschaftli-

---

[4]Vgl. §§ 14 und 15 des Bundesnaturschutzgesetzes (BNatSchG) sowie §§ 1a und 35 des Baugesetzbuches (BauGB).

chen Betriebe synchronisieren. Dies macht eine enge Zusammenarbeit zwischen Planungs- und Praxisebene notwendig und ist sicherlich kein einfacher Weg. Bei einer ‚Synchronisation' muss es auch darum gehen, nach Konzepten und Möglichkeiten einer stärkeren Verflechtung von Landwirtschaft und Stadtgesellschaft zu suchen und diese zu befördern (soziale Bewegungen, wie das ‚urban gardening', foodsharing, ‚meine Ernte', Regionalplattformen und -initiativen zur Direktvermarktung etc.). Die Projekte des ‚urban Gardenings' zeigen vor allem, dass sich ein Teil der Gesellschaft wieder für Landwirtschaft, eigenen Anbau und Pflege von Obst und Gemüse interessiert. Gleichzeitig steht das Wiederentdecken des Miteinanders bei der Entwicklung neuer Formen kleinteiliger städtischer Landwirtschaft häufig im Mittelpunkt (Müller 2011, vgl. Steinbuch in diesem Band). In den Beiträgen von Specht & Siebert sowie Bürgow et al. wird deutlich, dass den Aktivitäten des gemeinschaftlichen Gärtnerns auch Ansätze folgen, die sich professionell mit dem sogenannten Zero-Acreage-Farming befassen und sich mit zukünftigen Ernährungsfragen und dem Klimawandel auseinandersetzen. Die lokale ressourcenschonende Produktion und das Recycling von Wasser und Nährstoffen ist bei diesen Projekten das zentrale Element. Diese innovative Seite sozial-ökologischen Engagements aus der Stadtgesellschaft heraus stellt eine gute Grundlage für eine produktive Zusammenarbeit mit der professionellen Landwirtschaft dar. Damit sind nicht nur innovative Produktionsformen gemeint, sondern auch neue Organisationsformen landwirtschaftlicher Betriebe im urbanen Raum, wie die ‚Solidarischen Landwirtschaft' zeigt (vgl. Beitrag Simpfendörfer in diesem Band).

Eine Studie (Kost 2014) unter Landwirten in der Metropole Ruhr hat zudem gezeigt, dass immer neue Formen der Bewirtschaftung und des Angebots (Schneckenfarm, Mäusezucht für Reptilienfreunde, Straußenfarm) entwickelt, diese kundenorientierter ausgebaut (Pferdehöfe, Heugewinnung, Direktvermarktung, Hofcafés, Anschauungslandwirtschaft, Selberpflückangebote) werden und sich damit die urbane Landwirtschaft durch eine hohe Flexibilität auszeichnet.

Der Verbraucher kann also einen wichtigen Beitrag leisten, um stadtnahe Landwirtschaft perspektivisch zu erhalten und in ihrer Diversität zu erhöhen. Die Nähe zum Kunden erlaubt den Landwirten alternative und neue Geschäftsideen zu entwickeln, die die häufig kleinere Anbaufläche kompensieren können. Diese Ideen und Perspektiven sind zahlreich (vgl. Beitrag Kreutzberger) und führen in der Regel zu einer finanziellen Sicherheit für den Landwirt und zu einer gesteigerten Wertschätzung und Beachtung des landwirtschaftlichen Raumes durch die Konsumenten. Dass dieser Zusammenhang grundsätzlicher Natur ist, zeigt der Beitrag von Maria Gerster-Bentaya am Beispiel Casablancas. Viele dieser Initiativen gestatten dem Landwirt wieder eine breite Palette an landwirtschaftlichen Produkten zu erzeugen, den Gesetzen des globalen Marktes zu entkommen und so das Landschaftsbild zu diversifizieren: „Jetzt wird es wieder möglich, Tafelobst von Hochstämmen zu pflücken und arbeitsaufwändige Gemüsespezialitäten anzubauen" (vgl. Beitrag Simpfendörfer). Die Förderung einer regionalen Wertschöpfung und damit des direkten Bezugs und Austauschs zwischen Produzent und Konsument stellt daher einen weiteren wichtigen Pfad dar, um den Freiraum mit seiner landwirtschaftlichen Produktion zu sichern. Neue, innovative Systeme unter Beteiligung der Landwirtschaft wurden in städtischen Kontexten entwickelt (Landwirtschaft auf Gebäuden, Aquaponic-Systeme, Agroforstsysteme – vgl. die Beiträge von Specht & Siebert; Bürgow et al.). Es mangelt jedoch an langfristiger und strategischer Verankerung in Politik- und Planungsperspektiven (vgl. Specht & Siebert). Das professionelle Betreiben sogenannter City- oder Skyfarms steckt in Deutschland noch in den Kinderschuhen und kann für die Akteure interessant werden, wenn die Akzeptanz steigt. Die Konzepte der Hochhausemtefelder (Vertical Farms) von Despommier (2010) sind in unseren Breiten noch in weiter Ferne.

3 Wie soll sich der urbane Freiraum in Zukunft entwickeln?

Die Zukunft der urbanen Landwirtschaft ist eng gekoppelt an die Zukunft des urbanen Randraums mit der Notwendigkeit der Freiraumsicherung für wichtige ökologische, Klima- und Wasserhaushaltsfunktionen, für Freizeit und Naherholung, Stoff-, Energie und Nahrungskreisläufe.

Die Zukunft der urbanen Landwirtschaft stellt daher vielmehr die Frage nach Konzepten und Möglichkeiten der Entwicklung einer sozial-ökologischen Stadtlandschaft. Um den Freiraum besser schützen zu können, „muss ein Großteil der Hoffnung in die konsensuelle Akzeptanzsteigerung und Motivationsförderung bei Betroffenen, Fachplanungsträgern und Entscheidungsträgern gelegt werden. Diskursive Bewertungs- und Entscheidungsverfahren wären geeignet, Entscheidungsfindungen zu beeinflussen, wenn die multilateralen Vorteile qualitätssichernder Maßnahmen in der Freiraum-Landschaft transparenter würden" so Baier et al. (2006, S. 569). Gerade vor dem Hintergrund des noch stets hohen Flächenverlustes werden neue Modelle notwendig, die Freiräume effektiver schützen und das Konzept der Innenentwicklung vor der Außenentwicklung stärker stützen können. Dazu könnte der Rückbau bebauter Flächen gehören.[5] D. h., wer auf Freiflächen bauen möchte, was zumeist am Stadtrand erfolgt, muss an anderer Stelle eine adäquate Fläche entsiegeln. Dies macht das Bauvorhaben am Stadtrand teurer, dürfte aber auch zur Nachverdichtung führen, da dies im Verhältnis günstiger wird. Es erfolgt schließlich eine Steuerung über den Baupreis, der berücksichtigt, dass Landschaft und ihre Ökosystemleistungen nicht vermehrbar sind. Problematisch ist dabei nach wie vor, dass der Freiraum einen geringeren Preis am Markt erzielt als Bauland. Die Entsiegelung von Baugrundstücken ist teuer und bedeutet durch den Statuswandel – von Bauland zu Freiland – einen immensen Preisverlust für die Eigentümer. Der Erfolg eines solchen Modells setzt vor allem eine stärkere Bewusstseinsbildung in Politik und Wirtschaft sowie bei Grundstückseigentümern für die Bedeutung des Freiraums für die Stadtgesellschaft voraus und scheint eher in städtischen Verdichtungsräumen mit entsprechendem Entwicklungsdruck umsetzbar. Es muss also darum gehen, solche Konzepte und Kooperationen zu befördern, die den urbanen Freiraum dazu befähigen in seiner Wertigkeit den Marktdynamiken standhalten zu können. Für Städte wird es in Zukunft von immer größerer Bedeutung werden, Freiräume als Kaltluftschneisen und Wasserrückhaltegebiete zu erhalten bzw. zu entwickeln. Klimarelevante Freiräume sollen laut Baugesetzbuch als Strategie zur Anpassung an den Klimawandel Beachtung finden (vgl. Beitrag Koch).

Gleichzeitig bedarf es einer Gesamtstrategie für den Freiraum, die von allen Akteuren mitgetragen wird. So kann die urbane Landwirtschaft mit ihrer Flächenbewirtschaftung als Motor eines sogenannten ‚Produktiven Parks' verstanden werden, wie es als Konzept in der Metropole Ruhr entwickelt wird. Die Bezeichnung ‚Produktiver Park' verweist auf das Ziel, im Emscher Landschaftspark verschiedene Akteure an der Gestaltung dieses urbanen Landschaftsraumes aktiv teilhaben zu lassen. Der Regionalverband Ruhr als Regionalplanungsbehörde[6] hat in diesem Zusammenhang folgende Definition formuliert:

> Die Produktivität des Parks zeigt sich in der aktiven Gestaltung und Nutzung von Räumen durch verschiedene Akteure. Der produktive Park bündelt verschiedene

---

[5]Das Thema Rückbau ist vor allem in den ostdeutschen Bundesländern ein Thema. Bspw. der Rückbau devastierter Flächen in ländlichen Räumen in Mecklenburg-Vorpommern im Rahmen der integrierten ländlichen Entwicklung (vgl. Online-Dokument: Devastierte+F 1 %C3 %A4chen+Konzept.pdf, Zugriff: 05.08.2016) oder Rückbau von Plattenbauten in Leipzig: http://www.leipzig.de/bauen-und-wohnen/foerdergebiete/stadtumbau-ost-gebiete/ programmgebiet-rueckbau-2003-2015, Zugriff 05.08.2016.

[6]Der Regionalverband Ruhr ist ein Zusammenschluss von 11 kreisfreien Städten und vier Kreisen im Metropolraum Ruhr, vgl. http://www.metropoleruhr.de/regionalverband-ruhr/.

Formen von Leistungen der Städtelandschaft wie z. B. urbane Landwirtschaft, urbane Waldnutzung, Mobilität, Umweltbildung, Kunst und Kultur, Erholung, Freizeitwirtschaft, Wohnen, Firmenstandort. Der Park wirkt als Freiraum in verschiedenste Bereiche des urbanen Lebens der Metropole Ruhr hinein und ist dabei sozial, kulturell und wirtschaftlich produktiv (RVR 2014, S. 4).

Eine solche Gesamtstrategie, ein enger Dialog zwischen Planungsverantwortlichen, Politik, (großen) Flächeneigentümern und Landwirtschaft sowie die Konzeption, Förderung und Umsetzung konkreter (Pilot-)Projekte würde möglicherweise auch dazu beitragen, Bodenspekulationen in den urbanen Randräumen einzudämmen und gleichzeitig ein klares Statement aller genannten Beteiligten zur Entwicklung einer sozial-ökologischen Stadtlandschaft bedeuten.

Auch die Planung entfaltet, wie von Christiane Humborg in diesem Band vorgestellt, innovative Konzepte und macht landwirtschaftliche Flächen zum Erlebnisraum der Stadtbewohner. Die bewusste Wahrnehmung des Alltagsraumes, der Bewirtschaftungsformen der Landwirte, der landschaftlichen Geschichte, des konkreten Standortes, der jahreszeitlich wechselnden Produkte usw. trägt zu einer Steigerung der Wertschätzung und Bildformung des urbanen Randraums bei (vgl. Einleitung). In den vorgestellten Beispielen aus Stuttgart, Köln (Beitrag Humborg) und dem Ruhrgebiet (Beitrag Weilacher) werden die Nähe zum Landwirt und dessen Kooperation mit Landschaftsplanern und -architekten sowie politischen Entscheidungsträgern als sensibler und wichtigster Aspekt für einen verantwortungsvollen und wertschätzenden Umgang mit dem Freiraum beschrieben. Dabei geht Udo Weilacher der Frage nach, wie die „industrielle Landwirtschaft zu einem positiven Raumbild" beitragen kann. Die Vereinbarkeit von ökonomischem Nutzen der Landwirtschaft und „ästhetischen Qualitäten in der landwirtschaftlichen Bewirtschaftung" (Beitrag Weilacher) sind in diesem Projekt bei Gelsenkirchen das zentrale Element. Die historische Gartenkunst diente als Inspirationsquelle für die Integration von Blühstreifen in die bewirtschafteten Äcker und den saisonalen Zwischenfruchtanbau. Für die langfristige wirtschaftliche Rentabilität, so wurde in diesem Projekt erkannt, ist der Landwirt zu stark den Schwankungen des Agrarmarktes ausgesetzt. Die Unvorhersagbarkeit dieses globalen Geschehens zeigt deutlich die Abhängigkeit der industriellen Landwirtschaft von Marktpreisschwankungen und welchen Einfluss somit der globale Markt auf die Anbauflächen vor unserer Tür ausübt und damit auch das Raumbild prägt (vgl. Sieferle 1998, S. 159 ff. zu räumlichen und ästhetischen Veränderungen der Landschaft durch gesellschaftliche Transformationsprozesse).

Die Strategie des ‚Produktiven Parks' der Metropole Ruhr[7], die gestaltenden Interventionen in den Projekten in Köln und Stuttgart sowie in Gelsenkirchen sollen die bewusste Wahrnehmung urbaner Freiräume und deren Wertschätzung in der Stadtgesellschaft befördern. Ohne erinnerbare Raumbilder bleibt der urbane Randraum beliebig. Die von Ipsen entwickelte Raumbildtheorie geht davon aus, dass die Gestalt eines Raumes der „symbolische [...] Ausdruck gesellschaftlicher Entwicklungskonzepte" (Ipsen 2006, S. 92 ff.) ist. Die Lesbarkeit und (Wieder-) Erkennbarkeit eines Raumes ist davon abhängig, inwieweit eine „gesellschaftliche Produktion" des Raumes (vgl. Lefebvre 1974, Quelle: 2006) stattfindet. Daran geknüpft sind konkrete Handlungen in der Landschaft, Alltagspraktiken, aber auch Orte und Symbole, die diesen repräsentieren. Dies ist eine Grundvoraussetzung, um über diesen Raum zu kommunizieren, wie bereits einleitend dargestellt. Daraus entwickeln sich individuelle und kollektive Raumbezüge und tragen dazu bei, Orte der Identifikation zu werden. Dies hängt aber entscheidend von den Möglichkeiten der Bildformung und der Vielfalt der sozialen Praktiken in diesem Raum ab. Die räumliche Qualität des urbanen Randraumes muss durch eine bewusste Gestaltung verbessert werden – und damit ist nicht notwendigerweise eine grundsätzliche Überformung gemeint. Dies erfordert sicherlich auch, den urbanen Randraum nicht vom Stadtzentrum aus zu betrachten, sondern als Hotspot ökosystemarer (Klima, Wasserhaushalt, Flora, Fauna) und gesundheitsrelevanter (Lebensqualität, Wohlbefinden, Hitzestauvermeidung, Vermeidung gesundheitsschädigender Umweltbelastungen) Dienstleistungen für die Stadtgesellschaft zu würdigen und ihm dadurch eine eigene und vielleicht sogar gleichrangige Bedeutung gegenüber Bau- und Infrastrukturprojekten beizumessen. Gleichzeitig bedarf es einer stärkeren Vernetzung zwischen Landwirtschaft und Stadtgesellschaft, die sich generell sowohl auf raumbezogene Wissensweitergaben (Vermittlung kulturlandschaftlicher Besonderheiten, Kooperationsprojekte unterschiedlicher Intensitäten, aktualisierte Schul- und Lehrbücher) als auch auf Orte der Wissensvermittlung (individuelle Erfahrungen, neue Formen der Kommunikation, soziale und ökonomische Bezüge) gründen kann. Dadurch wird eine Fortschreibung der (jüngeren) Geschichte einer Landschaft, die Reflexion und die Auseinandersetzung mit ihr befördert und kann damit zur Entwicklung von Raumbildern für den urbanen Randraum wesentlich beitragen.

---

[7]Vgl. dazu auch den Masterplan für den Emscher Landschaftspark (Projekt Ruhr GmbH [Hrsg.] 2005), der die Gesamtstrategie des Emscher Landschaftsparks bis hin zum Einzelprojekt am konkreten Ort durchdekliniert.

Literatur

Baier, H., Erdmann, F., Holz, R. & Waterstraat, A. (2006): Freiraum und Naturschutz. Die Wirkungen von Störungen und Zerschneidungen in der Landschaft. Berlin: Springer.

Beck, R. (2003). Ebersberg oder das Ende der Wildnis. München: C. H. Beck.

Despommier, D. (2010). The vertical farm: feeding the world in the 21st century. New York: St. Martin's Press.

Holz, R. (2006). Menschen und Tiere im Raum: Ein ungleicher Wettbewerb? In: Baier, H., Erdmann, F., Holz, R. & Waterstraat, A. *Freiraum und Naturschutz. Die Wirkungen von Störungen und Zerschneidungen in der Landschaft.* Berlin: Springer. S. 19-54.

Kost, S. (2014): Hemmnisse und Chancen der Landwirtschaft im Emscher Landschaftspark. Ergebnisse einer Befragung von Landwirten in ausgewählten Teilräumen des Emscher Landschaftsparks. Onlineressource: https://www.geo.uni-hamburg.de/geographie/dokumente/personen/publikationen/kost/landwirtebefragung.pdf.

Lefebvre, H. (2006, ursprünglich 1974). Die Produktion des Raums. In: Dünne, J.; Günzel, S. (Hrsg.). *Raumtheorie. Grundlagentexte aus Philosophie und Kulturwissenschaften.* Frankfurt/M.: Suhrkamp. S. 330–340.

Lohrberg (2011). Masterplan Agrikultur. Online-Dokument. 2011_09_urbane Agrikultur lay.pdf. Zugriff: 26. März 2014.

Müller, C. (2011): Urban Gardening. Über die Rückkehr der Gärten in die Stadt. München: oekom.

Projekt Ruhr GmbH (Hrsg.) (2005). Masterplan Emscher Landschaftspark 2010. Essen: Klartext.

Regionalverband Ruhr (2014): Position Emscher Landschaftspark 2020+. Onlineressource: Positionspapier_EmscherLandschaftspark_Stand_VV_04-04-2014.pdf

Sieferle, R. P. (1998). Die totale Landschaft. In: Michel, K., Karsunke, I. & Spengler, T. (Hrsg.). *Kursbuch Neue Landschaften.* Heft 131. Berlin: Rowohlt.